Bayerischer Landwirtschaftsverlag

Mareile Braun | Nico Lee Gogol

Wie wir bessere Pferdemenschen werden

Vertrauen schaffen, gemeinsam wachsen

BLV

07	Vorwort	119	Was uns die Pferde flüstern
09	**Mit Pferden zu leben heißt, lebenslang zu lernen**	124	Info: Kennst du Horsemanship – und wenn ja, wie viele?
		132	Die Sprachforscherin: Interview mit Pferdekommunikationswissenschaftlerin Andrea Kutsch
11	Prolog – Meine Nacht mit ihm	139	Gemeinsam wachsen
19	Wie Pferde ticken	142	Info: Die sieben Säulen der Resilienz
31	Die Pferde meines Lebens	150	Der Pferdepädagoge: Interview mit Profiausbilder Michael Fischer
35	Info: Auch Pferde schließen Freundschaften		
43	Schatz, wir müssen reden	159	Händs in the Mähn!
52	Info: Wie funktionieren die Sinnesorgane beim Pferd?	163	Info: Gelassenheitstraining – das hilft gegen die Angst
57	Arschlochpferd	169	Das Beste zum Schluss: Balance
58	Info: Das Schmerzgesicht des Pferdes erkennen	183	Info: Körperarbeit für Pferde nach Masterson
69	Was Pferde brauchen	187	Epilog – Alles bleibt anders
75	Info: Fight or Flight – das Nervensystem des Pferdes	192	**Workbook**
79	Willst du mich veräppeln?!		
81	Info: Problemverhalten – was steckt dahinter?	194	Mehr Horse-Life-Balance für Pferdemenschen
90	Der Menschenflüsterer: Interview mit Ausbilder und Trainer Luuk Teunissen	196	Du und dein Pferd
		206	Dein Weg zur Horse-Life-Balance
		234	Feel-Good-Guide für dein Pferd
99	Wie Pferde lernen	248	Quellenhinweise
102	Info: Erlernte Hilflosigkeit – was ist das?	250	Literaturempfehlungen und Service
112	Die Beziehungsbeauftragte: Interview mit Tierärztin und Verhaltensforscherin Konstanze Krüger	252	Register
		254	Autoren und Fotograf
		256	Impressum

Zu Beginn ein Geständnis ...

Ich bin keine Pferde-Expertin. Zumindest nicht im klassischen Sinne. Ich bin ein Jedermann, nein, eine Jederfrau*, die in 40 Jahren mit diesen wundervollen Tieren viel erlebt, gelernt, aber auch jede Menge Fehler gemacht hat. Das Spezialwissen der Reitlehrer, Ausbilder, Pferdeflüsterer, Erfinder neuer Trainingsansätze oder wissenschaftlicher Forschungsmethoden, die ich für dieses Buch interviewt habe, besitze ich nicht. Dafür habe ich als Journalistin, Speakerin und pferdegestützter Coach reichlich Erfahrung im Zuhören und Fragenstellen. Kommunikation ist mein Herzensthema! Ich möchte mit meiner Arbeit und diesem Buch dazu beitragen, dass wir uns selbst und andere besser verstehen. Eine der größten Herausforderungen dabei ist es, die richtige Sprache zu finden – mit Mensch und Tier. Pferde denken und fühlen anders, aber sie wünschen sich, genau wie wir, verstanden zu werden.

In den folgenden Kapiteln erzähle ich meine persönliche Geschichte: vom Ponymädchen zum Turniertrottel, von der Reitschülerin zur Trainerin von Menschen, die sich mithilfe von Pferden weiterentwickeln möchten. Ich teile meine Erfahrungen mit dir, damit auch du dein Pferd noch besser kennen und verstehen lernen kannst. Wenn wir seine Bedürfnisse respektieren und verantwortungsvoll mit ihm umgehen, ist eine tiefe, vertrauensvolle Bindung möglich. Was du ganz konkret für deine Horse-Life-Balance tun kannst, erfährst du im Workbook-Teil, der gemeinsam mit meinem Kollegen und Co-Autor Nico Lee Gogol entstanden ist (ab S. 192). Du findest darin unter anderem Reflexions-Übungen, Yoga-Asanas und Mentaltechniken. Mein wohl wichtigstes Learning: Entspannter Mensch, entspanntes Pferd!

Die Selbstcoaching-Tools im Workbook kannst du dir übrigens ganz einfach ausdrucken und handschriftlich bearbeiten. Alles, was du dafür tun musst, ist, den QR-Code neben der Übung einzuscannen und dir das PDF herunterzuladen. Eine genaue Anleitung findest du auch unter www.leebrown-coaching.com.

Viel Spaß beim Lesen, Lernen und Betrachten der faszinierenden Bilder von Jacques Toffi wünscht

Mareile Braun

*Zugunsten der Lesefreundlichkeit wurde im Buch auf das Gendern verzichtet.

Mit Pferden zu leben heißt, lebenslang zu lernen

Die Autorin wollte sich im Dunkeln anschleichen, doch ihr Pferd hat sie im Nu entdeckt: »Was tust du hier«, scheint Carinjo zu fragen.

Prolog – Meine Nacht mit ihm

3.10 Uhr: Es ist stockdunkel, als ich mein Fahrrad vor der Stalltür abstelle. Leise, leise, er soll mich ja nicht hören. Kein Mensch weit und breit, der Parkplatz ist wie leer gefegt. Schemenhaft zeichnen sich ein paar dunkle Pferdekörper im Sand des Paddocks ab. Als ich meinen Korb auf der Bank vor dem Zaun abstelle, heben sich zwei Köpfe. Die Herde bleibt ruhig, ich scheine keine Bedrohung darzustellen. Aus der Strohhalle ertönt ein tiefes gleichmäßiges Atmen und Prusten. Langsam gewöhnen sich meine Augen an die Dunkelheit und ich kann ein paar der Pferde erkennen. Unser Schimmel ist nicht zu sehen. Ich lasse mich auf der Bank nieder und schenke mir etwas Tee ein. Das Experiment kann beginnen.

Eine Nacht bei »ihm«. Das hatte ich schon ganz lange vor. Wollte schauen, was da vor sich geht, in seinem großen WG-Schlafzimmer mit den 29 Mitbewohnern. Wer liegt bei wem? Wer schlafwandelt herum? Kann man Pferden ansehen, wenn sie träumen? Vermutlich musste erst diese verrückte Pandemie kommen, bis sich die Idee etwas weniger verrückt angefühlt hat. Vieles hat sich in den vergangenen zwei Jahren verändert, auch mein Leben ist nicht mehr so, wie es einmal war. Umso beruhigender, dass wenigstens bei den Pferden alles beim Alten geblieben ist. Ihre Welt scheint in Ordnung. Sie machen sich keine Sorgen, fordern nichts, sie wollen einfach nur sein. Fressen, schlafen, aufeinander achtgeben – Pferde leben konsequent im Hier und Jetzt. Wir können viel von ihnen lernen.

3.25 Uhr: Ich bin enttarnt! Aus dem Nichts ist unser Schimmel aufgetaucht und starrt mich mit weit aufgerissenen Augen an. Wie kann es sein, dass er mich so schnell bemerkt hat? Ich bin mir sicher, dass ich kein Geräusch von mir gegeben, mich kaum bewegt habe. Seine Ohren sind kerzengerade aufgerichtet, erwartungsvoll beginnt er mit dem Vorderhuf zu scharren. »Was tust du hier?«, scheint er zu fragen. »Ist das ein neues Spiel?« Ich reagiere nicht. Er scharrt stärker und läuft am Zaun vor mir auf und ab. »Wie, du hast mir nichts Leckeres mitgebracht?« Kopfschütteln, leises Brummeln. Es ist ganz offensichtlich sehr irritierend für ihn, dass ich mich ganz anders verhalte als sonst.

Begrüßung über den Paddockzaun hinweg. Normalerweise folgt Carinjos Zusammensein mit seinem Frauchen festen Abläufen.

Aber genau das wollte ich: unserem Pferd einmal anders begegnen. Ihn besser kennenlernen, mehr über ihn erfahren. Dazu schien diese besondere Zeit, in der wir in vielerlei Hinsicht auf uns selbst und unsere engsten Lebenskreise zurückgeworfen wurden, prädestiniert. Sechs Jahre ist Carinjo jetzt bei uns, ein Holsteiner Wallach aus einer kleinen Familienzucht in Schleswig-Holstein. Man kann sagen, es war Liebe auf den ersten Blick. Der damals Fünfjährige hat uns reichlich Nerven gekostet, aber jeder Moment, jede Herausforderung, auch jeder Rückschlag war die Zeit mit ihm wert. Selbst die härteste Prüfung, die ich mit ihm bestehen musste, hat uns rückblickend enger zusammengeschweißt: Nach einem Sturz im Wald brach ich mir einen Rückenwirbel und landete mitten in den ersten Corona-Lockdown hinein im Krankenhaus. Es gibt dazu keine besonders spektakuläre Geschichte zu erzählen, Carinjo ist einfach unglücklich über einen Baumstamm gestolpert. Ich war kurz abgelenkt und schon hatte er mich aus dem Sattel katapultiert.

Eine unglückliche Landung auf dem Hinterteil, so was ist beim Reiten leider schnell passiert. Zum Glück ist er weder mit mir durchgegangen noch hat er mich mutwillig runtergebockt. Das ist wichtig zu erwähnen, denn gebrochene Knochen lassen sich in den meisten Fällen wieder richten, ein einmal erschüttertes Vertrauen zwischen Mensch und Pferd heilt nur schwer. Nach zwei Operationen wird mein Rückgrat jetzt von einem Titangerüst gestützt, der lädierte Wirbelkörper ist durch ein zusätzliches High-Tech-Implantat verstärkt worden. »Damit haben Sie die stabilste und verlässlichste Variante«, hatte mein behandelnder Chirurg gesagt, »falls Sie vorhaben sollten, wieder in den Sattel zu steigen.« Was für eine Frage!

4.00 Uhr: Die Heuraufen öffnen sich und bis auf zwei Tiefschläfer, die in der Strohhalle liegen geblieben sind, trotten alle Pferde zur ersten Mahlzeit des Tages. Alle, außer Carinjo. Er hält Wache bei mir. Reckt den Kopf über den Zaun, macht sich groß und beäugt mich von allen Seiten.

Langschläfertreffen in der Strohhalle: Hier lebt Carinjo mit seiner
gemischt-geschlechtlichen Herde in einer modernen Aktivstallhaltung.

Es ist offensichtlich, dass ihn mein Nichtstun ratlos macht. Normalerweise folgt unser Beisammensein im Stall festen Abläufen: Ich betrete mit Halfter in der Hand das Paddock, rufe ihn, sein Kopf schießt empor. In freudiger Erwartung seiner Begrüßungsbanane beginnt er mit dem Vorderhuf zu scharren. Dann lässt er sich für einen Moment den Schopf von mir kraulen und trottet bereitwillig hinter mir her. Kurze Pinkelpause in der Strohhalle, noch ein Belohnungsleckerli, dann beginnen wir unsere Putz- und Kraul-Prozedur. Mähne, Schweif, sämtliche Lieblingsstriegel, zum Schluss noch ein paar Streck- und Dehnübungen. Pferde lieben Rituale. Pferdemenschen auch.

Eine der größten Aufgaben ist wohl, sein Pferd Pferd sein zu lassen. Anthropomorphismus, das Vermenschlichen tierischer Gedanken ist gerade unter Reitern weit verbreitet. Ich schließe mich da explizit ein. Wie oft habe ich mich dabei ertappt, dass ich Dinge dachte wie: »Heute wirkt er so übellaunig. Wahrscheinlich hat er schlecht geschlafen. Da ärgere ihn mal lieber nicht mit Dressur, sonst rächt er sich morgen beim Unterricht.« Richtig ist: Pferde haben Gefühle. Mehr noch, sie sind ausgesprochen gefühlsbetonte Geschöpfe. Das ist sicher einer der Gründe, warum gerade Frauen sich so von ihnen angezogen fühlen. Falsch hingegen ist die Annahme, dass Pferde Pläne schmieden, sich strategisch verhalten oder Ereignisse, die in der Vergangenheit liegen, reflektieren. Pferde sind vor allem Instinktwesen. Viele ihrer Verhaltensweisen haben wir konditioniert. Aber sie denken und fühlen anders als wir. Das Faszinierende ist, dass sich hier zwei Spezies treffen, die von Natur aus nicht dieselbe Sprache sprechen und doch den wunderbaren Wunsch nach einem innigen Kontakt entwickeln. Die Zuneigung von Pferden ist ein großes Geschenk an uns. Wenn wir uns konsequent und zuverlässig verhalten, schenken sie uns ihr Vertrauen. Deshalb ist richtig verstandene Pferdeliebe eine Lebenseinstellung. Sie besagt, dass es möglich ist, sich auch etwas vollkommen Andersartigem tief verbunden zu fühlen.

4.40 Uhr: Conrad, der Chef der Herde, nähert sich. Offenbar fragt auch er sich, was hier bei uns nicht stimmt. Normalerweise genügt eine Bewegung des Leittieres und alle anderen Pferde weichen, auch Carinjo. Aber heute bleibt unser Schimmel stehen. Als Conrad sich mit angelegten Ohren nähert, schießt Carinjo mit lautem Quieken auf ihn zu, hebt drohend den Vorderhuf und zeigt ihm die Zähne. Conrad ist sichtlich überrascht, wendet ab und stellt sich etwas abseits zu einer Gruppe Stuten. Wow! Unser Pferd hat mich gerade gegen seinen Vorgesetzten verteidigt. Sich gegen den Anführer aufzulehnen kommt einer Palastrevolution gleich. Das ist in meinem Beisein bisher noch nie vorgekommen.

Es gibt viele kleine Momente mit Pferden und manchmal ein paar ganz große. Für mich war dies einer der eindrücklichsten. Bis dahin war ich nie restlos davon überzeugt, ob mich unser Pferd eigentlich erkennt. Also so richtig, als »seinen« Menschen. Wie viele Pferdebesitzer fragte auch ich mich: Wer oder was bin ich für ihn? Futtergeber, Fellkrauler, menschliche Führmaschine? Fest steht, dass er ohne meine Tochter Mia und mich, unsere ständigen Pläne, unseren Ehrgeiz und unsere Forderungen an ihn als Sportpferd ein deutlich entspannteres Leben hätte. Und doch spielen wir offenbar eine wichtige Rolle in seinem Leben. Ob sich Pferde untereinander etwas über uns Menschen erzählen?

5.03 Uhr: Carinjo scheint sich allmählich mit der ungewohnten Situation zu arrangieren. Nach einem letzten prüfenden Blick in Richtung Conrad wendet er ab, dreht eine kleine Runde durch den Futterautomaten und kommt zu mir zurück. Er senkt seinen Kopf, kaut, leckt sich über die Lippen und atmet tief aus. Ein paar Sekunden verharrt er bewegungslos, dann schließen sich seine Augenlider. Mehrere Minuten vergehen, ich bleibe ganz still. Dann wendet er plötzlich ab, trottet gen Heuraufe und vertreibt ein rangniedrigeres Pferd mit einer einzigen Schweifbewegung. Als die Raufenzeit vorüber ist, beginnen die Pferde zu trinken und zu spielen. Einige stehen sich Schulter an Schulter gegenüber und betreiben Fellpflege, indem sie sich gegenseitig mit den Zähnen den Mähnenansatz massieren. Herdenchef Conrad führt ein größeres Grüppchen zurück in die Strohhalle, wo einige Stuten sich zu einem Nickerchen niederlassen. Es schläft sich gut, wenn der Boss einen bewacht.

Ich merke, wie auch ich müde werde, mich entspanne und tiefer atme. Es ist so friedlich hier bei den Pferden. In ihrer Gegenwart nimmt man sich selbst, ja das gesamte Menschsein, irgendwie anders wahr. Die Sonne geht auf, es wird warm werden an diesem Augusttag. Erntezeit. Unser Hof ist von Feldern umgeben, man kann das gemähte Gras riechen. Die Pferdewelt ist wie eine Insel, weit weg von der Stadt und den Zumutungen sich ständig überschlagender Ereignisse. Gerade in dieser beunruhigenden Zeit hat es etwas wohltuend Eskapistisches, mit Pferden zusammen zu sein. Draußen in der Natur, fernab des »normalen« Lebens, weg vom Stress der übrigen, von der Pandemie geschüttelten Welt. Der Umgang mit diesen besonderen Tieren ist für mich mehr denn je eine Fühlschule: mit Lektionen in Sachen Achtsamkeit, Demut und Dankbarkeit.

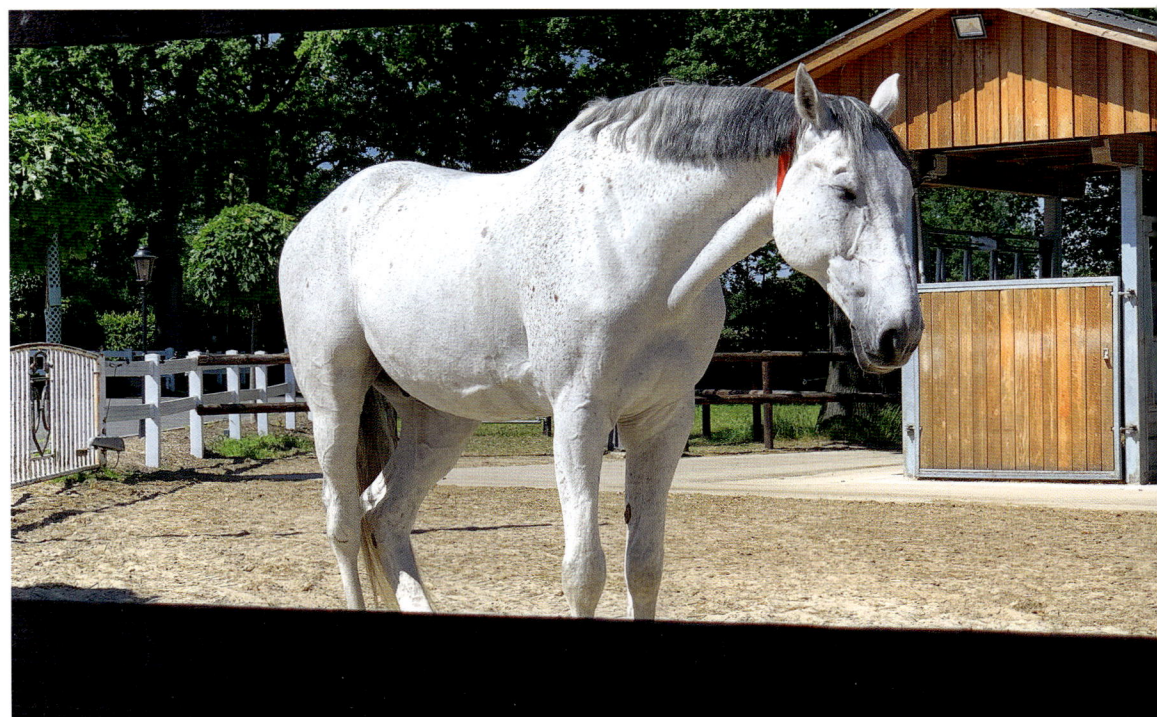

In der Sonne stehen und dösen: Pferde sind in der Lage, kurze Nickerchen im Stehen zu machen und dabei vollkommen zu entspannen. Eine heilsame Form der Meditation – auch für Zweibeiner.

Carinjo und Conrad: Die Rangordnung klären und im nächsten Moment Fellpflege betreiben – für Pferde kein Widerspruch.

5.23 Uhr: Carinjo döst vor mir in der Morgensonne. Ich glaube, ich bin auch kurz eingenickt. Wie schnell die Zeit hier draußen bei ihm vergeht. »Ich fahre mal eben in den Stall!« Meine Familie lacht mittlerweile, wenn ich mit diesen Worten das Haus verlasse. Sie wissen, dass frühestens in drei, vier Stunden wieder mit mir zu rechnen ist.

Der Stall ist eine Parallelwelt, in der die Uhren anders ticken. Irgendwo zwischen Paddock, Weide, Putzplatz, Sattelkammer, Reithalle, Longierzirkel und Waschbox sitzen die grauen Herren und stehlen uns die Zeit. Und wir Pferdemenschen lassen das nur allzu gern mit uns geschehen.

6.04 Uhr: In der letzten Stunde ist auf dem Paddock nichts Besonderes geschehen und gleichzeitig ganz viel. Schlafen, fressen, herumlaufen, spielen – es sind Primärbedürfnisse, mit deren Befriedigung sich eine Herde in der freien Natur in kurzen, stetig wechselnden Intervallen beschäftigt. Und der Aktivstall, in dem unser Pferd seit zwei Jahren lebt, kommt einer artgerechten, natürlichen Haltung recht nahe. Carinjo hat Tag und Nacht seine Buddies um sich, mit denen er eine manchmal harte, aber herzliche Männerfreundschaft pflegt, sowie einen auserwählten Kreis von Damen. »Seine« Stuten dürfen Seite an Seite mit ihm fressen oder in der Sonne dösen. Gerade hat sich die fünfjährige Bonnie herangewagt. Eigentlich gehört sie noch nicht zum Inner Circle seines Harems, aber in einer Herde geht es für junge oder rangniedrigere Tiere auch darum, kontinuierlich die eigene Stellung zu verbessern. Und Carinjo ist ein Gentleman. In seinem Windschatten kann man als Teenager gut chillen.

6.30 Uhr: Ich beschließe, das Setting aufzulösen und führe Carinjo am Halfter vom Paddock in den Stall. Der Hof ist mittlerweile zum Leben erwacht. Die Angestellten führen die Pferde aus den Boxen auf die Weide, zum Training in die Führmaschine oder auf kleinere Stunden-Paddocks.

In einer Stallgasse wird erwartungsvoll dem nahenden Futterwagen entgegengewiehert. Bis auf eine andere Einstellerin, die die frühen Morgenstunden nutzt, um mit ihrem Pferd um den Hof herum spazieren zu gehen, hat sich noch kein Mensch der Aktivstallherde genähert. Die Pferde sind inzwischen wach und aufmerksam, der Tag liegt wie eine weiße Leinwand vor ihnen – bereit für ein neues Bild.

Ich liebe gerade diese Zeit im Stall. Wann immer es möglich ist, komme ich in den frühen Morgenstunden, denn dann herrscht hier eine friedliche Ruhe – auf der Anlage um uns herum, aber auch in mir. Unser Pferd genießt das genauso wie ich, das spüre ich deutlich. Wir stehen oft minutenlang einfach nur beieinander, mein Kopf an seinem, der Atem synchron. Es geht eine große Wärme von seinem Fell aus. Ich kenne die Stellen, an denen er sich gern berühren lässt. Sich diese Zeit füreinander zu nehmen hat etwas ungeheuer Beruhigendes. Immer öfter entscheide ich mich erst nach unserer kleinen gemeinsamen Morgenmeditation für ein Bewegungsprogramm. Zuhören ist eine der wertvollsten Lektionen, die mein Pferd mich in unseren gemeinsamen Jahren gelehrt hat.

Nur wenn Pferde sich vollkommen sicher und wohl in ihrer Herde fühlen, legen sie sich zum Schlafen flach ab. Innerhalb von Carinjos Aktivstallfamilie sind die Rollen klar verteilt.

Wie Pferde ticken

Pferde sind Instinktwesen. Ein fairer Umgang bedeutet, ihr natürliches Verhalten zu respektieren. Wer sich eine gute Horse-Life-Balance wünscht, muss zuhören lernen.

Was wir von Pferden lernen können, ist unendlich viel wert. Viel mehr als das, was wir meinen, ihnen beibringen zu müssen. Auch nach über 40 Jahren, in denen Pferde mein Leben bereichern, entdecke ich noch Fähigkeiten, in denen sie mir weit voraus sind. Pferde sind zum Beispiel wahre Meister der Achtsamkeit und demonstrieren jeden Tag, dass es möglich ist, gleichzeitig entschlossen und gelassen zu sein. Seitdem ich sie gemeinsam mit meinem Coaching-Partner Nico Lee Gogol auch in pferdegestützte Workshops einbinde, weiß ich, wie sehr sie uns erden und spiegeln. Wenn wir uns ihnen gegenüber öffnen, geben sie uns Aufschluss über unsere verborgenen Gefühle und Denkmuster. Pferde können eine tiefe Verbundenheit schaffen – gerade auch zu uns selbst. Für mich sind sie der Schlüssel zu meinem persönlichen Lebensglück geworden, zu meiner Horse-Life-Balance.

Mein erlerntes Pferdewissen aus den frühen Kindheits- und Jugendjahren ist mit der Zeit in eine Art instinktives Wissen übergegangen. Beobachtungen, die Berichte anderer Reiter, vor allem aber die Erfahrungen im täglichen Umgang mit den Ponys, Pferden und ein paar Eseln in meinem Leben haben sich zu einer subjektiven Wahrheit verdichtet. Irgendwann weiß man, was funktioniert und was nicht, hat bestimmte Momente schon unzählige Male erlebt, kann Situationen besser einschätzen. So dachte ich zumindest. Seit der Corona-Pandemie habe ich begonnen, meine Überzeugungen zu hinterfragen, in vielen Bereichen meines Lebens. Vor allem aber wollte und musste ich genauer auf mein Zusammensein mit unserem Pferd Carinjo schauen. Meine und später auch seine Verletzung machten mir klar, dass ich noch immer recht wenig weiß – über die Spezies Equus caballus im Allgemeinen und über unseren Schimmel im Speziellen. Mit Pferden leben, und das ist mehr als eine gefühlte Wahrheit, heißt: lebenslang lernen.

Natürlich gibt es ein paar Grundsätzlichkeiten, die für alle Pferde gleichermaßen gelten, aber vieles muss man für jedes Tier individuell herausfinden. Pferde haben, genau wie wir, völlig unterschiedliche

Persönlichkeiten, besondere Fähigkeiten, spezielle Vorlieben und auch die eine oder andere schrullige Macke. Carinjo ist zum Beispiel gleichzeitig ein Macker und eine Mimose, außen hart, innen zart und sensibel. Wie viele seiner Artgenossen ist er ein Meister im Verstecken körperlicher Wehwehchen. Aber dazu später mehr. Wenn man einmal um das Temperament und die Eigenheiten seines Pferdes weiß, kommt man besser mit ihm zurecht, so viel steht fest. Allerdings kann der Weg zu diesem Wissen lang und von vielen Missverständnissen gepflastert sein.

»Ancora imparo – ich lerne immer noch.«

MICHELANGELO

Wenn wir von menschlichem Instinkt und unserem instinktiven Wissen sprechen, dann hat das wenig mit dem zu tun, was die Natur Pferden mitgegeben hat. Instinkte prägen auch noch 3000 Jahre nach ihrer Domestizierung vom Wild- zum Hauspferd maßgeblich ihr Denken und Handeln. Für das Konditionieren und Erlernen bestimmter Verhaltensweisen sind wir Menschen verantwortlich. Übrigens auch für das Verhalten, das wir später als Ungehorsam empfinden. Ein fairer Umgang mit dem Pferd bedeutet immer, dass wir uns mit der ihm eigenen Natur auseinandersetzen müssen. Wenn wir unsere menschlichen Denkweisen und Kommunikationsformen auf das Pferd übertragen und sein Verhalten entsprechend interpretieren, kommt es zwangsläufig zu Fehldeutungen. Gelingt es uns hingegen, die Sprache der Pferde zu verstehen und sie mit ihren ureigenen Bedürfnissen wahrzunehmen, sind sie auch gern mit uns zusammen und folgen bereitwillig unseren Wünschen.

Wenn ich heute von meiner persönlichen Horse-Life-Balance spreche, dann meine ich damit nicht nur die entspannten Stunden im Stall. Vor allem geht es mir um die zahlreichen Lektionen, die die Pferde meines Lebens mich gelehrt haben. Ich musste einige Überzeugungen ablegen, Perspektivwechsel wagen und mich selbst immer wieder infrage stellen, bis ich die »Life Hacks« der Pferde als wertvollen Wissensschatz begreifen konnte:

HORSE-LIFEHACK NR. 1: ENERGIE SPAREN
Es ist wahrscheinlich die wichtigste Eigenschaft in der Natur der Pferde und hat dafür gesorgt, dass ihre Art seit Millionen von Jahren existiert: das Bedürfnis, Energie zu sparen. Wir sollten diese instinktive Überlebensstrategie nicht mit Widersetzlichkeit verwechseln, sondern den Sinn und Zweck dahinter erkennen. Als Flucht- und Beutetiere waren Pferde in der Vergangenheit darauf angewiesen, blitzschnell vor Fressfeinden zu fliehen, um am Leben zu bleiben. Wer da zu viel Kraft durch unnötiges Herumrennen verschwendet oder, andersherum, zu wenig Energie durch Fressen

Instinktive Überlebensstrategie Nr. 1: Energie sparen. Pferde fressen lieber gemeinsam, statt sich gegenseitig Stress zu machen.

aufgenommen hat, war eine leichte Beute für den Säbelzahntiger. Dass Pferde noch heute versuchen, möglichst oft Energie zu sparen, lässt sich in verschiedenen Situationen beobachten, unter anderem auch in ihrem Herdenverhalten. Dort folgen sie bevorzugt einem Anführer, von dem sie wissen, dass er keinen unnötigen Stress oder Ärger verursacht, sondern für Ruhe und Ordnung in der Gemeinschaft sorgt. Oft ist dieser Herdenchef gar nicht das klassische Alphatier, also das stärkste, dominanteste Pferd, sondern eines, das seine Führungsqualitäten auf eine ruhige und beständige Art bewiesen hat. Mit anderen Worten: Pferde folgen am liebsten den »passive leaders«, die durch Souveränität und ihr gutes Beispiel führen, nicht durch Gewalt. Unser Ziel im Umgang mit dem Pferd muss eine Beziehung sein, die auf diesem Prinzip beruht. Wenn wir im täglichen Umgang und im Zusammensein eine ruhige Beständigkeit an den Tag legen, haben wir gute Chancen, von unserem Pferd als Leitfigur akzeptiert zu werden. Wir müssen unsere Zuverlässigkeit zeigen, die eigene Energie und die des Pferdes schützen und gelegentlich vermeintliche »Unarten« anders lesen: Neun von zehn Pferden blasen beispielsweise den Brustkorb auf, während der Sattelgurt angezogen wird. Ist er dann fest, wird die Luft wieder herausgelassen und der Gurt liegt in der für sie optimal angenehmen Weise an. Eine geniale Taktik zum Energiesparen! Nun ist der clevere Umgang mit Sattel und

Die ständige Bereitschaft zu fliehen hat das Überleben der Spezies Pferd über Jahrtausende gesichert. Wenn das Leittier davongaloppiert, folgt der Rest der Herde.

Zaumzeug nichts, was das Pferd evolutionsbedingt in den Genen trägt. Das Interessante ist, dass Pferde auf der ganzen Welt schlau genug waren herauszufinden, wie sie sich in dieser Situation behelfen können. Niemand hat ihnen gesagt, wie man den Brustkorb aufpumpt, sie haben es selbst herausgefunden. Für Pferde gilt also dasselbe wie für uns: Auch sie lernen nie aus.

HORSE-LIFEHACK NR. 2: UMSICHT UND NACHSICHT LERNEN

Jeder, der mit Pferden zu tun hat, weiß, wie schreckhaft sie sein können. Aus scheinbar unerklärlichen Gründen zucken sie von einer Sekunde zur nächsten zusammen, springen zur Seite oder preschen los. Dahinter steckt keine böse Absicht uns Menschen gegenüber. Die ständige Bereitschaft zu fliehen ist tief in ihrem Instinktprogramm verankert. Aus Überlebensgründen sind Pferde sich ihrer Umgebung immer vollends bewusst. Haben sie etwas entdeckt, was in ihren Augen eine potenzielle Gefahrenquelle darstellt, werden sie, egal wie wenig bedrohlich das Objekt in unserer menschlichen Wahrnehmung sein mag, in Alarmbereitschaft gehen. Während das »Raubtier« Mensch in einer Stress-Situation schnell auch mal zur Gegenwehr bereit ist, folgt das Fluchttier Pferd seiner natürlichen Neigung, einem Kampf besser aus dem Weg zu gehen. Von diesem Instinkt lassen sich auch domestizierte Pferde leiten. Ein scheuendes Pferd anzubrüllen oder zu bestrafen ist daher wenig sinnvoll. Unser erhöhter Puls und Adrenalinspiegel wird im Gegenteil dafür sorgen, dass es noch panischer wird. Auf Furcht mit Angriff zu reagieren ist also die schlechteste aller Optionen. Zielführender ist es, sich zu fragen, wie man als Führungsperson vertrauenswürdig werden kann. Pferde sind, um zu überleben, in höchstem Maße abhängig von anderen Artgenossen. In der freien Natur ist ein einzelnes Pferd ein totes Pferd. Aus seiner Sicht bedeutet Sicherheit also immer eine Mehrzahl. Man muss dem Pferd begreiflich machen, dass wir ihm helfen können, wenn es Hilfe braucht. Je ruhiger und verständnisvoller wir reagieren, desto schneller ist die Situation wieder unter Kontrolle. In den meisten Fällen sorgt menschliches Unverständnis dafür, dass Pferde aggressiv werden. Die gute Nachricht: Sie vergeben sehr viel schneller als Menschen.

HORSE-LIFEHACK NR. 3: DRUCK RAUSNEHMEN
Alles in der Physiognomie von Pferden ist darauf angelegt, stark, schnell und beweglich zu sein. Auf der Flucht können Pferde problemlos eine Spitzengeschwindigkeit von fünfzig Kilometern pro Stunde erreichen. Der ehemalige Mehrzeher Eohippus entwickelte sich über Millionen von Jahren zum Huftier mit immer längeren Beinen und größerem Lungenvolumen. Seine gesamte Körperkonstitution ist bis heute auf Tempobeschleunigung ausgerichtet. Die Natur hat dabei die verletzlichsten Stellen des Pferdekörpers mit einem dichten Netz empfindlicher Nerven versorgt. Dem Fluchttier Pferd ist damit auch körperlich die Voraussetzung geschaffen worden, Fressfeinde frühestmöglich wahrzunehmen und sich einem Angreifer im Notfall mit vollem Körpergewicht entgegenzuwerfen. Instinktiv lehnen sich Pferde auch heute noch in jeden Druck hinein, während wir Menschen eher entweichen. Verletzen wir uns, so schrecken wir zurück und versuchen Situationen, die uns Schmerzen bereiten, zukünftig zu vermeiden. Pferde hingegen haben aus Selbstschutz ein gegenteiliges Verhalten entwickelt: Sie reagieren auf Druck reflexartig immer wieder mit Gegendruck. In der Horsemanship-Lehre wird von der »Alpha-Rolle« gesprochen, die wir Menschen gegenüber den Tieren einnehmen sollen. Dazu wird kontinuierlich Druck aufgebaut, der am Ende aber nicht selten dazu führt, dass frustrierte Pferde und resignierte Besitzer zurückbleiben. Das empfindliche Gleichgewicht im respektvollen Umgang geht im Bemühen unter, das Pferd mit aller Konsequenz

Als Herdentiere folgen Pferde einer festgelegten Rangordnung. Führungsstärke ist für sie von großer Bedeutung.

dominieren zu wollen. Dabei nehmen Pferde jegliche Einwirkung – sei es mit unserem Schenkel an ihrem Bauch, durch den Zügel im Maul, beim Führen, Verladen oder in Behandlungssituationen beim Tierarzt – äußerst sensibel wahr. Zeigen sie auf unsere Impulse nicht die gewünschte Reaktion, liegt das an uns, nicht am Pferd. Wir haben ihm dann nicht das richtige Signal gegeben, nicht den richtigen Reiz präsentiert. Wollen wir erfolgreich mit Pferden trainieren, erreichen wir umso mehr, je weniger Druck wir machen. Das gilt übrigens nicht nur für den Umgang mit Vierbeinern.

HORSE-LIFEHACK NR. 4: GRENZEN SETZEN

Auf der Liste der Missverständnisse zwischen Mensch und Pferd stehen gesunde Grenzen ganz oben. Für die meisten von uns bedeutet das Thema Grenzen im Leben ohnehin eine große Herausforderung, dazu braucht es gar kein Pferd. Dank Führungskräfte-Coachings und Mitarbeiterentwicklung wächst in vielen Unternehmen das Bewusstsein für die Basis guten Teamworks. Dabei spielen Anerkennung und ehrliche Wertschätzung eine entscheidende Rolle. Auch Pferde goutieren das! Als Herdentiere brauchen sie positive Bestätigung ebenso sehr wie Führungsstärke und eine festgelegte Rangordnung – unter ihren Artgenossen, genau wie im Zusammensein mit dem Menschen, der in ihrer sozialen Hierarchie eine wichtige

Rolle einnimmt. Pferde verlangen eine klare Haltung, wenn man sich ihnen nähert. Sie wollen ein Gegenüber, das sie einschätzen können. Und genau da beginnt es, schwierig zu werden, denn wir wünschen uns unser Horse-Life natürlich als möglichst harmonische Zeit, ohne Missstimmungen und Kämpfe. Nur zu gern gehen wir Auseinandersetzungen mit dem Pferd am Ende eines langen Arbeitstages aus dem Weg. Wer möchte sich denn noch mit seinem Buddy streiten, wenn er schon den ganzen Tag Stress im Büro hatte? Mal spüren wir Energie, sind ausgeglichen und treten unserem Pferd selbstbewusst und durchsetzungsstark gegenüber, dann wieder fühlen wir uns schwach und überlassen dem Tier die Führung. Das ist menschlich. Doch genau diese Mischsignale sind es, die unser Pferd verwirren. Seinen eigenen Platz im Geschehen zu bestimmen ist in allen Lebensbereichen wichtig. Bei Pferden ist es alternativlos. Sie können nur entspannen, wenn ihnen Grenzen für ihr Verhalten gesetzt werden und sie sich entsprechend einordnen können. Das ist eines der ersten Dinge, die Fohlen von ihrer Mutter und später in der Herde lernen. Gutes Horsemanship meint deshalb, die feinen Nuancen zwischen Dominanz und Demut zu erkennen. Es kann keine Bequemlichkeit ohne gelegentliche Unbequemlichkeit geben und keine Balance, ohne dass Dinge vorübergehend aus dem Lot geraten. Wenn wir lernen, auch die Zeiten anzunehmen, in denen es mit unserem Pferd nicht so rund läuft, wie wir es uns wünschen, und wenn wir auf konstruktive Weise damit umgehen, wird es uns als Führer betrachten, dem es vertrauen kann.

Harmonie ist nur mit einer klaren Haltung möglich. Pferde kommunizieren untereinander eindeutig. Die Mischsignale von Menschen verwirren sie.

Wer seinem Pferd kein klares Ziel vorgibt, kommt im Training nicht weiter. Erster gemeinsamer Schritt: Beziehungsarbeit!

HORSE-LIFEHACK NR. 5:
EIN GEMEINSAMES ZIEL DEFINIEREN

Pferde können sehr genau unterscheiden, ob man etwas mit ihnen macht oder mit ihnen gemeinsam macht. Ehrlich gesagt, hat es Jahre gebraucht, bis ich den Unterschied wirklich verstanden habe. Lange Zeit habe ich mich beim Training an feste Abläufe geklammert und Bewegungsprogramme abgespult, ohne deren Sinn und Ziel wirklich zu hinterfragen. Die Macht der Gewohnheit – und gelernt ist ja schließlich gelernt. Wie viele meiner Stallkolleginnen habe auch ich mir immer neue Tipps zu hilfreichem Equipment geholt, Trainer zu Reitlektionen oder Bodenarbeit befragt, Kurse besucht und mir Spezialwissen angelesen. Was mein Pferd von alledem hielt, wusste ich nicht. Ich habe es aber auch nicht wirklich gefragt. Vermutlich, weil wir nicht dieselbe Sprache sprachen, ich Carinjos Signale nicht deuten konnte. Es ging beim Reiten zwar irgendwie voran, aber unser Weg führte mal nach vorn, dann wieder zurück und zwischendurch wichen wir in andere Richtungen ab. Irgendwann wurde mir klar, dass vieles mit meiner Haltung zu tun hat: Wenn ich meinem Pferd kein klares Ziel vorgebe, kommen wir gemeinsam nicht weiter. Ich wünschte mir zum Beispiel immer sehr, dass unser Pferd gelöster, schwungvoller und weniger »triebig« laufen möge, verkannte aber, dass er gar nicht in der Lage dazu war. Ich ritt zu lange einfach nur vor mich hin und vergaß darüber, die Frage nach dem Warum seines fehlenden Elans zu stellen. Das Ziel des Trainings zwischen Mensch und Tier muss also zwingend immer erst Beziehungsarbeit sein – Verständnis und Verständigung. Nur wer in der Lage ist, mit seinem Pferd zu kommunizieren und seine Bedürfnisse und Defizite zu erspüren, kann das Beste aus ihm herausholen. Dafür sind neben physischer Stabilität nicht nur technische Skills vonnöten, sondern an alleroberster Stelle gemeinsame Losgelassenheit, vor allem die mentale. Wenn ich weiterhin denke, Carinjo tut nicht, was ich mir erhoffe, wird er es mit großer Wahrscheinlichkeit auch nicht tun. Das wurde mir irgendwann mal klar. Es war an der Zeit für mich umzudenken. Und das in vielerlei Hinsicht.

AUF DEN PUNKT GEBRACHT

- Sich mit Pferden zu beschäftigen bedeutet, lebenslang zu lernen.
- Auch Pferde haben unterschiedliche Persönlichkeiten und Vorlieben.
- Pferde werden von Instinkten geleitet, um ihr Vertrauen zu gewinnen, müssen wir ihre Natur verstehen.
- Mit menschlichen Denkweisen kommen wir beim Pferd nicht weit. Pferde sprechen mit ihren Körpern.
- Für eine gute »Horse-Life-Balance« sind Pferde unsere besten Lehrer. Was wir von ihnen lernen können: Energie sparen, umsichtiger und nachsichtiger werden, den Druck rausnehmen, Grenzen setzen, klare Ziele definieren.

Pferde sprechen mit ihren Körpern. Bei jedem Gang, jedem Ritt, jeder Stunde des Zusammenseins können wir etwas Neues von ihnen und über sie lernen.

Die Pferde meines Lebens

Wer einmal in die Pferdewelt abtaucht, kommt meist nicht wieder heraus. Das größte Geschenk meiner Ponymädchenjahre: keine Angst vor dem Unkontrollierbaren zu haben.

Mit neun war ich das erste Mal so richtig verknallt. Er hieß Dandy, hatte fuchsfarbenes Fell und ich fühlte mich unwiderstehlich zu ihm hingezogen. Weil er so anders war als all die anderen Schulpferde in meinem Reitstall, so eigensinnig und ungebändigt. Ein Welsh Pony, zierlich, mit feiner Blesse, vier weißen Fesseln und wachen Augen. Als ich ihn das erste Mal im Unterricht ritt, flog ich dreimal hintereinander in den Sand. »Armes Deutschland!«, wetterte mein Reitlehrer, der uns Kinder mit unerbittlicher Strenge im Kasernenhofton maßregelte. »Aufstehen, aufsitzen, weitermachen!«, brüllte er. So lernte ich reiten. Ich ritt und flog und ritt und flog, profitierte dabei von Abrolltechniken, die ich beim Judo gelernt hatte, und entwickelte eine gewisse Stunt-Routine. Irgendwann kannte ich die meisten von Dandys Tricks und wurde sattelfester. Wir gewöhnten uns aneinander, gingen gemeinsam ins Gelände, irgendwann auch ohne Sattel. Ich vertraute ihm, auch wenn er zwischendurch immer wieder zu unerwarteten Sprints ansetzte. Ihn gab es eben nur als explosives Gesamtpaket. Meiner Liebe zu ihm tat das keinen Abbruch, im Gegenteil: Sie wurde stärker, weil Dandy mir die Angst vor dem Unkontrollierbaren nahm.

Nicht alle Reiter haben das Glück, mit Pferden aufgewachsen zu sein. Heute weiß ich gerade diese ersten Jahre zu schätzen. Ich näherte mich Dandy und allen Pferden, die danach kamen, mit einer kindlich naiven Neugier, gepaart mit Gutgläubigkeit. Meine Zuneigung zu den Tieren stand über allem, nie wäre ich auf die Idee gekommen, ihnen irgendetwas Böses zu unterstellen. Wir Ponymädels ritten unsere Lieblinge mit Halfter und Strick auf die Weide, galoppierten freihändig übers Stoppelfeld und nur mit einem Badeanzug bekleidet durch den Dorfteich. Mit 13 Jahren nahm ich an einer Fuchsjagd teil, überholte den Pikeur (was streng verboten ist) und nahm Geländesprünge, die eigentlich nur für die Großpferde gedacht waren. Dandys Bocken und Durchgehen stellten für mich keine Bedrohung dar, sondern gehörten ganz selbstverständlich dazu. Obwohl meine Fähigkeiten, gemessen an den Kriterien der klassischen Dressurreitlehre, rückblickend eher bescheiden waren, habe ich damals als Kind doch intuitiv vieles richtig gemacht: Ich habe mich Pferden auf eine natürliche, spielerische, vor allem aber absichtslose Weise genähert. Vermutlich war ich der perfekten Horse-Life-Balance nie näher als in dieser Zeit.

»Das haben wir noch nie probiert, also geht es sicher gut.«

PIPPI LANGSTRUMPF

VOM PONYMÄDCHEN ZUM TURNIERTROTTEL

Wenn ich heute meine Beziehung zu Carinjo beschreiben soll, dann ist auch da ein ganz großes »Herz über Kopf«-Gefühl. Aber natürlich sind neben Emotion und Intuition auch viele rationale Erwachsenen-Gedanken getreten. Prägende Erlebnisse, negative Erfahrungen und Reflexionen in Bereichen, die einem als Kind noch verschlossen sind. Zum Nachdenken über Pferde und zu der Freude an ihnen ist inzwischen auch ein Nachdenken über mich selbst hinzugekommen – über meine Wünsche, Bedürfnisse, die Frage, was mir wichtig ist und warum. Wichtig ist mir heute vor allem, dass es unserem Pferd gut geht. Nicht, dass mir das Wohl der Tiere als Kind egal gewesen wäre. Auch damals hatten wir Pferdemädchen in sämtlichen Hosentaschen Leckerlis, besaßen Bandagen und Satteldecken in diversen Farben, putzten und pusselten unaufhörlich um unsere Lieblinge herum. Aber ich kann mich beispielsweise nicht erinnern, dass wir die Ständerhaltung, eine Unterbringungsform, die in den 70er- und 80er-Jahren in vielen Reitställen üblich war und heute in den meisten Bundesländern per Tierschutzgesetz verboten ist, jemals wirklich infrage gestellt hätten. Dandy war als kleinformatiges Pony klar im Vorteil, denn er schaffte es irgendwie, sich auch vorn angebunden hinzulegen. Aber ich erinnere mich, dass viele der großen Pferde ausschließlich im Stehen schliefen. Sie wurden zum Putzen im Ständer hin und her geschoben, hatten keinen Rückzugsraum beim Fressen, waren also nie ungestört. Für uns Ponymädchen war der Reitstall trotzdem ein Sehnsuchtsort, die tierquälerischen Umstände waren uns nicht bewusst. Ich kannte es eben nicht anders, die Pferde vermutlich auch nicht. Normalität entsteht oft aus Mangel an Vergleichsmöglichkeiten.

Damals war es auch »normal«, sich dem Pferd mit der Einstellung zu nähern: »Setz dich durch bei dem Bock, sonst macht der mit dir, was er will!« Bei seinem Pferd die Führung zu übernehmen war automatisch an Gewalt gebunden und die »Hilfsmittel« dafür gehörten so selbstverständlich zu unserem täglichen Repertoire wie Sattel und Trense: Ausbinder, um die Pferde beim Reiten in eine abwärtsgebogene Haltung zu zwingen, Gerte und Sporen, um sie von hinten energisch anzutreiben, während man sie vorn festhielt. Pferde, die beim Führen zu stark wurden, bekamen einfach eine Hengstkette über den Nasenrücken gelegt, und wer beim Besuch des Schmieds oder Tierarztes zu zappelig und zu wenig kooperativ war, dem drehte man mit einer Nasenbremse kurzerhand die Oberlippe um.

Reiten ist ein Sport mit militärischen Wurzeln und einen Rest dieses soldatischen Geistes kann man heute noch auf vielen Reitanlagen beobachten. Mein erster Reitlehrer war ein pensionierter General und ich habe Jahre gebraucht, um mich von seinem rauen Umgangston zu erholen. Das rigide Regelwerk und die strengen Verhaltensmaßgaben auf Turnieren erlebe und befolge ich mittlerweile als »TT« (=Turnier-Trottel) meiner springreitenden Tochter: Ich hole vor ihren Wettkämpfen die Starterliste in der Meldestelle ab, kontrolliere, dass unser Pferd das regelkonforme Equipment trägt, führe Carinjo warm, während sie den Parcours abgeht, und bin aufgeregt, damit sie es nicht sein muss – auch hier spielen Rituale eine große Rolle. Das Turnier-Outfit muss picobello sein, nur an besonders heißen Tagen darf das Jackett abgelegt werden. Dann spricht man von »Marscherleichterung«. Jede, auch optische, Nachlässigkeit wird im Bewertungskatalog der Richter vermerkt, die Leistung von Pferd und Reiter gnadenlos bis ins kleinste Detail seziert. Vieles lässt heute noch auf Wurzeln vergangener Zeiten schließen, für viele Trainer gelten Disziplin, Einsatzbereitschaft und Härte noch immer als reiterliche Tugenden. Auch ich dachte lange, dass ich im Sattel so agieren muss. Heute weiß ich, dass Erfolg nur mit, nie aber gegen die Natur möglich ist.

Mein Flitzepony Dandy und sein großer Kumpel Junker: Als 13-Jährige nahm ich an meiner ersten Fuchsjagd teil – mit mehr Glück als Reitverstand!

Teenagerliebe im 70er-Jahre-Style: Dem Welsh Pony Dandy näherte ich mich auf eine intuitive, spielerische, vor allem aber vertrauensvolle Art und Weise.

REITEN IM 70ER-JAHRE-STYLE

Es hat Jahre, genau genommen sogar Jahrzehnte, gebraucht, bis ich an diesem Punkt der Erkenntnis angelangt war. Als Erwachsene wurde ich gewissermaßen wieder zum Anfänger, habe das Reiten noch einmal völlig neu erlernt. Wenn meine Reitlehrerin heute vom »70er-Jahre-Style« spricht, den ich in unseren Dressurstunden immer mal wieder an den Tag lege, weiß ich, dass sie damit nicht allein die Bahnfiguren meint, die heute zum Teil anders geritten werden. Sie korrigiert meinen Sitz, das Einwirken meiner Hände, den Druck meiner Schenkel, viele der »Hilfen«, die uns Reitkindern vor vierzig Jahren auf Schulpferden alles andere als feinfühlig beigebracht wurden. Im Wesentlichen gab es in den Reitstunden meiner Jugend nur eine grobe Bedienungsanleitung für Gas und Bremse beim Pferd, die Übergänge von Schritt, Trab und Galopp ergaben sich aus der Gruppendynamik.

Einzelunterricht gab es ohnehin nur für die Besitzer von Privatpferden und ich hatte eben nur ein Pflegepony und später dann eine Reitbeteiligung. Die Skala der Ausbildung – Takt, Losgelassenheit, Anlehnung, Schwung, Geraderichtung, Versammlung – kannte ich nur aus der Theorie zum Reitabzeichen, in meiner anfänglichen Praxis spielte sie faktisch keine Rolle.

Losgelassenheit als eine gemeinsame Mediationsübung, bei der die Energie zwischen Pferd und Reiter zu fließen beginnt, habe ich lange nur draußen in der Natur erlebt. Mit meinem ersten »eigenen« Pflegepferd Mo, einer zauberhaften Araber-Englisch-Vollblut-Stute, bin ich fast ausschließlich in den Wald geritten. Oft war es noch dunkel, wenn wir frühmorgens den kleinen Hof im Süden von Hamburg verließen. Dann sind wir Rehen, Füchsen und einmal auch einem Wildschwein begegnet. Manchmal haben wir uns gefürchtet, aber immer gegenseitig Mut zugesprochen und die Abenteuer am Ende gemeinsam bewältigt. Mo hat an meinem Bauch geschnuppert, als ich schwanger war und es selbst noch gar nicht wusste, und sie hat mich noch im neunten Monat brav herumgetragen. Verantwortungsbewusst und vertrauensvoll war sie, das vergesse ich ihr nie.

Auch Pferde schließen Freundschaften

Die Nähe zu Artgenossen liegt Pferden in den Genen: Die Gemeinschaft sicherte den Wildpferden über Jahrtausende das Überleben. Dieses Wissen ist bis heute fest in ihrem Bewusstsein verankert. Pferde bauen – sofern es ihre Haltungsbedingungen ermöglichen – untereinander feste und andauernde Freundschaften auf. Wenn sie in einem Herdenverband leben, suchen sie sich Partner, mit denen sie gemeinsam fressen, dösen oder genüsslich Fellpflege betreiben. Wachsen Fohlen in einer gemischtgeschlechtlichen Herde auf, findet sich unter den älteren Wallachen nicht selten ein »Kinderonkel«, der die Aufgabe der Mutterstute übernimmt und die Jungtiere beschützt und beschäftigt. Daraus entwickelt sich oftmals eine tiefe Freundschaft, die ein ganzes Leben halten kann. Verschiedene Verhaltensforscher haben bestätigt, dass Freundschaften Pferde gelassener, glücklicher und gesünder machen. Pferdefreunde stehen füreinander ein (zum Beispiel, indem andere Pferde vom Heu verscheucht oder Ruheplätze verteidigt werden) und vermitteln sich gegenseitig Sicherheit. So manch ängstliches Pferd steigt hinter seinem besten Freund leichter in einen Hänger, traut sich in unbekanntes Gelände oder bleibt ruhig, wenn der Tierarzt kommt. Wie beim Menschen spielt auch der Geruch bei Freundschaften eine große Rolle. Es gibt Pferde, die sich buchstäblich nicht riechen können, andere wiederum sind ganz verrückt nach dem Duft und der Nähe ihres Buddys.

Rasende Reporterinnen hoch zu Ross: Als Journalistin durfte ich um die halbe Welt reisen, unter anderem nach Tucson, Arizona.

Meine Tochter Mia, zu der Mo damals Kontakt aufgenommen hat, als sie noch in meinem Bauch war, hat den Rhythmus und die Energie von Pferden sprichwörtlich mit der Muttermilch aufgesogen. Sie saß auf unserem Pony, bevor sie selbst laufen konnte. Als das Shettie zu klein für sie wurde, übernahm ihre Schwester Lou. Heute lebt der greise Wallach in einer Rentnerherde auf dem Land. Für uns war es nie eine Frage, dass er sein Gnadenbrot bekommt. Pferde sind Familie.

EIN PFERD FÜR JEDE LEBENSPHASE

Meine Pferde der letzten vierzig Jahre waren wie Lebensabschnittspartner für mich. Jede Beziehung stand für eine bestimmte Phase, aus jeder habe ich gelernt. Manche Pferde blieben über Jahre an meiner Seite wie Mo, andere waren On-and-off-Beziehungen. So wie Nostessa, eine grazile Schimmelstute, die ich als Reitlehrerin für Ponyhof-Kinder an der Ostsee entdeckt und über mehrere Jahre immer wieder in den Ferien besucht habe. In einem Winter durfte ich sie mit zu mir nach Hause in den Reitstall nehmen, wo sie fern ihrer Herde und der gewohnten Umgebung etwas weniger kuschelige Seiten von sich offenbarte. Trotzdem fanden wir im intensiven Umgang einen Weg zueinander: Nostessa lehrte mich, geduldig zu sein und ein Gefühl dafür zu entwickeln, was sie in diesem Moment gerade braucht. Als die Saison in der Pony-Pension nach dem Winter wieder begann und ich Nostessa zurückbringen musste, brach es mir fast das Herz.

Es folgten Jahre, in denen ich nur kurzfristige Verbindungen zu Pferden eingehen konnte, weil meine berufliche Situation, später dann die Familie mit Haus, Hund und kleinen Kindern weniger Engagement zuließen. Reiten und alles, was damit zusammenhängt, ist eben ein extrem zeitaufwendiges Hobby. Für mich war es jedenfalls zu keiner Zeit eine Option, einen »2-x-die-Woche-Sport« daraus zu machen. Dafür nutzte ich jede Gelegenheit, um die Nähe zu Pferden auch in meinem beruflichen Kontext zu suchen: Als Journalistin konnte ich viele meiner Reiseerlebnisse als Reportagen in Magazinen veröffentlichen und mir auf diesem Weg auch den einen oder anderen Lebenstraum im Sattel erfüllen. Wie zum Beispiel einen Cowgirl-Trip in den Wilden Westen Amerikas!

Ausgestattet mit Stetson, Wrangler Jeans und Cowboy-Boots checkte ich gemeinsam mit meiner Journalistenkollegin und Freundin Susanne für zehn Tage in der »Grapevine Canyon Ranch« nahe Tucson in Arizona ein. Wir lernten das kleine Einmaleins der Westernreiterei (was

Sie führte mich sicheren Schrittes auch die schmalsten Pfade entlang: Quarterhorse-Stute Sooner war meine Gefährtin im Wilden Westen.

Intensive Momente, extreme Situationen: An die Reitsafari in Tansania werden meine Tochter Mia und ich uns stets erinnern.

wirklich verdammt wenig mit dem zu tun hatte, was wir von zu Hause kannten), durften probeweise das Lasso schwingen und beim Bullentreiben assistieren. Die Nächte verbrachten wir in einer wildromantischen Casita, um die jede Menge Spinnen, Schlangen und Skorpione kreisten. Recht schnell wurde uns klar, warum Cowboys hier immer ihre Stiefel anbehalten, auch nachts ... Entsprechend zogen wir unsere Boots beim Overnight-Ritt in den Stronghold Canyon sicherheitshalber drei Tage gar nicht aus; und dass draußen am Lagerfeuer nachts zwei Wrangler auf uns achtgaben, während wir im Zelt schliefen, war ein ungemein beruhigendes Gefühl. Sie saßen schließlich nicht umsonst dort vor dem Lagerfeuer, ganz wie im Film, mit der Flinte im Schoß: Es gab jede Menge Bären in dieser Gegend, von dem Kleingetier, das nachts die Zeltwände emporkroch, ganz zu schweigen. Wir gewöhnten uns wohl oder übel an den Gedanken, unser Leben zumindest vorübergehend in die Hände von anderen zu legen. Auch am kommenden Tag, als unser Reitpfad vorbei am Grab des berühmten Apachenhäuptlings Cochise hinauf in die Berge führte und immer schmaler wurde: »Schaut nicht nach unten und lasst die Pferde machen«, war die einzige Anweisung, die wir von den Wranglern für diese Kletterpartie ohne Netz und doppelten Boden erhielten. Das Pferd die Entscheidungen treffen lassen, es nicht kontrollieren oder stören, sondern nur kooperieren – hier lernte ich, einem Tier bedingungslos zu vertrauen. Es war eine der wichtigsten Lektionen in Sachen Loslassen für mich.

LEKTIONEN IN SACHEN LOSLASSEN

Zwei Jahrzehnte später habe ich etwas ähnlich Prägendes erlebt, wenn auch in einem ganz anderen Setting: Ich besuchte meine damals 18-jährige Tochter Mia, die nach dem Abitur für drei Monate als Volunteer in einer Tier-Auffangstation in Tansania gearbeitet hat. Die Makoa-Farm am Fuße des Kilimandscharo empfängt auch Gäste, die den Alltag von waschechten Buschärzten erleben und auf Reitsafaris die umliegenden Nationalparks erkunden möchten. Auf einem unserer Wanderritte durch den Arusha Park begegneten wir erst Zebras, Wasserböcken und Antilopen und sahen dann über den Baumwipfeln die langen Hälse von Giraffen emporragen. Im Gegensatz zu den Jeep-Touristen, zu denen diese majestätischen Tiere immer einen Sicherheitsabstand wahren, ließen sie unsere Herde Schritt für Schritt näher auf sich zukommen. Als wir uns fast Auge in Auge gegenüberstanden, begannen die Giraffen unsere Pferde zum Spiel aufzufordern. Ein paar Galoppsprünge, ein Blick zurück – »Wo bleibt ihr denn«, schienen sie zu sagen, »wir haben Lust auf ein Wettrennen!« Und ohne dass wir Reiter auch nur den Hauch einer Chance auf Mitsprache hatten, preschten unsere Pferde los. Querfeldein, um Büsche herum, vorbei an Felsen, über große Erdlöcher hinweg, in einem halsbrecherischen Tempo durch den aufgewirbelten Staub. Wir Reiter mussten mitmachen, alles andere wäre Harakiri gewesen. Die Guides hatten uns auf diese Situation vorbereitet. Sie hatten erklärt, dass wir die Zügel lang lassen müssen, damit die Pferde genug Raum haben, den Boden abzuchecken, während wir den Blick in die Prärie richten. Theoretisch war uns das klar. Aber wie schwer es wirklich ist, die Kontrolle

Der Moment, wo wir im Arusha Nationalpark die Giraffen entdeckt haben – und die Giraffen uns. Kurz danach begann ein wildes Wettrennen im gestreckten Galopp durch die Wildnis.

in einer Extremsituation abzugeben und sich den Entscheidungen des Pferdes voll und ganz hinzugeben, habe ich selten so intensiv gespürt wie dort. Gleichzeitig habe ich mich der Natur nie näher gefühlt.

Es ist gut, sich selbst regelmäßig daran zu erinnern, warum man einst begonnen hat, sich mit Pferden zu beschäftigen. Eine gewisse kindliche Begeisterung, diese natürliche Leichtigkeit, aber auch die Hingabe und das bedingungslose Vertrauen in diese wundervollen Wesen möchte ich mir bei allem Ehrgeiz und sportlichen Zielen bewahren. Gerade die Erlebnisse auf dem Pferderücken abseits der gewohnten Reitstall-Umgebung haben mir vor Augen geführt, wie tief meine Liebe zu diesen besonderen Tieren ist. Wer einmal in die Pferdewelt abgetaucht ist, kommt meist nicht wieder heraus. Für mich sind Pferde ein großes Glücksversprechen, und zwar eines ohne Verfallsdatum. Meine Hoffnung für die Zukunft ist, dass ich auch als sehr alte Dame noch mit meinem Pferd glücklich in den Wald oder am Meer entlangreiten kann. Am liebsten jeden Tag, freihändig und ohne Sattel.

AUF DEN PUNKT GEBRACHT

- Kinder nähern sich Pferden auf eine intuitiv-natürliche Weise – ihre spielerische, absichtslose Art kann eine tiefe Verbindung schaffen.
- Erfahrungen sind gut, Vertrauen ist besser: Zu viele rationale Erwachsenen-Gedanken blockieren beim Reiten.
- Die sogenannte Ständerhaltung ist heute per Tierschutzgesetz verboten, rigide »Hilfsmittel« wie Hengstketten und Nasenbremsen verpönt.
- Reiten ist ein Sport mit militärischen Wurzeln. Disziplin, eiserner Wille und Härte gelten vielerorts noch immer als reiterliche Tugenden.
- Die FN-Skala der Pferdeausbildung: Takt, Losgelassenheit, Anlehnung, Schwung, Geraderichtung und Versammlung ist nicht nur als körperliche Übung beim Reiten zu verstehen, sondern auch als mentales Mindset.
- Pferde sind Lebensabschnittspartner: Einige bleiben flüchtige Bekannte, andere werden zur On-off-Beziehung und manchmal findet man die eine große Liebe fürs Leben.
- Reiterlebnisse auf Reisen bieten oft besondere Lerngeschenke, zum Beispiel: Kontrolle abgeben, das Pferd entscheiden lassen, Vertrauen entwickeln.
- Pferdeliebe ist ein Glücksversprechen ohne Verfallsdatum – wer bis ins hohe Alter mit Pferden lebt, der wird nie einsam sein.

Die Pferde meines Lebens

Schatz, wir müssen reden

Das eine sagen und etwas anderes meinen – das können Pferde nicht. Das klingt schön einfach, birgt aber eine große Hürde: Wie finden wir eine gemeinsame Sprache?

Mal ehrlich, wann habt ihr – dein Pferd und du – zum letzten Mal so richtig aneinander vorbeigeredet? Das passiert euch andauernd? Na, dann wird's höchste Zeit für eine Aussprache! In diesem Kapitel soll es darum gehen, ein paar Grundsätzlichkeiten der Kommunikation zu klären. Kommunikation ist das A und O im Umgang, denn sie ist die Grundlage für jeden Beziehungsaufbau, nicht nur unter Menschen. Da Pferde bekanntlich deutlich weniger Lautäußerungen von sich geben als wir, sind für sie vor allem körpersprachliche Botschaften relevant. Für uns stellt sich also die Frage, welche unserer nonverbalen Signale geeignet sind, um mit dem Tier ins Gespräch zu kommen. Denn bei allem, was uns Menschen von Pferden unterscheidet, haben wir doch einen gemeinsamen Wunsch: Wir wollen verstanden werden.

»Man kann nicht nicht kommunizieren!« – dieser bekannte Leitsatz der Kommunikationswissenschaft, als eines von fünf Axiomen (allgemeingültige Wahrheiten, die keinen Beweis brauchen; Anm. der Redaktion) des Österreichers Paul Watzlawick, trifft auf Menschen wie Tiere zu. Nach Watzlawick kommt es zwischen zwei Lebewesen zu einer Kommunikationssituation, sobald sie sich gegenseitig wahrnehmen. Genauso, wie man sich jemandem gegenüber nicht nicht verhalten kann, kann man auch nicht nicht kommunizieren. In dem Moment, in dem wir einem Pferd gegenübertreten, kommunizieren wir bereits. Wir senden Botschaften, ohne dass wir auch nur ein Wort gesprochen haben. Und das Pferd empfängt diese Botschaften, es beginnt, uns zu lesen – unsere Mimik, unsere Gestik, die gesamte Körpersprache. Und nicht nur das: Pferde haben evolutionsbedingt sehr feine Antennen dafür entwickelt, was sich unter der Oberfläche abspielt. Sie checken sofort, ob die äußere Fassade und der innere Gemütszustand beim Gegenüber übereinstimmen. Während Menschen ständig Rollen annehmen und sich verschiedenen Situationen anpassen, verhalten sich Pferde stets kongruent. Bei ihnen gibt es keinen Schein, nur Sein. Deshalb sind ihre Reaktionen stets authentisch und ehrlich. Ja, auch die, die uns nicht so gut gefallen. Jeder kennt die Situation, dass man nach einem stressigen Arbeitstag angespannt in den Stall kommt und diese Spannung noch immer in sich trägt, wenn man in den Sattel steigt. In diesen Reitstunden kommt meistens nichts Glorreiches heraus, denn das Pferd nimmt uns mit all unserer Anspannung und negativen Energie wahr und spiegelt dies durch sein Verhalten. Konsequenterweise sollte man in solcher Verfassung besser gar nicht erst aufsteigen, sondern etwas unternehmen, was beide Seiten entspannt. Man kann seinem Pferd nämlich nichts vormachen, es spürt alle innerpsychischen Vorgänge, selbst die, die uns bei unseren Mitmenschen verschlossen bleiben. Pferde empfinden rein instinktiv unsere Ängste, Unsicherheiten oder das Streben nach Macht, allerdings genauso unser ehrliches Interesse, unsere Zuneigung und die Bereitschaft zur Kooperation. Wenn unser Pferd nun schon so viel über uns weiß, sollten nicht auch wir beginnen, uns mehr mit uns selbst auseinanderzusetzen? Im Zwiegespräch mit dem Pferd funktioniert Selbstverleugnung nämlich nicht. Bevor wir also jede Menge Forderungen an unser Pferd stellen oder uns über sein vermeintliches Fehlverhalten beschweren, ist es hilfreich, den Blick erst einmal auf uns selbst zu richten.

»Wer klug ist, wird im Gespräch weniger an das denken, worüber er spricht, als an den, mit dem er spricht.«

ARTHUR SCHOPENHAUER

SO KOMMUNIZIEREN MENSCHEN

Auch wenn es uns nicht bewusst ist: Die menschliche Kommunikation besteht zu rund 80 Prozent aus Körpersprache. Es ist die Urform der Verständigung, und zwar über alle Alters-, Kultur- und Landesgrenzen hinweg. Wir senden permanent Signale aus, auf die unsere Umwelt reagiert. Jede menschliche Äußerung ist dafür gedacht, eine Wirkung zu erzielen. Wenn wir jemanden direkt ansprechen, ist unsere Absicht erkennbar und die Botschaft unmissverständlich. Zumindest wäre das der Idealfall. In der Realität aber gibt es Zwischentöne, das Gesagte entspricht nicht immer dem Gedachten, wird missverständlich ausgedrückt oder fehlinterpretiert, zumindest herrscht nicht automatisch Klarheit über eine Äußerung.

Der Psychologe und Kommunikationswissenschaftler Friedemann Schultz von Thun hat 1981 das »Kommunikationsquadrat« entwickelt, auch als »Vier-Ohren-Modell« oder »Nachrichtenquadrat« bekannt. Seine These: Wenn ich etwas von mir gebe, wirkt das Gesagte auf vierfache Weise. Jede meiner Äußerungen enthält, ob ich will oder nicht, vier Botschaften:
• eine Sachinformation (worüber ich informiere)
• eine Selbstkundgabe (was ich von mir zu erkennen gebe)
• einen Beziehungshinweis (was ich von dir halte und wie ich zu dir stehe)
• einen Appell (was ich bei dir erreichen möchte)

Diese vier Seiten einer Nachricht betreffen sowohl den Sender als auch den Empfänger der Äußerung. Ich kann sie mit vier Mündern aussprechen und auf vier Ohren hören. Je nachdem, welche Absicht ich verfolge, ist die Qualität der Kommunikation mehr in die eine oder andere Richtung steuerbar. Wenn ein Gesprächspartner wenigstens eine der vier Ebenen abweichend auslegt, ergeben sich häufig Missverständnisse, Konflikte oder Auseinandersetzungen. Im Gegensatz zu Pferden neigen wir dazu, andere zu manipulieren und zu beeinflussen. Die menschliche Kommunikation ist mehrdeutig und kann unterschiedlich decodiert werden. Wir weinen vor Kummer oder vor Freude, ein Lachen kann Glück, aber auch Hohn ausdrücken. Allein unsere Körpersprache verrät früher oder später das Verborgene. Zum Glück! Denn das Wörterwirrwarr, das wir permanent von uns geben, nimmt ein Pferd allenfalls als Hintergrundrauschen wahr. Mal mag es angenehm klingen, wenn der Mensch freundlich flüstert, doch weitaus häufiger klingt unser Geplapper für das Pferd vermutlich wie lästiger Lippenlärm. Ganz zu schweigen von den lautstarken Verbalattacken, die manch Reiter im Frust abfeuert. Wenn wir uns in die Lage der Pferde versetzen, muss man sich ihre Situation wohl so vorstellen: Pferde, die ihren Menschen noch nicht kennen, fühlen sich wie Fremde in einem Land, dessen Sprache sie nicht sprechen und dessen Riten und Gebräuche sich ihnen nur schwer erschließen. Sie versuchen alles richtig zu machen, verstehen aber oft nicht, was ihr Mensch von ihnen will. Mal reagiert er geduldig, mal brüllt er oder wird sogar tätlich. Menschen sind launisch und damit für Pferde unberechenbar. Wenn wir ihr Vertrauen gewinnen wollen, müssen wir uns diese Tatsache bewusst machen und lernen, eindeutig zu kommunizieren. Und wirklich zuzuhören. Es gibt zu viele Pferde, die an ihren Menschen verzweifeln, weil diese nicht zugehört haben, als sie es am meisten gebraucht hätten.

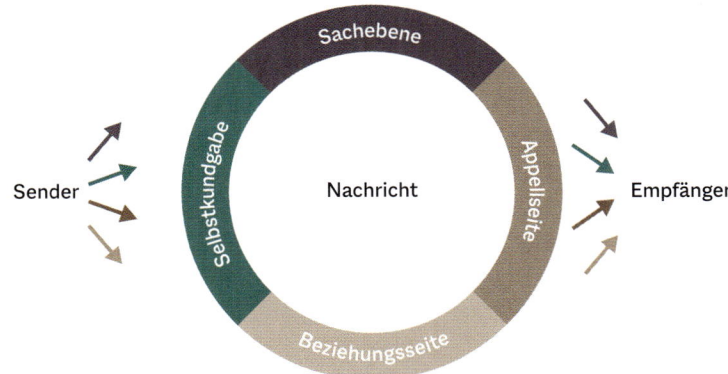

Das Nachrichtenquadrat nach Friedemann Schultz von Thun.
Menschen kommunizieren im Gegensatz zu Pferden mehrdeutig.

Pferde sprechen mit ihren Körpern. Bei ihren Unterhaltungen geht es primär um ihre Grundbedürfnisse.

SO KOMMUNIZIEREN PFERDE

Bei den Gesprächen, die Pferde untereinander führen, geht es in erster Linie um ihre Grundbedürfnisse: Sicherheit, Futter, Wasser, Schutz und Rangordnung. Dabei verständigen sie sich mit ihren Artgenossen weitestgehend nonverbal. Lautäußerungen wie Wiehern, Schnauben oder Prusten machen vielleicht fünf Prozent ihrer Kommunikation aus. Sogar bei Schmerzen geben Pferde dies aus Selbstschutzgründen nicht lautstark zu erkennen. Ich habe unser Pferd nur ein einziges Mal jämmerlich stöhnen hören, da hatte es hohes Fieber und war extrem schwach. Ansonsten quietscht Carinjo gern mal im Galopp – meist aus Freude und Übermut, manchmal aber auch aus Ärger, wenn er im Parcours eine Stange reißt. Üblicherweise werden Quietsch- und Grunzlaute eingesetzt, wenn es in der Herde zu aggressiven Auseinandersetzungen um die Rangordnung oder das Territorium kommt. Ein Schnauben kann je nach Situation sowohl entspannt als auch aufgeregt klingen, der Laut geht immer einher mit der entsprechenden Körperhaltung. Gestik und Mimik arbeiten in der Kommunikation von Pferden simultan zusammen. Sie können sich nicht verstellen, man kann den inneren Gefühls- und Motivationszustand stets an ihrem Äußeren ablesen. Ein Pferd, das mit entspannter Unterlippe und entlastetem Hinterbein auf der Weide steht, fühlt sich absolut in Sicherheit. Hat es den Kopf und Hals hingegen angespannt aufgerichtet, die Ohren gespitzt und die Augen weit aufgerissen, sucht es die Gegend ab und macht sich potenziell zur Flucht bereit. Wenn Carinjo diese Haltung einnimmt, ist er gefühlt vier Meter hoch. Mit 1,83 Metern Stockmaß gehört er zweifellos zu den großen Exemplaren, er kann aber auch ganz klein und zart wirken, wenn er mit hängenden Flanken und abgesenktem Kopf im Stehen schläft.

Wer sein Pferd über Jahre kennt, weiß genau, mit welchen Körperteilen es am meisten »spricht«. Bei Carinjo sind es die Augen. Er kann über diese beiden dunklen Knöpfe mit den langen Wimpern die ganze Palette positiver Emotionen ausdrücken: Freude, Neugier, Spieltrieb, zugewandtes Interesse, genauso wie Entspannung, Schläfrigkeit oder Kuschelbedürfnis. Allerdings ist auch das andere Ende der Skala deutlich ablesbar: nämlich alle Nuancen von Anspannung und Aufregung bis hin zur Panik, sowie Irritation, Aggression und wütendes Unverständnis. Wenn Carinjo mit den Augen Nein sagt, meint er Nein. Dann ist er ein unverrückbarer Fels.

Sein Kumpel Anatol hingegen ist ein Lippenwesen. Er nutzt sein Maul nicht nur, um zu knabbern, zu tasten und Nahrung aufzunehmen, sondern hat ein mehr als komplexes Mienenspiel vom Kinn bis hinauf über beide Nüstern entwickelt. Wenn er um Leckerlis bettelt, kann er die Lippen spitzen, umstülpen und lustig hin und her tanzen lassen, wenn er Jackentaschen durchsucht, werden sie zu zielgerichteten Bohr- und Sauggeräten. Trifft sein Frauchen beim Putzen die richtige Stelle, beginnt die Lippe zu zucken,

Best Buddies: Carinjo und sein Aktivstallkumpel Anatol suchen ganz bewusst die körperliche Nähe des anderen. Pferde, die in einer Herde leben dürfen, entwickeln enge Freundschaften.

Anatol und seine Besitzerin Leni haben ihre eigenen Codes entwickelt: Wenn sie die Hand hebt, lässt er die Lippe tanzen – zur Belohnung gibt's ein Leckerli.

und hängt sie komplett entspannt herunter, wirkt sie gleich doppelt so lang. Man kann vielen Pferden ihren Erregungszustand sprichwörtlich von den Lippen ablesen. Oder an den Ohren. Flori, eine von Carinjos Lieblingsstuten aus dem Aktivstallharem, hat das Ohrenspiel perfektioniert: Jede emotionale Veränderung zeigt sie durch ihre langen Lauscher an, feine Nuancen im Neigungswinkel entscheiden über rückgewandtes Interesse, sanfte Mahnung oder vehemente Drohung. Je nach Ohren-Radar kann man in ihrem Gesichtsausdruck Gelöstheit, Aufmerksamkeit, Angst oder Stress erkennen. Sie lässt sich an diesen Antennen nur ungern berühren, während Carinjo es genießt, wenn man seine Plüschohren ausgiebig massiert und knetet.

Abgesehen von diesen individuellen Besonderheiten verfügt jedes Pferd noch über viele weitere körpersprachliche Signale, auf die seine Artgenossen reagieren. Wie die Augen und Ohren ist auch der Schweif eine Antenne für Erregungszustände, je nach Rasse und Geschlecht trägt ein

Pferd ihn bei Aufregung oder Alarmbereitschaft höher oder klemmt ihn bei Furcht tief zwischen den Pobacken ein. Die Hufe senden ebenfalls zahlreiche Botschaften, die sich zum Beispiel in Scharren, Schlagen oder einzelnen Schritten in verschiedene Richtungen äußern. Auf der Weide, beim Grasen und Fressen ist das Sich-aufeinanderzubewegen oder voneinander Abwenden ein einziger großer Dialog. Pferde kommunizieren selbst dann, wenn sie vermeintlich »nichts tun« und nur grasen. Ihr Verhältnis ist stark darüber definiert, wie viel Raum sie sich gegenseitig geben.

DAS NÄHE-DISTANZ-DILEMMA
Und damit wären wir bei einem Dilemma in der Mensch-Pferd-Beziehung: Menschen suchen Nähe, Pferde schätzen Raum. Pferde drängen sich ihren Artgenossen nicht einfach auf, für sie ist der Individualabstand zu anderen Lebewesen ein Zeichen von Respekt. Sie bitten sich gegenseitig um Gesellschaft und laden sich ein, näher zu treten. Wer ihnen unsympathisch ist, den halten sie auf Abstand. Da Pferde Meister der kalorienarmen Gesprächsführung sind, genügt oft eine halbe Drehung oder ein Schweifschlagen, um mitzuteilen, was als angemessene Entfernung empfunden wird. Nähe und Distanz – Pferde unter sich haben dafür einen Modus Vivendi gefunden.

Der Mensch hingegen räumt dem Pferd in den seltensten Fällen ein Mitspracherecht ein, wenn es um Körperlichkeiten geht. Dazu kommt, dass wir in unserem Verhalten oft recht widersprüchlich sind: An einem Tag finden wir es »niedlich«, wenn das Pferd sich an uns reibt und schubbert, an einem anderen Tag erscheint uns diese Eigenart zu grob und wir werden wütend. Mal tätscheln, klopfen, umarmen oder küssen wir unseren Liebling, dann wird er beim Putzen grob zur Seite gerempelt, weil er sich angeblich nicht schnell genug von uns wegbewegt hat. Nicht selten missachten wir bei all unserer Zuneigung und dem Bedürfnis, sie körperlich auszudrücken, dass Pferde von Natur aus keine Kuscheltiere sind. Hundewelpen schmiegen sich aneinander und drängen sich auf unwiderstehliche Weise in den Raum anderer Hunde und Menschen. Pferde tun das nicht. Wenn man Fohlen beobachtet, dann spielen sie zwar miteinander, galoppieren oder grasen gemeinsam, aber sie liegen nie eng ineinander verschlungen wie Hunde oder Katzen. Fohlen suchen die Nähe ihrer Mutter, ansonsten halten sie Abstand. Wenn sie sich uns Menschen vertrauensvoll nähern, ist das ein Geschenk. Wir können es weder einfordern noch erzwingen.

Worin uns Pferde ähneln, ist ihr individuelles Empfinden, wer sie wann und wie berühren darf. Manche Menschen lieben Massagen, andere können sie nicht ertragen. Manche umarmen spontan jeden, andere sind distanzierter und vermeiden enge Körperkontakte. Wir können die Zeichen unserer Mitmenschen deuten, bei Pferden machen wir uns diese Mühe oft gar nicht. Ein Pferd kann Streicheln erst dann als wohltuend empfinden, wenn die Frage, ob man seinen persönlichen Raum akzeptiert, geklärt ist.

EINBAHNSTRASSEN-KOMMUNIKATION VS. ZWEI-WEGE-DIALOG

Eine weitere Problematik besteht darin, dass wir dem Pferd einerseits Kommandos erteilen und uns andererseits ein partnerschaftliches Verhältnis wünschen, am liebsten auf Basis freiwilliger Mitarbeit. Dass dieses »Ich sage – du tust« allenfalls eine Form des Drills beziehungsweise der Programmierung, aber keine Partnerschaft ist, machen wir uns oft nicht bewusst. Dabei wird ein Pferd, das etwas wirklich tun will, immer besser sein als ein Pferd, das zu einer Leistung gezwungen wird. Die schwierige Lernaufgabe und eine riesige Herausforderung an unser Ego bestehen darin, eine Zwei-Wege-Kommunikation mit dem Pferd zuzulassen. Wo kann ich seinen Entscheidungen vertrauen, ab welchem Punkt muss ich die Führung übernehmen? Was darf ich ihm »durchgehen« lassen und wann ist es notwendig, konsequent Grenzen zu setzen? Auf welche Weise kann ich eine sichere Beziehung aufbauen, ohne dominant zu sein? Wer sich eine wirklich vertrauensvolle Partnerschaft wünscht, wird auf diese Fragen von seinem Pferd auch mal unerwünschte Antworten erhalten.

Ich habe die Erfahrung gemacht, dass es gerade bei diesem Thema hilft, den Druck herauszunehmen – sich selbst und dem Pferd gegenüber. Manchmal muss man einen Schritt zurückgehen, um einen weiteren voranzukommen. Wenn wir lernen, unser Tier mit Geduld zu lesen und jede neue Situation möglichst unemotional zu analysieren, gelingt die Verständigung. Ich muss nicht immer recht haben und auch nicht zwingend das letzte Wort. Und wer klar sagt, was er will, vermittelt automatisch, was er nicht will.

Kommunikation, die jede Form von Gewalt ausschließt, beruht auf einem Konzept der Wahlmöglichkeiten, für beide Seiten. Und wenn wir das Pferd entscheiden lassen, hilft es in jedweder Situation, ihm das »Richtige« leicht und das »Falsche« schwer zu machen. Positive Verstärkung statt Bestrafung. Belohnen, wenn es das Erwünschte tut, unerwünschtes Verhalten geflissentlich ignorieren. Ich gehe später in dem Kapitel »Wie Pferde lernen« (s. S. 99) noch näher darauf ein.

AUF DEN PUNKT GEBRACHT

- Kommunikation ist die Grundlage für jeden Beziehungsaufbau.
- Pferde kommunizieren nonverbal. Lautäußerungen wie Wiehern oder Schnauben machen maximal fünf Prozent ihrer Kommunikation aus.
- Während Menschen Rollen annehmen und sich Situationen anpassen, verhalten Pferde sich stets kongruent.
- Pferde nehmen unsere Körpersprache, aber auch unsere Energie und Emotionen wahr und spiegeln sie durch ihr Verhalten.
- Nach Schultz von Thuns »Nachrichtenquadrat« enthält jede menschliche Äußerung vier Botschaften zugleich: eine Sachinformation, eine Selbstkundgabe, einen Beziehungshinweis, einen Appell.
- Die Gesprächsthemen der Pferde untereinander drehen sich um ihre Grundbedürfnisse: Futter, Wasser, Schutz und Rangordnung.
- Körpersprachliche Signale des Pferdes sind an fast allen Körperteilen ablesbar: an Augen, Ohren, Nüstern, Maul, Schweif und den Hufen.
- Menschen suchen Nähe, Pferde schätzen Raum. Für sie ist der Individualabstand zu anderen Lebewesen ein Zeichen von Respekt.
- Gewaltfreie Kommunikation beruht auf einem Konzept der Wahlmöglichkeiten – für beide Seiten.
- Ein Pferd motiviert man durch positive Verstärkung, nicht durch Strafen.

Pferde schätzen es, wenn man ihnen Raum lässt. Gegenseitige Zuneigung ist ein Geschenk und nichts, was man dem Tier abverlangen kann.

Wie funktionieren die Sinnesorgane beim Pferd?

SEHEN

Die Weiterleitung optischer Eindrücke funktioniert bei Pferden anders als beim Menschen. Für ein Flucht- und Beutetier war eine gute Rundumsicht und das schnelle Erkennen von Bewegungen in der Vergangenheit überlebenswichtig, um mögliche Fressfeinde schon von Weitem bemerken zu können. Pferdeaugen sehen unabhängig voneinander (monokular) – im Gegensatz zu denen von Menschen (binokular). Die aufgenommenen Reize werden deshalb anders verarbeitet: Informationen aus einem Auge fließen durch den Sehnerv in die gegenüberliegende Hirnhälfte. Wegen der geringeren Übertragungsrate des Balkens kann ein Pferd Bilder, die von einem Auge aufgenommen werden, schlechter auf die andere Hirnhälfte übertragen. Ist ein Pferd beim Ausritt auf dem Hinweg mit seinem linken Auge beispielsweise an einem Holzstapel vorbeigelaufen, kann es passieren, dass es auf dem Rückweg erneut davor scheut. Infos aus dem einen Auge landen nach der Verarbeitung in einer Hirnhälfte nämlich nur zu etwa 15 bis 20 Prozent in der zweiten Hälfte. Aus der neuen Richtung hat das Pferd daher nur eine vage Ahnung vom Holzstapel.

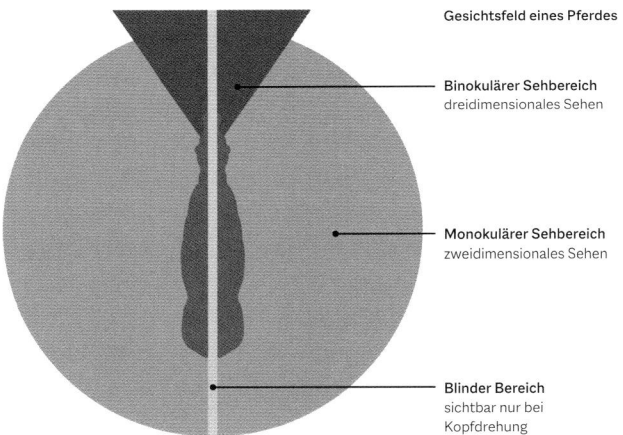

Gesichtsfeld eines Pferdes

Binokulärer Sehbereich
dreidimensionales Sehen

Monokulärer Sehbereich
zweidimensionales Sehen

Blinder Bereich
sichtbar nur bei Kopfdrehung

Der binokuläre Sehbereich des Pferdes beschränkt sich in Geradeaussicht auf circa 70 Grad, das ist gerade so viel, wie es braucht, um bei der Vorwärtsbewegung Hindernissen gut ausweichen zu können. Pferde haben aber auch einen kleinen Bereich unmittelbar vor sich und direkt hinter sich, den sie visuell gar nicht abdecken können beziehungsweise nur, wenn sie ihren Kopf drehen. Diese Einschränkungen sollte man im Umgang mit Pferden beherzigen. Es ist nicht nur sicherer, sondern auch für ein Pferd angenehmer, wenn man sich ihm seitlich oder von schräg vorn nähert. Eine weitere Besonderheit ist, dass Pferde ihre Umgebung in einem anderen Farbspektrum wahrnehmen als Menschen. Das Pferdeauge kann zum Beispiel die Farbe Rot nicht wahrnehmen, hingegen wird Blau und Gelb genauso von der Pferdenetzhaut verarbeitet wie bei uns. Bei wechselnden Lichtverhältnissen benötigen Pferdeaugen länger, um von hellem Umgebungslicht zur Dunkelheit zu adaptieren und umgekehrt. Zu beobachten ist dieses Phänomen beispielsweise dann, wenn ein Pferd aus dem dunklen Stallbereich ins helle Sonnenlicht oder aus dem Hellen in einen dunklen Raum geführt wird. Ist das Pferdeauge aber einmal an schlechte Lichtverhältnisse gewöhnt, so zeigt es ein deutlich besseres Sehvermögen in der Dämmerung oder gar bei Nacht als der Mensch.

RIECHEN

Auch dieses Sinnesorgan ist noch heute auf die Bedürfnisse eines Fluchttieres ausgelegt. Je eher ein Wildpferd einen Fressfeind gerochen hat, desto früher konnte es fliehen. Der Geruchssinn von Pferden ist sehr viel besser als der des Menschen und – wie wissenschaftlich belegt wurde – sogar als der von Hunden, da sie mehr Geruchsrezeptoren besitzen (Hunde: 811, Pferde: 1066, Menschen: 396). Ihr Riechkolben im Gehirn ist deutlich ausgeprägter als unserer, hier enden zahlreiche Nerven, die von der Schleimhaut der Nase aus in die Schädelhöhle reichen. Pferde können Wasser aus bis zu zwei Kilometer Entfernung orten und geeignete Nahrung erschnüffeln. Ihr soziales Miteinander, inklusive der Annäherung an potenzielle Sexualpartner, wird durch gegenseitiges Beschnuppern ausgetragen. Sogar der Gesundheitszustand anderer Herdenmitglieder wird so überprüft. Fremde Objekte erkunden Pferde ebenfalls auf diese Weise, und wenn wir uns einem Pferd nähern, ist die respektvollste Art, sich vorzustellen, wenn man es an der ausgestreckten Hand riechen lässt, bevor man sich ihm nähert.

Das Pferd besitzt ein zusätzliches Organ, das wir Menschen nicht haben: das vomeronasale Organ. Es kann Pheromone durchs Flehmen wahrnehmen. Da Gerüche für Pferde so wichtig sind, kann man dieses sensible Sinnesorgan nutzen, indem man beispielsweise ängstliche oder nervöse Pferde gezielt Duftstoffe inhalieren lässt. Wissenschaftler haben herausgefunden, dass Lavendel sich als natürliches Beruhigungsmittel bei Pferden eignet. Beim Verladen, dem Hufschmiedtermin, Tierarztbesuchen oder anderen stressigen Momenten im Pferdealltag kann es also hilfreich sein, ein kleines Duftsäckchen oder ein paar Tropfen Öl parat zu haben.

Visuelle Informationen werden im Pferdehirn anders verarbeitet als beim Menschen. Pferde sehen mono- und binokulär.

Wichtig zu wissen ist weiterhin, dass Pferde nicht durch das Maul, sondern nur durch die Nüstern atmen können. Wenn also mit einem Sperrriemen an der Trense geritten wird, muss dieser unbedingt so locker verschnallt sein, dass es dem Pferd nicht die Luft zum Atmen nimmt.

HÖREN

Die Pferdeohren sind sowohl Sinnesorgan als auch Mittel zur Kommunikation. Pferde können ihre Ohren drehen, aufstellen und unabhängig voneinander bewegen. Je nachdem, wie ein Pferd seine Ohren ausrichtet, verleiht es verschiedenen Gefühlszuständen Ausdruck. Die Ohren sind auf die Bedürfnisse eines Fluchttieres abgestimmt: Damit Pferde den ganzen Tag grasen können und gleichzeitig fluchtbereit sind, sind die Ohren frei beweglich und immer auf Empfang. Somit wird die Umgebung ständig auf etwaige Gefahren überwacht. Selbst im Schlafzustand nehmen Pferde Geräusche wahr. Besonders beim Reiten wird deutlich, dass Pferde, sobald sie ein ihnen unbekanntes Geräusch hören, es auch lokalisieren, riechen und sehen wollen. Sie kombinieren in ihrer Wahrnehmung alle Sinne.

Pferde können ihre Ohren unabhängig voneinander bewegen. Sie drücken darüber ihre Gefühlszustände aus.

TASTEN

Pferde nehmen ihre Umwelt durch Berührungen mit verschiedenen Körperteilen wahr, wie Haut, Lippen, Hufen und Tasthaaren. Der Tastsinn liefert Informationen über die Entfernung, Form und Oberflächenstruktur von Objekten. Während die Hufe den Boden erspüren, dienen die Tasthaare um Augen, Nase und Maul der Orientierung. Die Tasthaare abzuschneiden ist in Deutschland verboten, da es Traumata beim Pferd auslösen kann, die denen einer Abtrennung von Gliedmaßen beim Menschen gleichkommen. Schon Fohlen nutzen ihr Maul sehr ausgiebig im Kontakt mit der Mutter, aber auch erwachsene Pferde kommunizieren über ihre Haut als eines der sensibelsten Sinnesorgane sowohl mit Artgenossen (Fellpflege, Kraulen, sanfte Liebkosungen) als auch mit dem Menschen. Das Putzen ist eine gute Gelegenheit für uns, in dieses soziale Ritual von Pferden miteinbezogen zu werden.

SCHMECKEN

Pferde besitzen Tausende Geschmackspapillen auf der Zunge, mit denen sie zwischen süßen, sauren und salzigen Geschmäckern sowie Bitterstoffen unterscheiden können. Sie bevorzugen natürlicherweise Bitteres wie Kräuter und Gras, die Vorliebe für Industrie- oder Fruchtzucker ist vom Menschen konditioniert. Als Sinnesorgan ist die Zunge entscheidend für die Entdeckung und Erkundung von allem Neuen. Über den Geschmackssinn hinaus liefert sie durch das Ertasten und Erspüren von Formen und Oberflächen entscheidende Informationen. Pferde haben genauso wie wir Menschen geschmackliche Vorlieben und Abneigungen. Sie sind keinesfalls Allesfresser.

Arschlochpferd

Was tun, wenn das Pferd den Dienst quittiert und in die totale Verweigerung geht? Erst als Carinjo körperlich am Boden war, haben wir verstanden, was er uns sagen wollte.

Und immer wenn man denkt, es läuft, kommt alles ganz anders. Es war einer dieser extrem heißen Spätsommertage. Bereits am Vormittag war das Thermometer auf über 30 Grad geklettert. Wir hatten unsere Reitanlage auf Hochglanz poliert, einen kleinen Flohmarkt samt Crêpestand und Imbiss organisiert und sogar Zuschauer eingeladen: ein kleines Hof-Fest, ganz coronakonform, mit Hygienekonzept und Abstandsregeln. Anlass war ein Springlehrgang mit einem Profitrainer, der mit seiner Entourage eigens aus der Mitte Deutschlands angereist war. »Den Nachwuchs fördern und in Zeiten der Pandemie die Basis in den Reitvereinen und Betrieben stärken«, lautete das Motto der gesponserten Veranstaltung. Meine Tochter Mia und Carinjo waren eines von 15 Paaren, die sich an diesem Tag vorstellen durften. Anders als bei einem klassischen Lehrgang sollte eine Turniersituation simuliert werden, mit kommentiertem Abreiten und anschließenden Parcours-Durchgängen, für jeden Teilnehmer einzeln. Die beiden starteten in der zweiten Gruppe, die Hindernisse auf dem Springplatz waren auf einer Höhe von knapp einem Meter aufgebaut, ein einfaches A-Niveau also. Normalerweise kein Problem für Carinjo, der mit seinen 1,83 m Stockmaß und der Holsteiner Springpferdeabstammung mit Mia schon ganz andere Höhen bewältigt hatte. Auf dem Abreiteplatz war die Welt noch in Ordnung: linke Hand, rechte Hand, ein paarmal über den Steilsprung, dann der Oxer – der Trainer war zufrieden. Auch beim Einreiten auf den Platz lief noch alles nach Plan, die Bannerwerbung, die bunten Turniersprünge, all das schien Carinjo in der Nachmittagshitze nichts auszumachen. Unter den Augen der Zuschauer, die sich um den Außenplatz herum postiert hatten, nahm er die ersten beiden Steilsprünge auf gerader Linie noch flüssig, doch dann ging nichts mehr. Nach einer scharfen Rechtswendung machte er eine Vollbremsung und verweigerte vor einem einfachen Kreuz. Vollkommen unerwartet, ohne ersichtlichen Grund. Mia machte einen zweiten Versuch: dasselbe Szenario. Vollkommene Blockade, keine Chance, den großen Grauen über den Sprung zu bewegen. Der Trainer wurde unruhig, forderte verstärkten Einsatz von Gerte und Sporen. »Du hast alles richtig gemacht«, befand er,

»das ist reiner Ungehorsam des Pferdes.« Mia ritt einen Bogen und steuerte ein drittes Mal auf das Hindernis zu, jetzt bremste Carinjo schon auf halbem Weg ab, drängte rückwärts und stieg schließlich kerzengerade auf den Hinterbeinen in die Luft. Durch die Zuschauermenge ging ein Raunen. Das hier sah extrem gefährlich aus, und wer unser Pferd kennt, wusste: Hier war irgendetwas ganz und gar nicht in Ordnung. »Treib ihn weiter, schlag mal mit der Gerte ordentlich auf die Vorhand, damit darf er nicht durchkommen«, brüllte der Trainer in sein Headset. »Das ist kein Reiterfehler, das ist ein Arschlochpferd!«

»Gewalt ist die letzte Zuflucht des Unfähigen.«

ISAAC ASIMOV

Es braucht nicht viel Fantasie, um sich auszumalen, in welcher psychischen Verfassung die beiden nach dieser missglückten Vorstellung vom Platz krochen. Carinjo war so aufgebracht, wie ich ihn selten zuvor erlebt habe, Mia liefen die Tränen das Gesicht hinab. Warum erzähle ich diese Episode so ausführlich?

GUTE TAGE, SCHLECHTE TAGE
Jeder, der mit seinem Pferd auf Turniere geht, weiß, dass Tiere, genau wie wir, auch mal einen schlechten Tag haben. Wer die Herausforderung im Wettbewerb mit anderen sucht, muss immer damit rechnen zu scheitern. Es ist noch kein Meister vom Himmel gefallen, dafür jede Menge Reiter in den Sand. Das ist normal, das gehört dazu. Warum dieser Freitag im August

Das Schmerzgesicht des Pferdes erkennen

Pferde leiden lautlos. Sie äußern Schmerzen nur über ihre Körpersprache: Wir können über ihre Mimik, Gestik, die Art ihrer Bewegungen und die Körperhaltung Rückschlüsse auf ihr Wohlbefinden ziehen. Lange fand diese Beurteilung aber nur auf Basis von Einzelerfahrungen statt. Das EU-Forschungsprojekt »Animal Welfare Indicators« (AWIN) hat 2017 die sogenannte »Horse grimace scale« festgelegt, eine standardisierte, wissenschaftlich fundierte Methode. Um verschiedene Schmerzanzeichen zu unterscheiden, wurden »Facial Coding Units« (FAU) definiert, also Gesichtsausdrücke inklusive der Ohrenstellung, die auf Schmerzen rückschließen lassen. Um das Schmerzgesicht eines Pferdes lesen zu können, gibt es eine kostenlose App, mit der man diese Anzeichen auswerten kann. Man schätzt die Haltung der Ohren, den Ausdruck der Augen, Tonus der Gesichtsmuskulatur und der Region über den Augen ein und beurteilt auch Nüstern- und Maulpartie. Dabei kann man angeben, ob die Schmerzanzeichen gar nicht, moderat oder offensichtlich vorhanden sind.

in unserer Erinnerung zu einem schwarzen Freitag wurde, lag an etwas anderem. Rückblickend wurde uns klar, dass unser Pferd in diesem Moment ganz laut um Hilfe gerufen hat. Wir haben es nur leider nicht verstanden.

Bei uns gab es in diesem Moment nur Enttäuschung, Wut und Scham. Neben den Ärger über den verpatzten Auftritt samt Blamage vor den Reitkollegen und Zuschauern trat das Entsetzen über die wenig hilfreiche Reaktion des Trainers. Die Szene an sich war nichts Ungewöhnliches: Pferde verweigern tagtäglich beim Training oder auf Turnieren, Reiter überschätzen sich oder ihr Tier, das Zusammenspiel kann aus unterschiedlichsten Gründen gestört sein. Wichtig ist allein, adäquat darauf zu reagieren. Damit sich schlechte Erfahrungen gar nicht erst als Muster einprägen, müssen kritische Momente direkt deeskaliert werden. Wie und mit welchen Mitteln – da gibt es unterschiedliche Ansätze und die Tipps eines erfahrenen Profireiters wären mehr als willkommen gewesen. Allerdings war Gewalt keine Option für uns. So ehrgeizig und ambitioniert ein Reiter sein Hobby auch ausüben mag, irgendwann muss er sich die Gewissensfrage stellen: Betrachte ich mein Pferd als Partner, sind wir ein Team? Dann muss die Kooperation zwingend auf Freiwilligkeit basieren. Die einzig richtige Konsequenz für Mia war, Carinjo in diesem Moment nicht zu bestrafen. Stattdessen vertraute sie ihrem Bauchgefühl, ließ ihn ein paar Runden um den Platz galoppieren und löste damit den größten Widerstand auf. Unser Pferd war kein Arschloch, das wussten wir ganz sicher. Unser Pferd hatte ein Problem. Nur welches, das war uns zu diesem Zeitpunkt noch nicht klar.

DAS PFERD – EINE FEHLKONSTRUKTION?

Wenn einem die Gesunderhaltung seines Tieres am Herzen liegt, dann muss man zu jedem Zeitpunkt auch auf vermeintliche Kleinigkeiten achten. Das gilt für die Haltungsbedingungen ebenso wie für die Reiterei. Ein Pferdekörper, so kräftig und stark er auf der einen Seite erscheinen mag,

»Wenn der Bock nicht spurt, hau mit der Gerte drauf!« Auf vielen Reitplätzen wird »Ungehorsam« noch mit Gewalt gelöst.

Auf dem Springplatz fühlen sich die beiden eigentlich am wohlsten:
Mia und Carinjo, als die Welt noch in Ordnung war. Kurz darauf ging nichts mehr.

hat echte Schwachstellen. Neben dem Magen-Darm-Trakt, der durch seine beeindruckende Gesamtlänge von bis zu 30 Metern anfällig für Koliken ist, sind vor allem die Sehnen und Gelenke enormen Belastungen ausgesetzt, gerade beim Springsport. Bei Carinjo werden 670 Kilo Körpergewicht von vier auffällig langen Beinen mit grazilen Fesseln getragen. Dass er im ersten Jahr, nachdem wir ihn fünfjährig beim Züchter gekauft hatten, über 10 Zentimeter wachsen würde, war nicht vorauszusehen. Weder seine Mutter noch der namhafte Springvererber-Vater haben annähernd Carinjos heutiges Stockmaß. Eine Laune der Natur also und im Grunde eine Fehlkonstruktion. Die ersten Jahre bei uns verbrachte unser Pferd fast ausschließlich damit, zu wachsen und in seinem großen Körper anzukommen. Seine individuellen anatomischen Voraussetzungen gaben die Art und Weise vor, wie wir ihn gymnastizieren und ausbilden konnten. Unsere ursprünglichen Ideen und Pläne für eine steile Turnierkarriere wichen der Erkenntnis, dass zunächst eine Menge Zeit und Geld in seine Grundausbildung investiert werden musste. Nach dem Prinzip »Springreiten ist Dressurreiten über Hindernisse« suchten wir eine Bereiterin, die ihm auf einfühlsame Art und Weise das kleine Einmaleins der Balance und das Zusammenspiel von Gewichts-, Schenkel- und Zügelhilfen vermittelte. Parallel begannen Mia und ich, an einem ausbalancierten, zügelunabhängigen Sitz zu arbeiten. Es ging vor allem darum, Sicherheit und Vertrauen aufzubauen. Das hat Monate gedauert und lief nicht ohne Blessuren ab. Wir mussten feststellen, dass Carinjo in nichts mit der Ponystute zu vergleichen war, auf der meine Töchter zuvor geritten waren. Sein Vertrauen mussten wir uns Stück für Stück erarbeiten und verstehen, dass Technik und Methoden sehr wenig mit Beziehungsaufbau zu tun haben. Erst als Carinjo selbstsicherer wurde, war er auch lernfähig und konnte sein Wissen auf Turnieren abrufen. Prüfungen stellen für ein junges Pferd eine enorme Belastungsprobe für Körper und Seele dar. Beim ersten kleinen Hausturnier vor Publikum schlug Carinjos Herz so stark, dass man beim Einreiten in den Parcours seinen Brustkorb beben sehen konnte. Nicht jedes Pferd ist fünfjährig schon für solche Auftritte gemacht, auch nicht jeder Reiter. Erst im gegenseitigen Vertrauen gab es für Mia und Carinjo über die Jahre mehr und mehr Erfolge. Seine psychische Losgelassenheit war es, die schließlich zu physischer Losgelassenheit führte.

Aber bis dahin war es ein langer Weg, auf dem uns mehr als einmal bewusst wurde, dass man sich seine Lehrer und Berater sehr genau aussuchen muss. Nicht jeder, der im Profisport Rang und Namen hat, verfügt automatisch auch über nachahmenswerte Konzepte.

FRAGWÜRDIGE HILFSMITTEL

Man muss nicht weit in der Geschichte des deutschen Reitsports zurückschauen, um auf brutale Methoden wie das Barren, Blistern, Soring oder die sogenannte »Rollkur« zu stoßen. Erst kürzlich ist wieder ein amerikanischer Springreiter verurteilt worden, der seine Pferde bei Turnieren mit elektrisch geladenen Sporen misshandelt hatte. Die Leitlinien für den Tierschutz im Pferdesport weisen seit Jahren explizit auf die Gefahr erheblicher Schmerzen und Schäden durch unerlaubte Hilfsmittel oder zu enge Beizäumungen hin und beurteilen diese als tierschutzwidrig. In der Schweiz gilt seit Anfang 2014 ein generelles Rollkur-Verbot, in Deutschland hat die Internationale Reiterliche Vereinigung, kurz FEI, die LDR-Methode (Low, Deep and Round) hingegen als tolerierbar eingestuft, solange diese nicht länger als 10 Minuten Anwendung findet. Dabei wird der Kopf des Pferdes in eine ähnliche Position wie bei der Rollkur verbracht, auf Zwangsmaßnahmen soll dabei angeblich verzichtet werden.

Ist das noch LDR oder bereits Rollkur? Die Grenzen tierschutzwidriger Zwangshaltungen sind im Reitsport immer noch fließend.

Auf vielen Abreiteplätzen werden mittlerweile Aufpasser eingesetzt, die bei Verstößen gegen das Rollkur-Verbot offiziell einschreiten sollen, dies in der Realität aber noch viel zu selten tun. Wir sprechen hier ohnehin nur von den großen Turnieren, auf denen namhafte Reiter und Pferde antreten. Die Rollkur findet aber nicht nur Anwendung im Spitzensport, wo neben persönlichem Ehrgeiz auch kommerzielle Interessen und Lobbyismus eine Rolle spielen. An der sogenannten »Basis«, das heißt in den unteren Klassen des Turniersports sowie im Freizeitbereich, wird die Rollkur ebenfalls viel zu oft eingesetzt. Das Umdenken hat in der breiten Masse bedauerlicherweise noch nicht stattgefunden. Auch bewerten viele Richter zweifelhafte Leistungen weiterhin mit hohen Punktzahlen.

Der Appell geht also an alle Reiter und Pferdebesitzer, egal auf welchem Leistungsniveau: Jeder Einzelne steht in der Verantwortung, sich zum Wohle seines Pferdes gründlich zu informieren und das Gelernte in die Tat umzusetzen! Kenntnisse über Anatomie, Biomechanik und Reitlehre sind dabei genauso essenziell wie das Wissen über Pferdeverhalten und eine artgerechte Haltung. Die Pferde-Osteopathin und Akupunkteurin Julie von Bismarck zeigt in ihren Büchern auf eindrückliche Art und Weise die »Zusammenhänge im Pferd« (s. S. 248) auf und erklärt, warum die meisten körperlichen und psychischen Auffälligkeiten bei Pferden die Folge falschen Reitens, schmerzhafter Ausrüstungsgegenstände und der daraus resultierenden Überforderung beziehungsweise Misshandlung des Pferdes sind. Wer Reiten nicht als Sport, sondern als Kunst begreift, die nur im Einklang mit diesen hochsensiblen Lebewesen gelingen kann, dem sei die Lektüre von Julie von Bismarcks Büchern wärmstens ans Herz gelegt.

Setzen wir aber mal voraus, du gehörst zu den Pferdemenschen, denen daran gelegen ist, dass ihr Tier keinen Schaden nimmt. Du trainierst es nach bestem Wissen und Gewissen, gibst ihm genügend Zeit, seine Muskulatur und Beweglichkeit zu entwickeln und nimmst auf seine artspezifischen Bedürfnisse Rücksicht, soweit es die Rahmenbedingungen in deinem Stall eben zulassen. Natürlich lässt du den Hufschmied und den Zahnarzt regelmäßig kommen, du impfst, entwurmst, schützt es gegen Insekten und Parasiten. Dein Pferd besitzt gewiss auch diverse Gamaschen, Hufglocken und Decken in verschiedensten Ausführungen, womöglich mehrere Trensengebisse und unterschiedliche Sättel für Dressur, Springen und Gelände. Du meinst es gut. Du steckst jede Zeit und jede Menge Geld ins Geschäft. Und doch wird dein Pferd krank. Oder verletzt sich. Oder zeigt eindeutige Zeichen von Unwohlsein bis hin zu stereotypem Verhalten. Was hast du, was hatten wir bei Carinjo übersehen?

Schmied, Ärzte, Spezialfutter, Ausrüstung – die meisten Pferdebesitzer investieren viel Zeit und Geld in ihr Tier und übersehen doch Wesentliches.

Mal sprang er, dann sprang er wieder nicht – über Monate ging es auf und ab mit Carinjo, einen Grund fanden wir zunächst nicht.

CARINJOS DIAGNOSE

Um unsere Geschichte aus dem Sommer zu Ende zu erzählen: Mia, ganz toughe Amazone, hatte sich nach ihrer Begegnung mit dem Profitrainer kurz geschüttelt, das Krönchen gerichtet und war wieder aufgestiegen. Am nächsten Tag auf dem Springplatz wollte sie Carinjo eine zweite Chance geben, ganz in Ruhe, ohne Publikum und Wettbewerbsstress. Die ersten Sprünge auf gerader Linie nahm er erneut ohne jedes Zögern, dann wiederholte sich die Szene des Vortages: Sobald Mia in Rechtsbiegung zum Hindernis fester in den Sattel einsaß, drückte Carinjo den Rücken weg, blockierte und stieg. Jetzt gab es keinerlei Zweifel mehr. Alles an unserem Pferd sagte laut und deutlich: STOPP!

Wir brachen das Training sofort ab, bestellten den Tierarzt ein und schilderten ihm die Situation. Er untersuchte Carinjos Rücken, die Beine, die Halswirbelsäule, das Procedere dieser Erstuntersuchung hatten wir gerade erst zwei Monate zuvor hinter uns gebracht. Damals wie jetzt: kein eindeutiger Befund. Seine Gelenke waren weder geschwollen noch heiß und er zeigte nach den Beugeproben keine sichtbaren Anzeichen von Lahmheit. Allenfalls seine sensible Reaktion bei Druck auf verschiedene Rückenpartien verriet, dass er Schmerzen hatte. Also ließen wir ein weiteres Mal den Physiotherapeuten ran, der eine Blockade im Übergang zwischen den Brust- und Lendenwirbeln löste und die Muskulatur lockerte, die vor allem rechtsseitig schmerzhaft festsaß. Carinjo »hatte Rücken«, das war offensichtlich, über die Ursache konnten wir nur weiter spekulieren.

Waren die wilden Spielchen mit seinen Aktivstallkumpels daran schuld? War er ausgerutscht oder hatte sich beim gegenseitigen Ansteigen oder Jagen durchs Paddock etwas gezerrt? Oder lag die Ursache in dem Vorfall vor ein paar Wochen in der Stallgasse, als er sich am Anbinder zurückgeworfen und aufs Hinterteil gesetzt hatte? Warum stolperte er in letzter Zeit so oft beim Ausreiten im Gelände? Und hatte die Tatsache, dass er seit Längerem beim Putzen den hinteren linken Huf nicht mehr richtig hochheben wollte, auch etwas damit zu tun? Vieles tun wir im täglichen Umgang mit dem Pferd als vorübergehende Unpässlichkeit ab, manche Verhaltensweise deuten wir gar als Widersetzlichkeit. Aber, wie gesagt: Auf die vermeintlichen Kleinigkeiten kommt es an. Man muss lernen, die leisen Zeichen seines Pferdes zu hören. Im Nachhinein ist uns das klar geworden. Es brauchte jedoch drei Monate, zwei weitere Springlehrgänge und ein angeschwollenes Fesselgelenk im Vorderbein, bis wir so weit waren, mit ihm in die Klinik zu fahren. Die Diagnose nach Röntgen und Ultraschall war so eindeutig wie erschütternd: Fesselträgerschaden am rechten Hinterbein, und zwar bereits chronifiziert. Das heißt, dass unser Pferd nicht nur eine akute Entzündung hatte, sondern seine Sehne schon über Monate geschädigt worden war. Sichtbar gelahmt hat er bis heute keinen einzigen Tag.

Pferde haben ein beeindruckendes Repertoire an Kompensationsmethoden. Gerade ranghohe Tiere wie Carinjo vermeiden es, Schwäche zu zeigen.

Als alles an unserem Pferd laut STOPP schrie, traf Mia eine mutige Entscheidung:
Gegen die ausdrückliche Anweisung des Trainers vertraute sie auf ihr Gefühl – pro Tier!

KOMPENSATIONSMECHANISMEN

Pferde haben eine beeindruckende Fähigkeit zur Kompensation, diese Tatsache war uns bis dahin nicht bewusst. Evolutionsbiologisch macht das Sinn, denn wenn das Flucht-, Herden- und Beutetier in der freien Wildbahn Schwäche oder Schmerz offenbaren würde, wäre es ein leichtes Opfer für Jäger aller Art. Den Instinkt, sich Fressfeinden gegenüber stark und wehrhaft zu zeigen, hat sich ein Pferd bis in die Gegenwart erhalten, ganz unabhängig davon, ob es in seinem Leben jemals einem Raubtier begegnet ist. Um Schwäche zu verbergen, vermeidet es daher nicht nur Schmerzlaute, es hat auch ein beeindruckendes Repertoire von Kompensationsmechanismen entwickelt. Indem es sein Verhalten, seine Körperhaltung oder auch die Art und Weise, wie es sich bewegt, verändert, kann es Schmerzen sehr lange unbemerkt ausgleichen. Manchmal dauert es wie bei Carinjo Monate oder sogar Jahre, bis es eindeutige Anzeichen für eine Blockade, Verletzung oder auch Lahmheit gibt. Bis dahin tappen auch der wohlmeinendste Besitzer und selbst Tierärzte oft im Dunkeln. Man bemerkt zwar, dass das Pferd irgendwie »unrund« läuft, es sich »steif« oder »triebig« anfühlt, findet aber meist genügend naheliegende Gründe. Was nicht sein soll, darf bitte schön doch auch nicht sein! Da versucht man sich lieber an Erklärungen, die aus Menschensicht Sinn machen. Hilfreicher wäre es gewesen, wenn wir begonnen hätten, die Veränderungen im Verhalten unseres Pferdes aus seiner Perspektive zu ergründen. Julie von Bismarck empfiehlt deshalb (s. S. 248): »Wenn ein Pferd sein Verhalten ändert, ohne dass sich in seinem täglichen Leben, in der Ausrüstung, dem Training, der Fütterung oder bei den Stall- und Weidegefährten etwas geändert hat, sollten wir das immer erst einmal als Anzeichen für Schmerz und/oder Unwohlsein deuten und in jedem Fall der Ursache auf den Grund gehen. Denn nur wenn wir frühzeitig handeln, können wir größeren Schaden verhindern.«

Es war klar: Wir hatten bei Carinjo eine Menge Zeichen übersehen und viel zu spät auf seine Hilferufe reagiert. Bis unser Pferd wieder schmerzfrei über Hindernisse springen kann, würde es lange dauern. Der Winter des ersten Corona-Jahres stand im Zeichen von Pflege, Reha und Genesung.

AUF DEN PUNKT GEBRACHT

- Pferde können nicht konstant Leistungen bringen – auch sie haben mal einen schlechten Tag.
- Betrachte ich mein Pferd als Partner, muss die Kooperation zwingend auf Freiwilligkeit basieren. Bestrafung durch Schläge ist keine Option.
- Ein Pferdekörper hat Schwachstellen – dazu gehören vor allem der sensible Magen-Darm-Trakt sowie Sehnen und Gelenke.
- Pferde brauchen Jahre, bis sie auch mental in ihrem Körper angekommen sind.
- Turniere und Prüfungssituationen stellen eine enorme Belastungsprobe für den Körper und die Seele eines jungen Pferdes dar.
- Barren, Blistern, Soring, die sogenannte Rollkur und andere brutale Methoden zur Leistungssteigerung im Reitsport sind tierschutzrechtlich verboten.
- Jeder Reiter und Pferdebesitzer steht in der Verantwortung, sich zum Wohle seines Tieres gründlich über Anatomie, Biomechanik, eine artgemäße Haltung und eine schonende Reitweise zu informieren.
- Viele körperliche und psychische Auffälligkeiten bei Pferden sind die Folge falschen Reitens und schmerzhafter Ausrüstungsgegenstände.
- Pferde haben eine beeindruckende Fähigkeit zur Kompensation, dies liegt in ihrer Natur als Flucht- und Beutetier begründet.

Was Pferde brauchen

Mit der Motivation ist es so eine Sache: Was Menschen antreibt, hat wenig mit dem Instinktwesen Pferd zu tun. Um ein Team zu werden, müssen wir den Blickwinkel wechseln.

Ein Pferd verfolgt in seinem Leben genau zwei Ziele: Es will überleben und es will sich fortpflanzen. So einfach ist das und so kompliziert zugleich. Alles, was es denkt und tut, wie es reagiert und worauf sein Handeln ausgerichtet ist, ist diesen beiden Primärzielen untergeordnet. Pferde werden maßgeblich von ihren Instinkten geleitet. Wenn wir mit einem Pferd »arbeiten«, es reiten, mit ihm trainieren und womöglich auf Turniere gehen wollen, handeln wir zunächst einmal gegen seine Natur. Ohne dieses Wissen um das Wesen und die Genetik der Pferde können wir uns weder mit ihnen verständigen noch verbinden. Verständnis aber ist der Anfang aller Trainingsmethoden. Pferde können nur lernen, wenn ihre körperlichen und psychischen Grundbedürfnisse erfüllt sind. Sprich: Ein Pferd muss fit, satt und entspannt sein, damit es unsere Erwartungen erfüllen kann. Welche Schwierigkeiten allein die Gesunderhaltung dieser komplexen Wesen beinhaltet, ist bereits im vorherigen Kapitel angeklungen. Abgesehen von den physiologischen Bedürfnissen braucht das Pferd einen ruhigen, fokussierten Geist, um trainiert werden zu können – und Training meint zunächst einmal nur, es mit ihm unbekannten Dingen vertraut zu machen. Ein Pferd muss sich sicher fühlen und frei von Stress sein, um Selbstbewusstsein und Motivation zu entwickeln. Beim Menschen ist das nicht wesentlich anders, auch wir blockieren bei Reizüberflutung und reagieren auf permanente Überforderung mit Stress, der dauerhaft in einem Burn-out enden kann. Nur wenn unsere elementaren Bedürfnisse gestillt sind, fühlen wir uns ausgeglichen und wohl.

PFERDE BRAUCHEN KEINE SELBSTVERWIRKLICHUNG
Dabei bildet die Versorgung des Menschen mit Luft, Wasser, Nahrung und Schlaf das Fundament der sogenannten »Maslow'schen Bedürfnis-Pyramide«. Das sozialpsychologische Modell menschlicher Motivation wurde bereits 1943 vom US-Psychologen Abraham Maslow entwickelt und hat bis heute Gültigkeit. Laut Maslow haben Menschen »Defizitärbedürfnisse«, zu denen neben den überlebenswichtigen Dingen auch das Streben nach Sicherheit und Sozialkontakten gehört. Darin sind wir den Pferden ähnlich.

Die in der Pyramide darüber gelagerten »Wachstumsbedürfnisse« jedoch empfinden Pferde in dieser Form nicht. Menschen kann man mit Status, Einkommen und Besitz, also extrinsischen Faktoren, motivieren. Daneben wollen wir uns persönlich weiterentwickeln, Neues dazulernen und dafür wertgeschätzt werden. Die intrinsische Motivation eines Pferdes ist von Natur aus anders. Zwar streben auch sie nach Status und Anerkennung innerhalb ihres Herdenverbands und freuen sich über ein Lob ihres Menschen. Aber Pferde wollen sich jenseits ihrer Instinkte nicht selbst verwirklichen! Sie sind zufrieden mit sich, so wie sie sind. Diesen Unterschied müssen wir, die wir ständig danach trachten, unser Potenzial auszuschöpfen, verborgene Talente zu fördern und neue Kreativität zu entwickeln, uns bewusst machen. Pferden kann man nicht mit den Kategorien menschlichen Denkens begegnen. Um sie zu verstehen und als Team zusammenzuwachsen, muss man ihren Blickwinkel einnehmen.

»Alles, was gegen die Natur ist, hat auf Dauer keinen Bestand.«

CHARLES DARWIN

PFERDEGLÜCK – DIE BASICS

Pferde haben, wie alle anderen Tiere auch, ein Recht auf ein unversehrtes Leben. Da sie nicht die Wahl haben, sondern in unserer Obhut sind, ist es an uns, ihnen das bestmögliche Umfeld zu erschaffen. Am wichtigsten sind die Haltungsbedingungen: Pferde brauchen soziale Kontakte zu Artgenossen, sie wollen in einem Herdenverband leben. In Freiheit bewegen sich Pferde täglich bis zu 16 Stunden, legen dabei Dutzende Kilometer zurück und sind ständig mit der Nahrungsaufnahme beschäftigt. Daran ist ihr gesamter Bewegungs- und Verdauungsapparat angepasst. Von den 940 000 Pferden in Privatbesitz, die 2021 offiziell in Deutschland verzeichnet sind, lebt die Mehrzahl in Boxen. Die meisten verlassen ihre vier Wände nur stundenweise und können auf Paddocks oder Weiden mit anderen Pferden Kontakt aufnehmen und gemeinsam grasen. Ihre Nahrungsaufnahme ist begrenzt, im ungünstigsten Fall auf drei Mahlzeiten pro Tag. Je nach Bewegungsprogramm beziehungsweise Trainingsziel greifen viele Pferdebesitzer zwar auf eine große Auswahl an Kraftfutter, Müslis, Mineralien, Kräutern, Vitalstoffmischungen, Ölen und sonstigen Nahrungszusätzen zurück, vergessen dabei aber, dass es auch bei der Ernährung eine Bedürfnis-Pyramide gibt. An der ersten Stelle steht Raufutter aus der Natur – und zwar viel davon!

Zugegebenermaßen verwirrt die Werbung der unzähligen Futtermittelhersteller mehr, als dass sie aufklärt. Ohne fundiertes Hintergrundwissen kann sich heute kaum noch jemand im Angebotsdschungel zurechtfinden. Zumal die optimale Fütterung bei jedem Pferd anders aussieht, und zwar

Was Pferde brauchen

Die meisten Pferde in Deutschland leben in Boxen und haben nur stundenweise auf Paddocks oder Weiden Kontakt zu Artgenossen.

über Alter, Rasse, Arbeitsleistung und Gewicht hinaus. Eine gute Pferdefütterung ist zwingend individuell zu betrachten und hat nichts mit Futterbedarfstabellen, Nährwertberechnungen und standardisierten Normwerten zu tun. Vielmehr ist neben allgemeinen Kenntnissen das aufmerksame Auge des Besitzers gefragt, denn jedes Pferd hat seinen eigenen Stoffwechsel und Grundbedarf. Ähnlich wie bei der Ausbildung und dem Training eines Pferdes gilt es auch hier, die richtigen Berater zu finden. Über den Tierarzt hinaus gibt es unabhängige Pferdefutter-Experten, die anhand konkreter Informationen zum Tier einen individuellen Ernährungsplan anpassen. »Du bist, was du isst« – das bekannte Zitat des deutschen Philosophen Ludwig Feuerbach gilt auch für Pferde. Ihre Gesundheit und ihr Wohlbefinden sind in besonderer Weise von ihrer Nahrung abhängig.

VOM KÄFIG INS GROSSE GEHEGE

Der zweite Faktor der physiologischen Grundbedürfnisse – das Schlafen und die Bewegung – ist nicht minder kompliziert. Carinjo lebte bis vor zwei Jahren in Käfighaltung. Das ist böse formuliert, denn in unserer Reitanlage wird auf die gesetzlich vorgeschriebene Mindestgröße der Boxen geachtet, regelmäßig ausgemistet und eingestreut und ausreichend gefüttert. Trotzdem fühlte es sich für uns immer defizitär an, unser großes, bewegungsfreudiges

Pferd nur einmal am Tag zum Reiten, Longieren oder Spazierengehen herauszuholen und es die übrigen 20 Stunden des Tages hinter Gittertüren wegzusperren. Im Winter, wenn die Weiden geschont werden und sich seine Frischluftzufuhr auf zwei Stunden Paddock beschränkte, buchten wir ihm Extra-Bewegungseinheiten in der Führmaschine oder ließen ihn für ein paar Stunden auf die Winterweide, wo er meist dumpf im Matsch stand. Wirklich artgerecht und vor allem gesundheitsfördernd erschien uns das nicht.

Natürlich muss man dazu sagen, dass nicht jeder mit seinem Pferd, so wie wir, sportliche Ziele verfolgt. Meine Tochter nimmt Springstunden, ich habe Dressurunterricht, wir trainieren Carinjo regelmäßig an der Doppellonge und gehen gern und häufig mit ihm ins Gelände. Wir versuchen, mit ihm eine ausgewogene Basisarbeit, auch »Flatwork« genannt, zu absolvieren. Dafür braucht es die geeignete Umgebung und im Winter auch Reithallen und Longierzirkel. Wer sein Pferd auf einer Wiese mit Offenstall oder sogar am eigenen Haus halten kann, hat zwar viele der kritischen Haltungsthemen nicht, kann aber oft nicht auf einen Reitplatz zurückgreifen. Unsere Anlage im Südwesten Hamburgs ist für unsere Bedürfnisse ideal, denn seit vier Jahren gibt es dort einen sogenannten Aktivstall. In dieser modernen Form der Offenstallhaltung lebt eine gemischtgeschlechtliche Herde Tag und Nacht zusammen. Die 30 Wallache und Stuten können sich zwischen einem großen Sand-Paddock und einer Strohhalle frei hin- und herbewegen,

In einem Aktivstall können sich die Pferde frei bewegen und über Futterautomaten und Heuraufen ausreichend Raufutter aufnehmen.

in den Sommermonaten ist eine großzügige Weide angeschlossen. Die vier Heuraufen öffnen sich alle zwei Stunden für 30 bis 45 Minuten und in den zwei Futterstationen können die Pferde sich ihre Mahlzeiten selbstständig abholen. Ein Chip, den sie in der Mähne oder als Halsband tragen, steuert, welches Futter und wie viel davon sie bekommen. Bewegung, Sozialkontakte und ausreichend Zugang zu Raufutter und Wasser – eine artgerechtere Haltungsform für Sportpferde war uns bis dato nicht bekannt. Die Vorteile für beide Seiten liegen auf der Hand: Unser Pferd kann sich den ganzen Tag weitestgehend selbstbestimmt bewegen und in der Herde beschäftigen, wir haben nicht die ständige Verpflichtung, uns um seine Grundversorgung zu kümmern, und können gleichzeitig die Vorzüge einer voll ausgestatteten Reitanlage nutzen. Und doch hat natürlich auch dieses vergleichsweise fortschrittliche Haltungsmodell Lücken. Und die Fehler im System sind leider weitestgehend menschengemacht.

Automatische Futterschleuse: Art und Menge der Nahrung sind auf einem Chip gespeichert, den die Pferde am Körper tragen.

DIE KÜNSTLICH GESCHAFFENE HERDE

In der Natur bleibt eine Herde so lange zusammen, bis alte Pferde sterben oder nachwachsende Junghengste die Gruppe verlassen, um eigene Familienverbände zu gründen. Innerhalb dieser gewachsenen Herdenstrukturen müssen die Positionen nicht ständig aufs Neue verteilt oder Kämpfe um die Rangordnung ausgefochten werden. Irgendwann sind die Rollen innerhalb der Hierarchie geklärt: Es gibt die souveräne Leitstute, die den Zugang zu Nahrung und Wasser ermöglicht und darauf achtet, dass auch die Schwächeren gut versorgt sind, und den Leithengst, der die Herde bewacht und beschützt. Ihm zur Seite stehen erfahrene Mentoren, die helfen, den Herdenalltag in Ruhe zu regeln. Daneben gibt es auch ranghohe Tiere, die lauter auftreten und beispielsweise renitente Halbstarke in ihre Grenzen weisen. Es gibt erfahrene Wächter und meist auch ein paar Rabauken, die alle in Bewegung halten. Und natürlich einen Clown, der für gute Stimmung sorgt – in die letzten beiden Kategorien würde ich unser Pferd einordnen. Allerdings ist Carinjo als ranghohes Tier oft in Diskussionen

So sieht Pferdeglück aus: Carinjo machte Freudensprünge, als er nach zehn Monaten verletzungsbedingter Aktivstall-Abstinenz wieder zurück in seine Herde durfte.

verwickelt – und die entstehen, weil die von Menschen erschaffene Aktivstallherde unnatürlichen Gesetzmäßigkeiten unterliegt. Zwar finden die Stuten und Wallache (Hengste gibt es bei uns nicht) auch hier ihre Rolle innerhalb der Gemeinschaft, bilden Freundschaften und haben bevorzugte Sozialpartner für Fellpflege, Spiel- oder Sexualtrieb. Das Wohlergehen aller sichert das Wohlergehen des Einzelnen. Das aber kann nur geschehen, wenn eine gewisse Kontinuität in der Gruppenstruktur herrscht. Wenn es zwischen den Pferden zu Unruhe oder Aggressionen kommt, liegt es meist an Störungen von außen. Pferde werden verkauft, Besitzer wechseln mit ihren Tieren den Hof oder verlassen die Anlage, um auf Lehrgänge, Turniere oder mit dem Pferd in den Urlaub zu reisen. Jede dieser Veränderungen irritiert und stört die Ruhe innerhalb der Gemeinschaft, es entstehen Disharmonien und Auseinandersetzungen. Manche Pferde schaffen es selbst nach Monaten nicht, sich in die Gruppenstruktur zu integrieren, und zeigen deutliche Anzeichen von Stress. Nicht selten sind es aber auch die Besitzer, die gestresst sind – weil ihre Pferde, einmal aus der Boxenhaft entlassen, sich auf einmal mehr für ihre Artgenossen interessieren als für sie, weil sie struppig, schmutzig und mit zerfetzten Decken im Regen stehen und weil sie zuweilen so ruppig miteinander umgehen, dass es das menschliche Auge beim Zuschauen schmerzt. Wir wissen nicht, wobei unser Pferd sich seinen Sehnenschaden zugezogen hat, ob es beim Bodycheck mit seinen Jungs war, beim Springtraining passiert ist oder durch den Tritt eines anderen Pferdes verursacht wurde. Wir wissen nur, dass es uns schwerfiel, mit Carinjos Diagnose die »richtige« Wahl für seine zukünftige Haltungsform zu treffen.

VERANTWORTUNG ÜBERNEHMEN
Glückliches Pferd, glücklicher Mensch. Dafür haben wir uns letztendlich entschieden, auch wenn unser Tierarzt Carinjo nach seiner Verletzung lieber in Boxenhaltung gesehen hätte. Es galt verschiedene Faktoren gegeneinander abzuwägen, Alternativen zu überlegen, Risiken einzuschätzen. Aus der Vergangenheit wussten wir, dass unser Pferd auch mit nur einem Paddock-Partner zu jeder Menge gefährlichem Unsinn fähig ist. Im Unterschied zur kontinuierlichen Bewegung, die er heute im Aktivstall hat, konnte er damals furchteinflößende »Kaltstarts« aus der Box hinlegen, die alles andere als optimal für Sehnen und Gelenke sind. Seine Fesseln waren morgens oft dick angelaufen und er zeigte deutlich, dass er die vielen Stunden in

Fight or Flight – das Nervensystem des Pferdes

Das vegetative Nervensystem ist in Sympathikus und Parasympathikus aufgeteilt. Der Sympathikus wird angeregt, um die körperliche Leistung zu steigern, dann steigt der Blutdruck, die Herz- und Atemfrequenz erhöhen sich, die Muskulatur wird besser durchblutet. Das Pferd ist »angespannt«. Im Ruhemodus wird der Organismus durch den Parasympathikus gesteuert. Dieser »Erholungsnerv« dient der Entspannung und Regeneration, über ihn wird der Stoffwechsel und der Aufbau körpereigener Reserven angeregt. Wenn ein Pferd unter Stress gerät, schaltet das Nervensystem in den Sympathikus-Modus. Die Herzfrequenz und der Blutdruck steigen an, die Pupillen und Bronchien weiten sich, der Speichelfluss wird geringer. Der gesamte Organismus ist instinktiv bereit für eine Leistungssteigerung: Fight or Flight – Kampf oder Flucht! Für das Pferd entsteht dabei ein Gefühl von Trockenheit an den Lippen und im Maul. Wird das Stress-Level dann wieder herabgesetzt, reagiert der Körper in umgekehrter Weise: Herzfrequenz und Blutdruck sinken auf ein normales Niveau, die Pupillen und Bronchien verengen sich, die Speichelproduktion wird wieder aufgenommen. Das Pferd zeigt diesen neuerlichen Speichelfluss durch Lippenlecken und Kauen an. Diese Gesten sind ein Indikator dafür, dass das Pferd zuvor einer Anspannung ausgesetzt war und nun in den Erholungsmodus zurückgekehrt ist. Der Organismus wird wieder vom Parasympathikus gesteuert und kann entspannen.

Momente, in denen besorgte Besitzer lieber nicht so genau hinschauen sollten: Belastungsprobe für Carinjos Sehne.

der Box gelangweilt und unterfordert war. In seiner Herde wirkt er dagegen meist ausgeglichen und fröhlich und mittags sehen wir ihn oft tief schlafend inmitten seiner Kumpels in der Strohhalle liegen. Er fühlt sich sicher und unter seinesgleichen gut aufgehoben. Und gleichzeitig freut er sich, uns zu sehen, lässt sich bereitwillig aus der Gruppe zum Putzen führen, ist motiviert beim Reiten und scheint insgesamt ausgeglichen zu sein. Trotzdem bleibt natürlich die Sorge, dass er sich wieder verletzt, beim Rennen, Spielen, Steigen, Rempeln – bei allem eben, was Pferde so machen, wenn man sie ihrer Natur überlässt. Aber was ist die Alternative? Verbiete ich meinen Kindern das Fahrradfahren, Skilaufen oder Fußballspielen, weil dabei etwas passieren könnte? Eben. Das Leben birgt nun mal Risiken und endet in jedem Fall tödlich. Oder man entscheidet sich, von vornherein eine andere Perspektive einzunehmen: das Leben als Momentaufnahme im Hier und Jetzt, so wie die Pferde es tun.

Unsere Verantwortung für das Wohlergehen der Tiere bleibt natürlich trotzdem. Schließlich wollen wir Menschen etwas von unseren Pferden, nicht umgekehrt. Für ihre Gesundheit können wir nicht garantieren, selbst wenn wir ein ganzes Heer von Futterexperten, Tierärzten, Physiotherapeuten, Osteopathen, Hufschmieden und Trainern um uns scharen. Wir können und müssen dafür sorgen, dass ihre essenziellen Bedürfnisse befriedigt sind, egal ob in einer Box, einem Offenstall oder einer Großraum-WG, wie der von Carinjo. Die Kunst besteht darin, genau hinzuschauen und zuzuhören, um die leisen Signale und Hilferufe nicht zu überhören. Und für unseren persönlichen Fall gesprochen, auch lieber mal ein Ultraschallbild mehr machen zu lassen.

AUF DEN PUNKT GEBRACHT

- Ein Pferd hat zwei primäre Ziele im Leben, auf die sein Handeln ausgerichtet ist: Es will überleben und sich fortpflanzen.
- Ein Pferd zu »arbeiten«, sprich: es zu trainieren und in verschiedenen Disziplinen auszubilden, ist zunächst einmal gegen seine Natur.
- Pferde können nur lernen, wenn ihre körperlichen und psychischen Grundbedürfnisse erfüllt sind.
- Pferde verspüren keinen Drang nach Selbstverwirklichung. Sie sind zufrieden mit sich, so wie sie sind.
- Am wichtigsten im Leben eines Pferdes sind die Haltungsbedingungen: Sie brauchen soziale Kontakte zu Artgenossen und eine gute Ernährung.

Wohlfühlprogramm an heißen Sommertagen: Die meisten Pferde genießen eine kalte Dusche unterm Wasserschlauch, besonders wenn sie sich hinterher im Sand panieren dürfen.

Willst du mich veräppeln?!

Führprobleme, Anbindepanik, das große Hängerdrama – was tun, wenn das geliebte Tier zum Teufelchen wird? Wer hier vor allem trainiert werden muss, ist der Mensch!

Im Leben jedes Pferdebesitzers gibt es den Moment, wo er sich wünscht, er hätte sich einen Hamster angeschafft. Oder einen Goldfisch. Meinetwegen auch eine Katze, jedenfalls etwas, was man im Ernstfall einfach schnappen und in einem Käfig abtransportieren kann. 650 Kilo Lebendmasse gegen deren Willen zu bewegen ist unmöglich. Pferde sind einfach stärker als wir.

Wir hätten es ahnen müssen, als wir Carinjo gekauft haben. Schon der erste Termin zur Ankaufsuntersuchung beim Tierarzt musste verschoben werden, da der Züchter ihn über Stunden nicht dazu bewegen konnte, auf den Pferdehänger zu steigen. Es half kein Futter, keine »Motivation« via Longe, Gerte oder Geräusch – Carinjo sah vermutlich einfach keinen Sinn darin, sich weg von seiner heimischen Jungpferdeherde hinauf in ein unheimliches, enges Gefährt zu bewegen. Irgendwann gelang es doch (es waren, wenn ich mich recht erinnere, ein paar Globuli im Spiel ...) und er kam unversehrt auf unserem Hof an, aber das Ein- und Aussteigen blieb über lange Zeit ein kritisches Thema. Mal bog unser Pferd kurz vor der Rampe links oder rechts am Hänger vorbei ab und zog uns hinter sich her, mal ging er gar nicht erst in die richtige Richtung. Wurden wir zu hart mit der Hand, begann er zu steigen, ließen wir ihm mehr Zeit, dehnte er die Ruhepausen auf der Rampe endlos aus und starrte Löcher in die Luft. An manchen Tagen konnten wir ihn mit Leckerlis locken, hatte er aber zuvor gegrast und war satt, hatten wir wenig Chancen. Irgendwann entwickelten Mia und ich eine Technik, blitzartig die Stange hinter ihm zu verschließen, sobald er einmal oben war. Schafften wir es nicht schnell genug, schoss er nach wenigen Sekunden wieder rückwärts herunter. Es war ein minutiöser Ablauf einzelner Schritte, extrem störungsanfällig und rückblickend betrachtet auch extrem gefährlich. Wenn Nervosität und Zeitdruck dazukamen, eskalierte die Situation regelmäßig. Ich habe mich selten so machtlos gefühlt wie in den Momenten, in denen Carinjo auf Turnierplätzen beschloss, die Rückfahrt einfach mal nicht mehr mit uns antreten zu wollen. Nicht selten waren wir die Letzten, die noch in der Dunkelheit mit ihrem Pferd dumm auf dem Parkplatz herumstanden, während alle anderen bereits abgefahren waren. Einmal waren wir kurz davor, ihn auf einer Wiese bei Rendsburg einfach stehen zu lassen – sollte er doch sehen, wie er allein in der Fremde zurechtkommt! Wir fühlten uns im wahrsten Sinne des Wortes veräppelt – und brauchten dringend Hilfe. Nur wie sollte die aussehen? Unsere Versuche, durch angeleitetes Hängertraining etwas zu verbessern, zeigten Wirkung, allerdings nur kurzfristig: Unser Pferd stieg zwar nach einer Weile mit der Trainerin auf den Hänger, aber uns gelang das selten. Mia und ich spielten das »Good Cop/Bad Cop«-Spiel so gut wir konnten – wenn einer zu emotional wurde, übernahm der andere, ich gab meistens Zuckerbrot, sie die Peitsche. Am Ende aber entschied im Zweifel der große Graue, wir waren seinen Launen hilflos ausgeliefert.

> »Mache das Gewünschte einfach und das Unerwünschte unbequem.«
>
> RAY HUNT

Und dann half YouTube. Beim Surfen im Internet stieß ich auf das Verlade-Video eines Trainers und Horseman, den ich zuvor noch nicht kannte: Luuk Teunissen. Der gebürtige Holländer demonstrierte auf einer Messe in wenigen simplen Schritten, worauf es beim Verladen eines Pferdes ankommt: »Es geht nicht darum, auf einen Hänger zu steigen. Es geht darum, dass das Pferd ganz feinen Hilfen folgt. Es soll auf meinen Körper reagieren und jede kleinste Vor- oder Rückwärtsbewegung mitmachen. Das Verladen passiert dann ganz von allein«, erklärte er den Zuschauern. Das nervöse Pferd, das er an einer Longe neben sich herführte, musste zunächst alle Aufmerksamkeit auf ihn richten, einen angemessenen Abstand wahren und anhalten, wenn er anhielt. Dann ließ er es ein paar Schritte vor- und zurücktreten, korrigierte das Tempo, änderte mehrmals die Richtung, alles mit sehr leichter Hand, ganz ohne Druck. »Der Mensch muss das Pferd bewegen, nicht umgekehrt«, erklärte er. »Ansonsten übernimmt das Pferd die Führung und das bedeutet, es übernimmt die Verantwortung. Verantwortung aber bedeutet Anspannung und diesem Stress sind nicht alle Pferde gewachsen. Wenn ich ihm klare Signale gebe und es mir die Führung überlässt, können wir überall hingehen, auch auf einen Hänger.«

GRENZEN SETZEN

Entspannung schaffen durch Grenzensetzen – das war ein Gedanke, den ich so noch nicht gedacht hatte. Zumindest nicht im Zusammenhang mit unserer Verladeproblematik. Eine Grenze ist eben nicht nur räumlich zu begreifen als Individualdistanz, die ich als Mensch meinem Pferd gegenüber einfordern muss, sondern auch als Mindset. Unsere innere Haltung sollte lauten: »Hier, mein Pferd, endet dein Zuständigkeitsbereich. Ich führe, du

Problemverhalten – was steckt dahinter?

DISTANZPROBLEME

Wenn Pferde den Individualabstand des Menschen nicht akzeptieren, ihn schubsen, drängeln oder sich ungehemmt an ihm scheuern, muss die Rangordnung neu geklärt werden. Der Mensch sollte seinen Raum genauso konsequent einfordern, wie es die anderen Mitglieder einer Pferdeherde tun. Dazu stellen wir einen Abstand (ca. 1 Meter) zum Pferd her und erhalten diesen durch Wedeln mit einem Gegenstand (Gerte, Zügelenden, Hand). Das Pferd sollte dabei nicht berührt werden, aber die Gesten als konsequenten Anspruch an die Führungsposition des Menschen akzeptieren.

FÜHRPROBLEME

Zappelige, ungeduldige oder schräg zum Strick drängelnde Pferde zweifeln ebenfalls die Führungskompetenz ihres Menschen an. Ist dessen Durchsetzungsstärke und Vertrauenswürdigkeit ungewiss, weigern sie sich zu folgen. Um sich Aufmerksamkeit und Respekt zu verschaffen, kann ein gezieltes Rückwärtsrichten helfen. Eine andere Möglichkeit, sollte das Pferd zu weit nach vorn ziehen, ist, es kurz anhalten zu lassen und mit einer Gerte durch Auf-und-ab-Wedeln zu stoppen, wenn es die Position verlässt. Ziel der Übung ist, dass das Pferd von uns markierte Grenzen akzeptiert. Dauer und Intensität der Maßnahmen hängen von der Sensibilität des jeweiligen Tieres ab.

AUTORITÄTSPROBLEME

Bei Ausritten kommt es nicht selten vor, dass Pferde anhalten, bestimmte Wege nicht gehen wollen oder sogar umdrehen und nach Hause zurückdrängen. Dieses unerwünschte Verhalten tritt meist nicht völlig überraschend auf, sondern »mit Ansage«: Die Pferde steigern ihre Anspannung sukzessive, und je mehr der Reiter verspannt, desto höher ist die Wahrscheinlichkeit, dass sich seine Besorgnis auf das

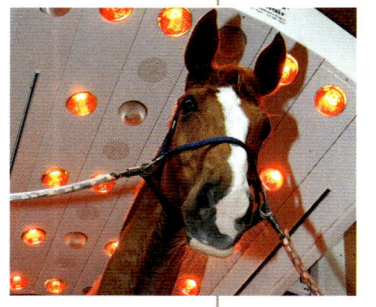

Ein enger Putzplatz oder Gerätschaften wie Solarien lösen bei vielen Pferden Platzangst aus.

Pferd überträgt. Besser ist es, bei den ersten Anzeichen bereits kurz die Gangart zu wechseln und die heikle Stelle im Zweifel seitwärts oder sogar per Rückwärtsrichten zu passieren. Die anstrengende Übung wird danach sofort wieder eingestellt, der Druck rausgenommen.

PLATZANGST

Viele Pferde haben instinktiv Angst vor engen Durchgängen. Um sie Schritt für Schritt davon zu befreien, sollte man ihnen unheimliche Objekte immer von beiden Seiten zeigen. Jede Bewegung in die richtige Richtung wird dabei ausgiebig gelobt und durch Drucknachlassen belohnt. Im Sinne des Beobachtungslernens kann es hilfreich sein, einem erfahrenen Tier den Vortritt zu lassen und den »riskanten« Durchgang, wenn möglich, zunächst breiter aufzustellen und Stück für Stück zu verengen (zum Beispiel mit Strohballen).

ANBINDEPANIK

Pferde, die dazu neigen, stark am Strick zu ziehen oder sich auf Putzplätzen angebunden zurückzuwerfen, müssen sukzessive lernen, ihren Oppositionsreflex aufzugeben. Dafür sollte man zunächst an Orten anbinden, die keinen Stress bei ihnen auslösen, beispielsweise beim Füttern in der Box. Auch hier kann es nützlich sein, sehr ängstliche Tiere zunächst zwischen ruhigen, erfahrenen Pferden anzubinden. In der Übungsphase können elastische Stricke eingesetzt werden, die verhindern, dass sich das Pferd beim Zurückwerfen selbst das Halfter vom Kopf reißt und verletzt.

folgst. Nicht umgekehrt.« Ein zweiter Satz, den Teunissen vor dem Messe-Publikum äußerte, ließ mich ebenfalls aufhorchen: »Mach dem Pferd das Einfache einfach und das Schwere schwer. Wenn es lieber über die Seite auf die Rampe steigen will, lass es das machen. Es wird recht schnell merken, wie anstrengend das ist und den direkten Weg wählen.« Wir hatten Carinjo immer auf gerader Bahn auf die Rampe zulaufen lassen und diesen Versuch zigmal wiederholt, wenn er abgebogen war. Warum eigentlich? Aus Angst vor Verletzungen? Aus Prinzip? Note to myself: Nicht wider die Natur arbeiten, sondern mit der Natur des Pferdes! Theoretisch wussten wir, dass gerade unser Pferd nur zu gern in den Energiesparmodus umschaltet. Jetzt hieß es, dieses Wissen praktisch umzusetzen. Mia und ich änderten unsere Strategie und begannen Schritt für Schritt, Luuks Tipps umzusetzen. Das Wichtigste dabei war, unsere Motivation zu ändern: Weg vom Überlisten, hin zur Kooperation. Wir mussten die Situation aus einer völlig anderen Perspektive betrachten, unser Ziel umdefinieren. In der systemischen Familientherapie spricht man vom sogenannten »Reframing«, wenn durch Umdeutung einer Situation oder einem Geschehen eine andere Bedeutung oder ein anderer Sinn zugewiesen wird. Und genau das war notwendig: Mia und ich mussten dem Verladen einen neuen Rahmen geben, es in einem anderen Kontext betrachten, um es für alle Beteiligten zu erleichtern. Das primäre Ziel war nicht mehr, Carinjo auf den Hänger zu bekommen. Der Sinn lag vielmehr darin, sein Vertrauen zu gewinnen und ihn davon zu überzeugen, dass er uns unbesorgt folgen und die Verantwortung abgeben kann, egal was wir mit ihm vorhaben. Dabei war es insbesondere die Geste des Nachgebens, aus der unser Pferd gelernt hat, nicht die des Drucks.

DIE MENSCHEN TRAINIEREN

»Wenn man Pferde trainieren will, muss man auch mit seinen Menschen arbeiten«, das hat Luuk Teunissen mir später am Telefon erklärt (s. Interview, S. 90). Ich war so fasziniert von seiner Methode, die tatsächlich dazu geführt hatte, dass Carinjo uns bereits beim ersten Versuch nach kurzer Zeit anstandslos auf den Hänger folgte, dass ich unbedingt mehr erfahren wollte. Teunissen, der zunächst in den Niederlanden Agrarwissenschaften und Tiermanagement studiert hat und sich dann in den USA zum Monty-Roberts-Instructor ausbilden ließ, betreibt einen Ausbildungsstall bei Wiesbaden. Er kümmert sich dort vor allem um Jungtiere und sogenannte »Problempferde«, deren Besitzer nicht mehr weiterwissen. Die Tiere zeigen alle Arten von Verhaltensauffälligkeiten, sind zum Teil traumatisiert, mitunter falsch beziehungsweise nicht ausreichend sozialisiert oder bei ihrer Erziehung wurden ein paar grundlegende Dinge missachtet. Bemerkenswert finde ich, dass Luuk seine Klienten immer erst vom Hof entlässt, sobald beide wieder auf Spur sind – Pferd und Reiter. Und damit ist nicht gemeint, das Paar auf irgendein Leistungsniveau zu trimmen, sondern dafür zu sorgen, dass es einander versteht und vertraut. Vor allen reiterlichen Skills und Techniken steht Persönlichkeitsentwicklung. Nur wenn der Pferdebesitzer bereit ist mitzuarbeiten und dafür sein eigenes Verhalten kritisch hinterfragt, kann eine positive Veränderung stattfinden. »Wenn wir möchten, dass sich unser Pferd unseren Wünschen entsprechend verhält, sollten auch wir den Anspruch haben, an uns zu arbeiten und dazuzulernen«, sagt Luuk. Interessanterweise gelingen die Dinge dabei umso schneller, je gleichgültiger es uns ist, wie lange es dauern wird. Auch hier ist die innere Einstellung ganz entscheidend. Wir machen uns selbst oft zu viel Druck, wollen uns oder anderen etwas beweisen. Mithilfe unseres Pferdes können wir viel über uns selbst und unsere Lernfelder erfahren. Wo der eine vielleicht mehr Feingefühl und Empathie entwickeln sollte, fehlt es dem anderen an Willensstärke und Durchsetzungsvermögen. Und der Nächste hat unter Umständen noch nicht gelernt, klar zu kommunizieren und konsequent danach zu handeln.

Wenn die Fragen zu Autorität, Respekt, Rangordnung und Führungsrolle noch nicht ausreichend geklärt sind, ist der Hänger nur ein möglicher Schauplatz für Auseinandersetzungen. Wenn dann noch grundlegend unterschiedliche Charaktere von Mensch und Pferd aufeinandertreffen, steigt die Wahrscheinlichkeit von Konflikten und Problemen. Bestimmte menschliche Charakterzüge harmonieren nun mal nicht sonderlich gut mit spezifischen Eigenschaften einiger Pferde. Sowohl der Trainingserfolg als auch die Beziehungsarbeit sind in hohem Maße beeinflusst von der Persönlichkeitskonstellation von Mensch und Pferd.

Für ein harmonisches Miteinander ist es also wichtig, um die Charaktereigenschaften und Neigungen unseres Tieres zu wissen, aber auch, uns selbst realistisch einschätzen zu lernen. Stehen wir der Persönlichkeit und der Entwicklung unseres Pferdes offen gegenüber? Wissen wir um unsere eigenen Stärken und Schwächen? Bevor wir unser Gegenüber erziehen, sollten wir uns erst einmal selbst ein paar Fragen stellen:

- Was genau erwarte ich von meinem Pferd?
- Welches Verhalten wünsche ich mir?
- Wo will ich hin? Und wie sieht dieser Weg aus?
- Habe ich alle Kompetenzen und Kenntnisse, um meinem Pferd das erwünschte Verhalten beizubringen, oder brauche ich selbst noch Hilfe?
- Bin ich in der Lage, meinen Führungsanspruch genauso freundlich und konsequent wie verantwortungsbewusst umzusetzen?
- Wie gut kenne ich mich selbst?

Führen oder Geführtwerden? Pferde fragen auch in ihrer Beziehung zum Menschen die Rangordnung ab. Verantwortung abgeben zu können bedeutet Entspannung für sie.

- Wie sieht es mit meinen Unsicherheiten, Ängsten, womöglich Geltungsbedürfnissen oder auch unbewussten Aggressionen aus?
- Wer kann mir helfen, diese zu ergründen und abzubauen?

ERZIEHUNG BRAUCHT BEZIEHUNG

Alles, was wir mit dem Pferd tun, hat einen ausbildenden oder erzieherischen Charakter. Dabei muss die Beziehungsebene stimmen, sonst gibt es kein gemeinsames Wachstum. Eine harmonische Beziehung zum Pferd herzustellen meint, eine Rangfolge und ein Vertrauensverhältnis zu erschaffen. Mit Technik und Methode hat Beziehungsaufbau wenig zu tun. Der Mensch muss die Antworten in sich selbst suchen. Nur wenn uns das Pferd als kompetenten Anführer anerkennt, können wir es verlässlich anleiten.

Neben dem Erziehungsanspruch haben Pferde aber genau wie wir Menschen Bedürfnisse, die es zu beachten gilt. Auch sie wollen mit Respekt, Achtung, Fürsorge, Freundlichkeit und Fairness behandelt werden.

Pferde sind von Natur aus sozial und kooperativ, allerdings wollen sie genau wie wir respektvoll und fair behandelt werden.

Ihre Individualität und spezifischen Charaktereigenschaften anzuerkennen ist die Voraussetzung für gegenseitiges Vertrauen – in die Entscheidungen und die Fairness des anderen. Wenn es zu Meinungsverschiedenheiten mit unserem Pferd kommt, neigen wir schnell dazu, dies als »Problemverhalten« zu betrachten und abstellen zu wollen. Dabei bringt es nichts, dem Tier in jedem Fall ein anderes Konzept aufzuzwingen. Wir müssen ihm stattdessen den Ausweg aus einer kritischen Situation aufzeigen. Und zwar einen, den es selbst wählt und der am Ende für beide Seiten Vorteile mit sich bringt.

Pferde sind von Natur aus sehr kooperativ und sozial. Die Fähigkeit, miteinander auszukommen und sich aufeinander zu verlassen, hat in der Evolution ihr Überleben gesichert. Sie nehmen die Dinge im Gegensatz zu uns ungefiltert wahr und unterscheiden zwischen gefährlich oder ungefährlich, dazwischen gibt es wenig Nuancen. Wenn Pferde wütend, panisch oder gar aggressiv werden, ist es wichtig, dass ich als Ruhefels ihr persönliches Drama durchbreche. Zu keinem Zeitpunkt geht es Pferden darum, uns zu ärgern oder vorsätzlich zu schaden. Diese Denkweise ist rein menschlich. Wir neigen dazu, unerwünschtes Verhalten allzu schnell als Respektlosigkeit zu betrachten, und fühlen uns von unseren Pferden angegriffen oder enttäuscht, weil wir unsere Emotionen auf sie projizieren: »Er weiß genau, was er tun soll, er ist nur stur.« Oder: »Lass ihm das nicht durchgehen, er will dich nur ärgern.« Ich habe Mia's und meine Wutausbrüche beim Verladen unseres Pferdes heute noch im Ohr – klassische Fehlinterpretationen von Verhalten, die leider oft weitreichende Konsequenzen haben.

ERKENNE DEN VERSUCH!

Wir sind bei der Arbeit mit Pferden überwiegend darauf gepolt, auf deren Fehler zu achten. Wir bemerken sofort, was noch nicht funktioniert, und übersehen dabei oft ihre Versuche, es richtig zu machen. Dabei ist es wichtig, den Fokus gerade auf das zu richten, was schon gut läuft. Wenn wir die kleinen Angebote unserer Pferde bemerken, öffnen wir eine ganz neue Tür zur Kommunikation. Das Stärken auch minimaler Schritte in die richtige Richtung trägt dazu bei, dass wir als verantwortungsbewusste, faire und zuverlässige Anführer betrachtet werden. Die kleinen Gesten, Bewegungen und Zeichen in eine gewünschte Richtung, die uns die Pferde zeigen, bilden die Basis für die großen Ziele, die wir mit ihnen erreichen möchten. Dabei sollten wir uns von der Vorstellung lösen, dass, wenn wir dem Pferd entgegenkommen, wir Rückschritte in der gemeinsamen Entwicklung machen. Das Gegenteil ist der Fall. Sobald wir beginnen, seine Bemühungen anzuerkennen, wird es sehr schnell Fortschritte machen. Bekämpfen wir hingegen seinen Willen und zwingen ihm unsere Meinung auf, wird es zurückkämpfen.

Spaß am Lernen: Wer seinem Pferd neue Lektionen in kleinen Schritten beibringt und bereits die ersten Versuche würdigt, kommt schnell weiter.

Pferde, die zur Unterwerfung gezwungen werden, geben genau so viel nach, wie es sein muss. Bricht man ihren Willen, können sie in eine regelrechte Depression fallen, die sogenannte »erlernte Hilflosigkeit«. Es geht bestimmt nicht darum, dem Pferd das Sagen zu überlassen, aber es hilft enorm, ihm ab und an seine eigene Meinung zuzugestehen.

Lass dir selbst und deinem Pferd Zeit für Gedanken, auch für Irrtümer. Lernen bedeutet, Informationen erst einmal verarbeiten zu dürfen, bevor die gewünschte Reaktion erfolgt. Wenn immer nur der Druck erhöht wird, versteht das Pferd nicht, was wir von ihm verlangen. Noch einmal: Pferde versuchen fast immer, das Richtige zu tun. Es kann nur vorkommen, dass sie eine Situation anders einschätzen als wir oder kein klares Bild davon haben, was wir von ihnen erwarten. Ruhiges Selbstvertrauen ohne Gewaltanwendung und Aggression sind Eigenschaften, die Pferde unter ihresgleichen suchen und die einen starken Anführer in einer Herde ausmachen. Wenn wir diese ruhige Beständigkeit im täglichen Umgang und im Zusammensein an den Tag legen, tauchen weniger Probleme auf.

AUF DEN PUNKT GEBRACHT

- Wenn Autorität, Rangordnung und Führungsrolle zwischen Mensch und Pferd nicht geklärt sind, sind Auseinandersetzungen vorprogrammiert.
- Die Voraussetzung dafür, dass ein Pferd sich gegen seine Natur verhält, ist absolutes Vertrauen in die Führungsstärke seines Menschen.
- Pferde entspannen, indem wir ihnen Grenzen setzen.
- Ein Pferd lernt aus der Geste des Nachgebens, nicht aus der des Drucks.
- Wer möchte, dass sich ein Pferd seinen Wünschen entsprechend verhält, sollte bereit sein, auch an sich selbst zu arbeiten.
- Erziehung braucht Beziehung. Auch Pferde wollen mit Respekt, Fürsorge, Freundlichkeit und Fairness behandelt werden. So entsteht Vertrauen.
- Pferde sind von Natur aus kooperativ und sozial. Nicht jede Meinungsverschiedenheit stellt gleich ein »Problemverhalten« dar.
- Pferden wollen uns weder ärgern noch vorsätzlich schaden. Es ist menschliche Projektion, unerwünschtes Verhalten so zu interpretieren.
- Die kleinen Gesten und Bewegungen in eine gewünschte Richtung bilden die Basis für die großen Ziele, die wir gemeinsam erreichen möchten.
- Pferde versuchen immer, das Richtige zu tun. Manchmal brauchen sie nur etwas länger, um zu erkennen, was wir uns wünschen.

Willst du mich veräppeln?!

DER MENSCHENFLÜSTERER

Luuk Teunissen ist in den Niederlanden geboren und aufgewachsen, wo er als Pferdetrainer und Bereiter gearbeitet hat. Nach seinem Studium der Agrarwissenschaften und des Tiermanagements sammelte Luuk sowohl in England bei Dan Wilson als auch bei Monty Roberts in den USA praktische Erfahrungen und entwickelte daraus seine eigene Methode. 2020 eröffnete er in der Domäne Mechthildhausen in Wiesbaden sein eigenes Ausbildungs- und Trainingszentrum, in dem er sich vor allem um traumatisierte Pferde und Jungtiere kümmert.

➻ **Was ist das größte Problem der »Problempferde«, die zu dir kommen?**

Ganz klar: Der Mensch ist das Problem! Wir haben Erwartungen an sie, nicht umgekehrt. Das große Missverständnis vieler Pferdebesitzer ist, dass sie ihr Tier nicht wirklich verstehen, sie vermenschlichen es. Sie möchten ihm Gutes tun, es füttern, streicheln und lauter schöne Sachen mit ihm machen. Gerade bei Frauen erlebe ich, dass sie hoffen, je mehr sie ihr Pferd lieben, desto mehr möchte Pferd ihre Wünsche erfüllen. Aber so denken Pferde nicht. Ihnen tut man den größten Gefallen, wenn man ihren Handlungsspielraum definiert, und zwar ganz unemotional.

➻ **Warum ist es so wichtig, einem Pferd Grenzen zu setzen?**

Erst wenn ein Pferd seine Grenzen spürt, kann es Verantwortung abgeben und sich entspannen. Jemand anders übernimmt die Führung, trifft die Entscheidungen und nimmt ihm damit den Stress ab. Der höchste Wert für ein Pferd liegt darin, sein Energielevel ausgeglichen zu halten. Es möchte sich von Natur aus jemandem anschließen, der ihm Sicherheit vermittelt.

➻ **Wie kann ich als Mensch diese Rolle glaubwürdig einnehmen?**

Wichtig ist, dass ich bei allem, was ich gemeinsam mit dem Pferd tue, eine souveräne Ruhe ausstrahle. Ich lasse mich nicht von meinem Pferd schubsen oder drängen, sondern bestimme die Richtung und das Tempo. Wenn es darum geht, sicher auf einen Hänger zu steigen, beginne ich immer erst damit, das Pferd an feine Hilfen zu stellen.

➤➤ **Was genau meinst du damit?**
Der Mensch muss das Pferd bewegen, nicht umgekehrt. Es soll darauf achten, was ich tue, und jede kleinste Vorwärts- oder Rückwärtsbewegung mitmachen. Ich arbeite nie mit einem kurzen Strick, der mir durch die Finger gleiten oder entrissen werden könnte, sondern immer mit einer langen Longe. Damit setze ich einen Impuls, und wenn das Pferd mir in die gewünschte Richtung folgt, gebe ich sofort an der Longe nach. Es ist wichtig, nicht pausenlos zu ziehen, wenn es keinen Grund gibt. Ein Pferd möchte grundsätzlich, dass der Druck nachlässt. Insofern versteht es recht schnell, was ich von ihm möchte. Dazu ist absolut keine Gewalt notwendig.

➤➤ **Wie gut gelingt dir das bei deinen eigenen Pferden?**
Erwischt! Mit meinem eigenen Pferd fällt es mir natürlich am schwersten, emotionslos zu bleiben. Da habe auch ich oft überzogene Erwartungen oder bin mal enttäuscht, wenn irgendetwas nicht so aufgenommen wird, wie ich es mir wünsche. Da das jedem mit dem eigenen Tier so geht, empfehle ich auch, sich Rat und Unterstützung zu holen. Ich selbst nehme auch regelmäßig Unterricht und lasse mir helfen. Es ist wichtig, sich bewusst zu machen, dass das, was das Pferd zeigt, immer mit dir zu tun hat, ob dir der Gedanke gefällt oder nicht. Sprich: wenn im Training etwas gut funktioniert, hast du vermutlich einen guten Weg gefunden, es dem Pferd zu vermitteln – und umgekehrt. Deshalb bin ich auch kein Freund von starren Methoden oder Programmen. Das Pferd spiegelt uns ja unmittelbar, ob es ihm gut geht und wir auf dem richtigen Weg sind.

➤➤ **Wie geht man mit Pferden um, die sich körperlich stark widersetzen und beispielsweise auf der Verladerampe des Hängers steigen?**
Bei denen muss man ganz von vorn beginnen. Grenzen kann man nicht radikal setzen, sondern Schritt für Schritt. Die Basis muss stimmen, das bedeutet, es muss Klarheit herrschen, wer die Ansagen macht. Wie gesagt, der Mensch trifft die Entscheidungen, nicht das Pferd. Ich hatte mal ein Pferd zur Ausbildung, das sofort losgestürmt ist, sobald man seine Boxentür geöffnet hat. Das war es von zu Hause so gewöhnt und dem musste ich erst klarmachen, dass ab sofort neue Spielregeln gelten. Bevor an irgendwelche Lektionen unterm Sattel zu denken ist, müssen die Rollen geklärt sein.

INTERVIEW

»Pferde, die vor dem Hänger stehen bleiben, haben kein Verladeproblem, sondern ein Problem mit ihrem Anführer«, sagt Luuk.

➤ **Der Mensch muss bei Ausbildung und Training also immer Chef sein?**

Ja, das ist elementar! Natürlich wünschen wir uns eine Freundschaft oder Partnerschaft mit unserem Pferd und die Zeit, die wir mit ihm verbringen, soll möglichst harmonisch sein. Aber ein Pferdehirn ist ganz anders aufgebaut als das eines Menschen, ihm fehlt die Fähigkeit, etwas strategisch zu planen. Es reagiert auf das, was ihm entgegengebracht wird. Erweise ich mich nicht als vertrauenswürdiger Anführer, der die Entscheidungen trifft und dem Pferd Verantwortung abnimmt, wird es selbst die Führung übernehmen. Manche Pferde sind sehr dominant und fragen bei jeder Begegnung wieder ab, wer die Ansagen macht. Die sind wie die Jungs, die wir noch aus der Schule kennen: große Klappe und große Unsicherheit dahinter. Solche Pferde sind erst mal irritiert von mir. Am Ende begreifen aber alle, dass es ihnen nur Vorteile bringt, wenn ich die Führung übernehme.

➤ **Ist es nicht auch okay, mal das Pferd bestimmen zu lassen?**

Ja klar, alles andere funktioniert auf Dauer gar nicht. Wenn ich Pferde bei mir in der Ausbildung habe, merke ich spätestens nach ein paar Wochen, was man realistisch mit ihnen erreichen kann. Das sage ich den Besitzern auch ganz klar. Ich schildere ihnen, wo ich Entwicklungspotenzial sehe, aber auch, wo die Grenzen bei diesem Pferd sind. Und in der Konsequenz frage ich manchmal, ob sie sich sicher sind, dass dies das richtige Pferd für sie ist. Das nehmen natürlich nicht alle dankbar auf. Früher habe ich mich schwer getan, aber inzwischen bin ich da sehr ehrlich – allein schon, um das Tier zu schützen. Ich kann nicht mehr tun, als ehrliche, wohlmeinende Tipps zu geben. Was die Besitzer daraus machen, liegt nicht in meiner Hand.

➤ **Wenn du sogenannte »Problempferde« korrigiert hast – ist es dann nicht frustrierend, sie hinterher wieder in inkompetente Hände zurückzugeben?**

Ich akzeptiere nicht, dass die Besitzer nach ein paar Monaten ihre Pferde bei mir abholen und auf Nimmerwiedersehen verschwinden. Ich vereinbare vorher mit ihnen, dass sie regelmäßig wiederkommen, Unterricht nehmen und wir gemeinsam mit dem Pferd weiterarbeiten. Alles andere wäre nicht nachhaltig und würde im schlechtesten Fall dazu führen, dass alle Arbeit umsonst war. Die Pferde gehen bei mir nicht weg, wenn ich mit dem Pferd fertig bin, sondern wenn das Reiter-Pferd-Paar so weit ist. Mein Ziel ist es, das Paar langsam zusammenzuschweißen.

➤ **Menschen haben ja oft ein Problem damit, wenn andere über sie bestimmen wollen – ist es bei Pferden umgekehrt?**

Allein diese Formulierung ist eine vermenschlichte: »bestimmen wollen«. Diese Art von Motivation hat das Pferd nicht. Es will vor allem Energie sparen. Je nach seiner individuellen Biologie und seinem Charakter wird es einen gewissen Rang innerhalb der Herde einnehmen, aber es ist bereit, diesen auch wieder abzugeben, wenn jemand anders die Führung plausibel für sich beansprucht.

➤ **Die meisten Pferdebesitzer wünschen sich ein freundschaftliches Verhältnis zu ihrem Pferd, manche sprechen sogar von einer »Partnerschaft auf Augenhöhe«. Ist das mit einem Pferd überhaupt möglich?**

Ja, ich glaube, es gibt Pferde, bei denen so ein Verhältnis möglich ist. Das sind dann aber Tiere, die wenig dominant sind und ausgeglichen in sich ruhen. Meistens sind das nicht allzu ranghohe Tiere in der Herde, sondern solche, die sich eher unauffällig im Mittelfeld bewegen. Sie besitzen meist wenig Geltungsbedürfnis, wollen nicht anecken, sondern arrangieren sich. Entsprechend bieten sie wenig Angriffsfläche – sie werden von ihren Artgenossen in Ruhe gelassen und sind meist auch mit ihren Menschen kompromissbereit, sie fügen sich lieber.

Dem Pferd klare Grenzen setzen und ihm Entscheidungen abnehmen – laut Teunissen ist das ein fortwährender Dialog.

INTERVIEW

➤➤ **Wenn ich selbst so ein Mensch bin, der eigentlich lieber folgt als führt – wie lerne ich, trotzdem ein guter Leader für mein Pferd zu werden?**

Es ist immer gut, im Team zu arbeiten und sich unterstützen zu lassen: Trainer, Reitlehrer und andere Menschen, die mich unterstützen und beraten können, sind immer hilfreich. Mindestens genauso wichtig ist es aber, das richtige Pferd für sich zu finden. Es gibt Pferde, die mir meine Schwächen oder reiterlichen Defizite eher verzeihen als andere. Ich muss mir darüber im Klaren sein, was ich von meinem Tier möchte. Wenn ich es eigentlich nur gemütlich haben will und keine großen sportlichen Ziele verfolge, sollte ich nach einem anderen Typ Ausschau halten, als wenn ich auf Turniere will. Es kommt immer auf die Konstellation und den Kontext an.

➤➤ **Für uns grenzte es an ein Wunder, als wir mithilfe deines Verlade-Videos unser Pferd nahezu mühelos auf den Hänger führen konnten. Warum hat das plötzlich funktioniert – was ist dein Trick?**

Das ist kein Trick, das wart ja ihr selbst! Ihr habt vermutlich ein paar Schalter im Kopf umgelegt. Das Problem bei Situationen wie dem Verladen ist meist, dass wir das Ziel »er muss da rauf« von Beginn an verbissen verfolgen. Meist stehen wir unter Zeitdruck, wollen irgendwohin und wünschen uns, dass unser Pferd möglichst zügig und auf direktem Weg einsteigt. Wir schaffen ihm und uns selbst Druck. Der erste Schritt, auch wenn es am Anfang schwerfällt, ist immer, möglichst entspannte Bedingungen zu schaffen. Das Motto sollte sein: Ich mache es mir und dem Pferd so einfach wie möglich. Es soll freiwillig und gut gelaunt mitmachen. Und da ist es erst mal egal, ob wir vorwärts-, rückwärts- oder seitwärtsgehen, unter einem Tor hindurch, über eine Plane oder eine Rampe hinauf. Das Pferd macht diese Unterschiede auch nicht – es folgt mir oder eben nicht. Deswegen mache ich es mir beim Verladen erst mal einfach: Ich nehme die Trennwand raus und mache den Innenraum groß und hell. Wenn die Basis stimmt und das Pferd mir folgt, gebe ich ihm immer neue kleine Aufgaben, die es erfolgreich bewältigen kann. Das Pferd soll die Situation akzeptieren lernen und ich muss jeden kleinen Kompromiss anerkennen, den es macht.

➤➤ **Also ist das Prinzip »einen Schritt vor, zwei zurück«?**

Ja, gewissermaßen. Das Pferd lernt am meisten aus dem Moment, wo der Druck aufhört, denn da will es hin. Man muss unbedingt an der Basis arbeiten, dann ist alles andere kein Problem mehr. Die Basis bedeutet in diesem Fall: freiwillige Zusammenarbeit. Das Pferd soll meinen Bewegungen folgen, ich versuche weder, es zu überlisten, noch zu etwas zu zwingen.

➤ **Nach vielen gescheiterten Verladeversuchen ist jeder irgendwann ratlos und unentspannt. Was empfiehlst du den gestressten Besitzern?**

Wir wissen aus zahlreichen Studien, dass Pferde nicht nur die Herzfrequenz und den Adrenalinspiegel der Menschen um sich herum spüren, sondern sich sogar auf dieser Frequenz einpegeln. Entspannter Mensch, entspanntes Pferd. Abgesehen von dem Ärger und der Enttäuschung, die man verspürt, wenn das Pferd negatives Verhalten zeigt, entsteht Stress bei uns vor allem aus einem Gefühl der Ohnmacht. Man weiß irgendwann nicht mehr, wie man die Situation auflösen kann. Ich gebe den Besitzern Mittel an die Hand, wie sie es schaffen können, und erkläre jeden Schritt einfach und nachvollziehbar. Auch die Besitzer müssen positive Erfahrungen machen, um selbstsicherer zu werden. Pferdetraining ist auch Menschentraining.

➤ **Was ist die wichtigste Lektion im »Menschentraining«?**

Lerne, die Welt durch Pferdeaugen zu sehen. Die Besitzer, die zu mir kommen, haben immer ganz viele Geschichten mit im Gepäck. Sie interpretieren jede Situation so, dass diese in ihr Weltbild passt, und finden mindestens 1000 Gründe, warum sich ihr Pferd nicht so verhält, wie sie es wollen. Die Erklärungen reichen von »ist von Natur aus aggressiv« über »hat Lebensangst« bis hin zu »vertraut mir einfach nicht« – wobei Letzteres noch am wahrscheinlichsten ist. Am Ende ist es egal, alle diese Geschichten sind unbedeutend. Der einzige Weg ist, »pferdisch« an die Dinge heranzugehen: mit kleinen Schritten positive Erfahrungen sammeln, für Sicherheit und Vertrauen sorgen. Viel mehr ist es am Ende nicht.

➤ **Was müssen wir Menschen trainieren, um ein besserer Partner fürs Pferd zu werden?**

Das Wichtigste ist, dass wir ehrlich mit uns sind. Wir dürfen nicht immer nur die Schwächen beim Pferd suchen, sondern müssen uns selbst kritisch hinterfragen. Eine entscheidende Erkenntnis kann sein, dass meine Ziele sich nicht mit denen meines Pferdes decken. Vielleicht habe ich auch noch nicht den richtigen Weg gefunden, mein Pferd für die gemeinsame Arbeit zu begeistern. Die wichtigste Einsicht ist vielleicht, dass ich nicht automatisch alles gut und richtig mache, nur weil ich Bestes im Sinn habe. Wenn du offen dafür bist, was Pferde dir zur Selbstreflexion vor die Füße werfen, brauchst du keinen Therapeuten mehr. •

Wie Pferde lernen

Wir können ihnen vieles beibringen, solange wir Rücksicht auf ihre Instinkte nehmen. Pferde lernen am Erfolg – und dabei liegt vor allem in der Wiederholung die Kraft!

Wenn man Pferdemenschen fragt, was sie sich vom Zusammensein mit ihrem Tier erhoffen, bekommt man die unterschiedlichsten Antworten: Von »Ich möchte einfach eine Auszeit vom Alltag und gemeinsam mit ihm entspannen« bis hin zu »Nächstes Jahr wollen wir uns in der S***-Dressur platzieren« gibt es die ganze Palette menschlicher Wünsche, Ziele und Emotionen. Auch wer sich selbst als Freizeitreiter sieht und keine Wettkampfambitionen hegt, muss sich darüber im Klaren sein, dass wir unsere Pferde bei allem, was wir mit ihnen machen, trainieren. Egal, ob wir komplizierte Lektionen reiten, sie auf einen Hänger verladen oder einfach nur entspannt mit ihnen im Gelände spazieren gehen – ein Pferd lernt immer und überall. Je intensiver wir uns mit ihm beschäftigen, desto relevanter werden wir in seinem Leben. Es beobachtet uns, es passt sich an und kopiert sogar unser Verhalten, wie Konstanze Krüger, Professorin für Pferdehaltung an der Hochschule für Wirtschaft und Umwelt in Nürtingen-Geislingen, festgestellt hat. Die Verhaltensforscherin belegt durch ihre Studien, dass Pferde nicht nur in der Lage sind, selbstständig Probleme zu lösen, sondern in einer geeigneten Umgebung auch völlig neues, innovatives Verhalten an den Tag legen können (s. Interview, S. 112).

Dabei kommt es entscheidend darauf an, unter welchen Bedingungen Pferde gehalten werden, welchen Reizen sie ausgesetzt sind und welche Erfahrungen sie in ihrem Leben machen. Vieles, was die Mutterstute ihrem Fohlen in der freien Natur beibringt, fehlt Pferden, die von klein auf in Boxen gehalten werden. Sie haben nur bedingt die Möglichkeit, »die große weite Welt« kennenzulernen. Bei einem Jungpferd, dem wir bei den ersten Ausritten zeigen, dass Baumstämme, Steine oder auch Straßenschilder und Kühe keine lebensbedrohliche Gefahr darstellen, treten wir gewissermaßen an die Stelle der Mutterstute. Wir übernehmen die Führungsrolle, und wenn wir uns dabei klar, ruhig und bestimmt verhalten, vermitteln wir dem Pferd Sicherheit. Es lernt mit jeder bewältigten Aufgabe und Situation: Dieser menschlichen Mutterstute kann ich vertrauen! Wenn ich mir dieser

Verantwortung bewusst bin und dem Pferd wohlmeinend Leitlinien und Grenzen setze, kann eine starke Bindung entstehen, denn ich erfülle damit eines seiner Grundbedürfnisse. Sein Verhalten kann und wird das Pferd aber nur dauerhaft anpassen, wenn ich die Aufgaben regelmäßig wiederhole und sie verständlich kommuniziere. Voraussetzung ist auch, dass es sich dabei um ein erlerntes Verhalten handelt und nicht um einen natürlichen Instinkt.

»Lernen ist wie Rudern gegen den Strom. Sobald man aufhört, treibt man zurück.«

BENJAMIN BRITTEN

INSTINKT ODER ERLERNTES VERHALTEN?

Wenn wir Pferde trainieren und ausbilden, müssen wir unterscheiden lernen, welche ihrer Verhaltensweisen angeboren sind und welche erlernt. Instinktverhalten ist im Erbgut festgelegt, es kann nicht durch Lernvorgänge verändert werden. Auf seinen natürlichen Fluchtinstinkt beispielsweise hat das Pferd kognitiv keinen Einfluss. Was hingegen beeinflussbar ist, ist die Reaktion auf bestimmte Schlüssel- oder Signalreize. Es gibt Reize von außen, auf die eine Herde kollektiv mit Flucht reagiert, aber auch solche, auf die nur manche Pferde ansprechen. Ob ein Pferd vor einem Gegenstand wie einer aufwehenden Plastiktüte scheut, ist von verschiedenen Faktoren abhängig, unter anderem seinem Alter, der Lebenserfahrung, Sozialisation und auch seiner individuellen Biologie. Ein vollblütiges Pferd wird auf eine wehende Tüte oder einen knatternden Trecker anders reagieren als ein Kaltblut. Ein Pferd, das selten seine Box verlässt, anders als eines, das im Offenstall täglich verschiedensten Umwelteinflüssen ausgesetzt ist. Die Verhaltensreaktion auf bestimmte Reize kann jedes Pferd im Sinne der operanten Konditionierung anpassen. Sein Lernprozess folgt dabei einem Reiz-Reaktions-Muster. Wird ein Reiz oft genug präsentiert und als ungefährlich beziehungsweise positiv erlebt, festigt sich die entspannte Reaktion. Kurz gesagt, mein Pferd kann lernen, dass eine Plastiktüte am Straßenrand kein bösartiges Raubtier ist. Diese Lernprozesse sind jedoch deutlich flexibler als ihr angeborenes Instinktverhalten, das heißt, ein Pferd kann etwas dazulernen, aber auch wieder verlernen. Nur, weil die Plastiktüte heute keine Gefahr darstellt, heißt das nicht, dass sie in der Wahrnehmung eines Pferdes in ein paar Monaten, in denen sie nicht präsent war, nicht doch wieder zum unheimlichen Monster mutiert.

In der Phase, in der Carinjo seinen Sehnenschaden auskurieren musste, bin ich viel mit ihm Schritt gegangen. Zunächst an der Hand, dann auf Ausritten, auf die mich regelmäßig eine Freundin mit ihrer jungen Stute begleitet hat. Die damals Vierjährige war noch recht unerfahren im Gelände und hatte sich von der Aktivstallherde bislang selten entfernt.

Ausritte in die Natur sind hervorragende Gelassenheitsübungen. Jungen Pferden sollte man am Anfang einen erfahrenen Begleiter zur Seite stellen.

Entsprechend aufregend, aber auch lehrreich waren diese Ausflüge mit Carinjo, der ihr als ranghohes Tier eine gewisse Grundsicherheit vermittelt hat. Nichtsdestotrotz war die Stute jede Woche aufs Neue in Alarmbereitschaft und hat vor immer neuen Dingen gescheut. Mal war es der Sturm, der Blätter durch die Luft wirbelte, mal Vögel in den Ästen der Bäume, mal begegneten uns Radfahrer in leuchtenden Monturen, mal Kleinkinder mit Tretrollern. Die Krönung war ein Briefträgerfahrrad mit großer Gepäckkiste, das laut scheppernd hinter uns einen Bordstein heruntergedonnerte. In diesem Moment sind beide Pferde förmlich aus dem Stand explodiert. Für sie gab es auf diesen starken Reiz nur eine mögliche Reaktion: sofortige Flucht! Als Reiter ist man in solchen Momenten gut beraten, ebenfalls blitzschnell zu reagieren und gleichzeitig die Ruhe zu bewahren. Sein Pferd wieder unter Kontrolle zu bringen bedeutet, ständig eine feine Balance aus Anspannung und Entspannung zu wahren: vorn die Verbindung halten und hinten den Druck rausnehmen, egal wie sehr man sich selbst gerade erschreckt hat. Ich gebe zu, dass diese Ausritte Woche für Woche eine Challenge in Sachen Deeskalation für uns vier dargestellt haben, aber es war deutlich spürbar, dass beide Pferde dazulernten, je öfter wir sie aus ihrer Komfortzone herausbewegten. Und dass sie sichtlich zufriedener und ausgeglichener wurden, je mehr sie die Erfahrung machten: Ich rege mich zwar auf, aber ich schaffe es auch, mich wieder zu beruhigen.

Erlernte Hilflosigkeit – was ist das?

Der Begriff der erlernten Hilflosigkeit wurde von den amerikanischen Psychologen Martin E. P. Seligman und Steven F. Maier geprägt. Das Phänomen wurde zufällig in Tierversuchen entdeckt und als ein möglicher Erklärungsversuch für Depressionen beim Menschen dann gründlicher erforscht. Es handelt sich um einen seelischen Zustand, in dem ein Mensch oder ein Tier gelernt hat, dass er beziehungsweise es sich durch sein Verhalten nicht aus einer für ihn unangenehmen Situation befreien kann. Dieses Gefühl kann auch dann noch anhalten, wenn die auslösende Situation längst überwunden ist. Man sagt, das Gefühl wird »generalisiert«, sprich: auf ähnlich gelagerte Situationen übertragen. Erlernte Hilflosigkeit führt oft in eine lang anhaltende Depression, also in eine schwere psychische Erkrankung, die bis hin zur völligen Apathie beziehungsweise Resignation gehen kann.

Bei Pferden können die Auslöser neben nicht artgerechter Haltung (kein Kontakt zu anderen Pferden, zu wenig Bewegung, enge, dunkle Boxen oder gar Ständerhaltung) auch bestimmte »Ausbildungskonzepte« sein. Dazu gehören:

- bewusstes Verängstigen und Dominieren des Pferdes durch Scheuchen im Roundpen, wobei das Pferd die Erfahrung machen soll, dass es dem Menschen nicht entfliehen kann
- das sogenannte »Aussacken«, bei dem das angebundene Pferd so lange mit Gegenständen beworfen wird, bis es keinerlei Gegenwehr oder Fluchtversuch mehr zeigt
- das bewusst tiefe Einstellen des Pferdekopfes beim Reiten, die sogenannte »Rollkur« oder auch »Hyperflexion«, bei der Atmung, Bewegung und Orientierung beeinträchtigt werden
- das ständige, wiederholte Weichenlassen des Pferdes vor dem Menschen mithilfe von Gerten und Stangen

Wie Pferde lernen

- der übermäßige und gewaltsame Einsatz von sogenannten Hilfsmitteln beim Reiten wie scharfen Gebissen, Rädchensporen oder Schlaufzügeln

Bei all diesen Umgangsformen wird seelische und zum Teil auch körperliche Gewalt ausgeübt. Das Pferd soll lernen, dass es sich aus der Situation, die der Mensch kontrolliert, nicht befreien kann. Ziel des Ganzen ist, ein braves Pferd zu »erziehen«, das gar nicht mehr versucht, Nein zu sagen. Pferde, bei denen diese Methoden Erfolg haben, funktionieren wie seelenlose Maschinen.

Man kann Pferde, die sich im Zustand der erlernten Hilflosigkeit befinden, bei genauer Beobachtung ihren Gemütszustand ansehen. Anzeichen können sein:
- toter Augenausdruck
- das Pferd wirkt resigniert und in sich gekehrt
- es zeigt kaum Freude oder Interesse an der Außenwelt
- es hat kaum eigene Impulse oder Ideen, sondern spult mechanisch ab, was der Mensch vorgibt
- Fressunlust, gesundheitliche Probleme
- stumpfes Fell, chronische Hautprobleme
- es bewegt sich nicht mehr frei und stolz, sondern bleibt in Zwangshaltungen, selbst wenn es sich anders verhalten könnte (zum Beispiel bleibt das Pferd mit der Nasenlinie hinter der Senkrechten, obwohl der Zügel nachgibt)

Es heißt zu Recht »Seine Sporen muss man sich verdienen« – dieses Hilfsmittel ist nur für geübte Reiter geeignet.

Einige Pferde, die man in Showveranstaltungen oder auf Turnieren bestaunen kann, befinden sich in der erlernten Hilflosigkeit. Als Zuschauer beklatschen wir oftmals diese »perfekt« ausgebildeten Tiere, die nicht mit der Wimper zucken, egal was der Trainer von ihnen verlangt. Natürlich befindet sich nicht jedes Pferd, das Kunststücke oder besondere Fähigkeiten zeigt, in einer erlernten Hilflosigkeit. Auch gibt es Pferde, die von Natur aus eher introvertiert und zurückhaltend sind. Dennoch lohnt es sich, genau hinzuschauen, gerade wenn man über die Herkunft und Vergangenheit eines Pferdes wenig weiß. Erlernte Hilflosigkeit sitzt sehr tief und lässt sich nicht einfach von heute auf morgen löschen. Sie bleibt für immer Bestandteil der Gefühlswelt von betroffenen Pferden. Selbst unter optimalen Bedingungen dauert es oft Jahre, bis sie sich aus diesem traumatischen Zustand lösen können.

RAUS AUS DER KOMFORTZONE!

Das Zitat von Albert Einstein bringt es sehr treffend auf den Punkt: Wir möchten eigentlich ständig, dass sich die Dinge um uns herum (zum Besseren) verändern, aber bewegen möchten wir uns selbst dabei möglichst wenig, zumindest nicht raus aus der Bequemlichkeit. Das Lernen aber, und das gilt für Menschen wie Pferde, beginnt da, wo es anstrengend wird. Wenn wir uns menschlich weiterentwickeln möchten, aber auch wenn wir uns mit unseren Pferden Ziele setzen und ihnen etwas beibringen wollen, müssen wir uns in einen neuen Bereich vorwagen. Raus aus der Komfortzone, hinein in die Lernzone. In der Erlebnispädagogik spricht man vom sogenannten »Drei-Zonen-Modell«:

»Die reinste Form des Wahnsinns ist, alles beim Alten zu belassen und gleichzeitig zu hoffen, dass sich etwas ändert.«

ALBERT EINSTEIN

Komfortzone

Diese erste Zone markiert den Bereich, in dem wir uns wohlfühlen. Kompetenz, Erfahrung, Routinen und Gewohnheiten geben uns die nötige Selbstsicherheit. Für die junge Stute gesprochen stellte unsere Hofanlage mit allen ihr bekannten Plätzen, Reithallen und der Herde die Komfortzone dar. Hier konnte sie abschätzen, was auf sie zukommt, hier kannte sie sich aus.

Lernzone

Nun brachten wir sie mit den Ausritten ins Gelände in ein unbekanntes Gebiet, ihre persönliche »Wachstums- oder Risikozone«. Das war der Bereich, in dem wir gemeinsam Neuland betraten. Bisherige Erfahrungen und Gewohnheiten, die auf der Reitanlage und im gemeinsamen Umgang gesammelt wurden, funktionierten nur noch bedingt. Wir mussten uns neuen Herausforderungen in Form verschiedener Umweltreize stellen. Das sorgt bei Pferden, die weder strategisch noch planerisch denken können, zunächst einmal für Unsicherheit und eine generelle Habachtstellung. Wir Menschen sind uns möglicher Risiken bewusst und antizipieren entsprechend, Pferde folgen ihren Instinkten. Eine Verhaltensanpassung erfolgt nur sehr zögerlich anhand immer neuer, kleiner Lernerfolge. Wie wir Menschen vergrößern auch Pferde ihr Wissen und ihre Fähigkeiten Schritt für Schritt und erweitern damit ihre Komfortzone.

Panikzone

Allerdings dürfen Pferde – und das ist ganz entscheidend – nicht in akuten Stress geraten. Wenn wir sie in die Panikzone treiben, sind sie überfordert, im schlimmsten Fall paralysiert und jegliches Lernen ist unmöglich. Wir Menschen reagieren in Panikzuständen vermehrt mit psychischen

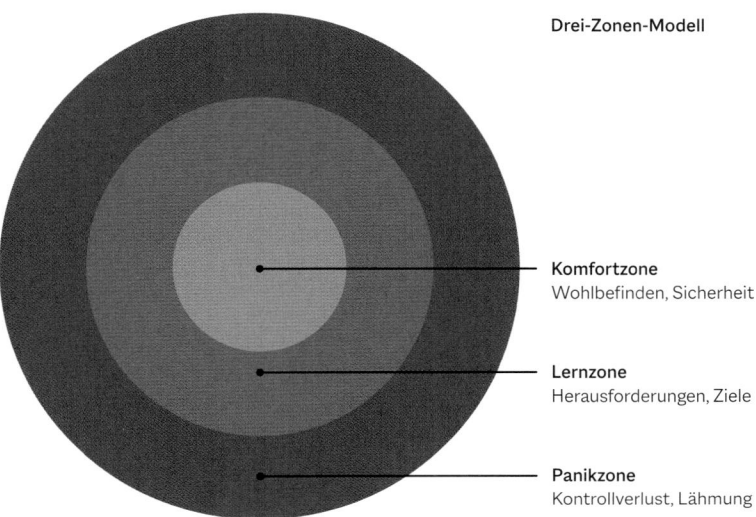

Lernen und Wachstum beginnen da, wo es anstrengend wird: außerhalb der Komfortzone. Dies gilt für Pferde genauso wie für Menschen.

Symptomen wie Zittern und Schweißausbrüchen, ein Pferd wird unverzüglich die Flucht antreten und dabei weder auf Mensch noch Material Rücksicht nehmen. Jenseits der Komfortzone lauern für es automatisch bedrohliche Gefahren. Als Beutetier setzt ihr Überlebensinstinkt ein, der alle erlernten Verhaltensmuster überlagert.

Für uns Menschen ist es wichtig, unsere Wohlfühlzone immer wieder zu verlassen. Warum? Weil wir in dem Moment, wo wir im Bequemen, Gemütlichen verharren, persönliches Wachstum verhindern. Entwicklung ist nur möglich, wenn wir uns regelmäßig neuen Aufgaben stellen. Wir sind nicht dafür gemacht, es dauerhaft bequem zu haben. So schön sich das im Kleinen auch anfühlen mag, Körper und Geist hungern nach neuen Reizen, nach neuem Wissen und nach Training. Auch Pferde brauchen Aufgaben, um sich körperlich und mental fit zu halten. Allerdings liegt es in unserer Verantwortung, das richtige Maß für sie zu finden.

LERNEN AM ERFOLG

Pferde denken langsam und reagieren schnell. Das heißt, dass wir von ihnen häufig schnelle Reaktionen bekommen anstelle durchdachter Antworten. Wenn wir möchten, dass das Pferd etwas wirklich verinnerlicht, müssen wir ihm Zeit geben, Pausen machen und die Aufgabe wiederholen, damit sich das Gelernte setzen kann. Der Vorgang des klassischen Konditionierens

Pferde sind von Natur aus neugierig und finden gerade Aufgaben, die der Mensch ihnen vom Boden aus zeigt, spannend.

findet bei Pferden relativ häufig statt, oft sogar unbemerkt und unbeabsichtigt. Mit bestimmten Geräuschen oder Gegenständen verbinden sie nach gewisser Zeit positive Ereignisse (zum Beispiel Futterwagen oder Futterschüssel), die zu bestimmten Tageszeiten schon vorher für erhöhte Aufmerksamkeit sorgen. Manche Pferde erkennen das Auto ihres Besitzers anhand des Motorengeräusches und wiehern ihm in freudiger Erwartung eines Leckerlis entgegen, andere wittern den Tierarzt schon von Weitem und werden nervös, sobald er die Stallgasse betritt. Carinjo wusste in seiner Reha-Phase, in der wir ihn täglich 15 Minuten mit einer Magnetfelddecke behandelt haben, bereits nach wenigen Tagen, dass ein Entspannungsprogramm bevorsteht: Sobald ich mich mit der entsprechenden Tasche dem Putzplatz näherte, entlastete er ein Hinterbein und begann zu lecken, zu kauen und herzhaft zu gähnen.

Konditionierung kann also zufällig geschehen, bewusst erfolgen, aber als Verhaltensmuster auch wieder gelöscht werden. In der behavioristischen Lerntheorie bezeichnet man das Lernen am Erfolg als »operante Konditionierung«. Das heißt, Pferde erleben, dass auf ein spontan gezeigtes Verhalten eine angenehme oder auch unangenehme Konsequenz erfolgt. Ihrer Natur gemäß versuchen sie, dasjenige Verhalten zu wiederholen, das eine Belohnung nach sich zieht. Ein stimmliches Lob als positiver Verstärker kann zum Lernerfolg führen, im richtigen Moment auch Futter, Kraulen, Ruhepausen und das Nachlassen von Druck, sowohl beim Reiten als auch in Führ- oder Verladesituationen.

Positive Verstärkung bildet die Basis für stressfreies Lernen: Nur so kann ein Pferd motiviert Aufgaben bewältigen und gewünschtes Verhalten im Langzeitgedächtnis abspeichern. Wir können seine Schwächen schrittweise abbauen, in dem wir den Fokus auf die Dinge legen, die bereits gut klappen. Entspannen, abwarten, weitermachen – loben, wenn etwas gut klappt, Fehler zunächst einfach ignorieren. Um die Stärken des Pferdes zu fördern, kommt es vor allem auf zwei Dinge an: perfektes Timing und Kontrolle über unsere eigenen, menschlichen Emotionen.

DAS ZIEL VOR AUGEN
Ein gut erzogenes Pferd verhält sich unauffällig, steht still, hält einen respektvollen Abstand zum Menschen und wartet geduldig, was der als Nächstes von ihm möchte. Es ist gelassen, zurückhaltend und zeichnet sich durch ein ruhiges, freundliches Wesen aus. Bei der Arbeit ist es motiviert und freut sich voller Lerneifer auf immer neue Herausforderungen. Es folgt seinem Menschen vertrauensvoll und ist im Umgang stets kooperativ.

Kommt dir das bekannt vor? Besitzt du so ein Prachtexemplar auf vier Beinen? Gratulation! Meine Realität sieht anders aus: Wir lieben unser Pferd heiß und innig, aber in Sachen Erziehung ist bei Carinjo noch Luft nach oben. Wenn er sich unauffällig verhält, beginnen wir bereits, uns Sorgen zu machen, denn in normaler, fröhlich-gesunder Verfassung versucht er stets, unsere volle Aufmerksamkeit auf sich zu ziehen. Streicheleinheiten, Futter und sonstige Zuwendungen werden freundlich, aber mit Nachdruck eingefordert: Seinen langen Giraffenhals nutzt er dabei als Lasso, um uns einzuwickeln und ganz nah an sich heranzuziehen. Stillstehen ist seine Sache nicht, zumindest nicht beim Aufsteigen, Nachgurten oder Deckeablegen. Seine Motivation beim Reiten variiert von begeistert (im Gelände) über interessiert (beim Springen) bis scheintot (in der Dressurarbeit). Dafür ist er in seiner Herde ein verlässlicher Aktivposten, der die anderen triezt, vor sich hertreibt und seine Buddies zu immer neuen Spielen auffordert …

Tja, Carinjo ist eben ein Tier, keine Maschine. Er funktioniert nicht perfekt, aber er freut sich, am Leben zu sein. Das ist deutlich spürbar und für uns das größte Ziel im Zusammensein. Trotzdem muss es unmissverständliche Regeln geben, damit unser Umgang respektvoll und sicher bleibt. Es ist die Aufgabe des Menschen und nicht des Pferdes, diese Regeln mit Konsequenz zu verfolgen. Ein Pferd, das von Natur aus Energie sparen und in seiner Komfortzone bleiben möchte, braucht eine klare, eindeutige Vorstellung von dem, was wir wollen. Wenn es »Unarten« entwickelt, haben wir ihm diese beigebracht beziehungsweise nicht konsequent genug ein anderes Verhalten verstärkt. Stimmt die Beziehung zum Pferd, kann Erziehung ganz ohne Aggression oder Gewalt erfolgen. Das Pferd macht die Erfahrung, dass wir es ihm leichter machen und sein Leben entsprechend angenehmer ist, wenn es sich unseren Wünschen entsprechend verhält. Dafür müssen jedoch vier Grundvoraussetzungen erfüllt sein:

- wir wissen genau, was wir vom Pferd wollen
- wir sind in der Lage, auch kleinste Erfolge zu erkennen und zu fördern
- wir kennen geeignete Methoden, um auf jedes Verhalten des Pferdes adäquat zu reagieren
- wir beherrschen das richtige Timing und verknüpfen Handlung und Konsequenz unmittelbar

Die Kehrseite der Medaille kann nämlich sein, dass Pferde durch den fehlerhaften, provisorischen oder verspäteten Einsatz von menschengemachten Verstärkern abstumpfen, stark verunsichert oder im schlimmsten Fall sogar gebrochen werden. Auch Pferde können in eine Depression und schlimmstenfalls in einen Zustand erlernter Hilflosigkeit fallen. Dies geschieht, wenn Reiter ihre Pferde dauerhaft negativ bestrafen, statt sie fördernd zu motivieren. Zu den gängigsten Methoden negativer Bestrafung zählen Aufmerksamkeitsentzug, Tadel mit der Stimme, Unterordnungsübungen wie Rückwärtsrichten oder Weichen und Maßnahmen, die körperlich Stress auslösen (Gerte, Sporen). Die Grenzen zwischen kurzfristiger Motivation und dominanter Machtausübung sind dabei oft fließend.

LERNEN NACH REIFEGRAD

Erfolgreiche Lernvorgänge setzen immer voraus, dass der Lernende die notwendige körperliche und seelische Reife in seiner Entwicklung mitbringt. Dies gilt für junge Menschen in ihrer Persönlichkeitsentwicklung genauso wie für Führungskräfte in Unternehmen und auch für Pferde. Oberste Priorität bei allen Lernprozessen hat immer, dass das Leistungsvermögen des Lernenden realistisch eingeschätzt und nicht überlastet wird. Ist ein Pferd mental noch nicht in der Lage, unseren Erwartungen zu entsprechen, kann dies zu Rückschritten in der Ausbildung führen. Wenn es zwar versteht, was wir von ihm wollen, körperlich aber noch nicht fähig ist, die Anforderung in Leistung umzusetzen, führt dies ebenfalls zu Frustrationen. Wir sollten unser Pferd zu keinem Zeitpunkt überfordern und zunächst nur solche Verhaltensweisen und Abläufe verlangen, die von Natur aus angelegt sind. Bereits vorhandene Anlagen sind individuell abhängig von Rasse, Körperbau, Charakter und Temperament. Neben diesen ererbten Einflüssen hängt die Lernfähigkeit jedes Pferdes auch immer von dessen vorangegangenen Erfahrungen ab. Je früher ein Pferd angemessen gefördert und gefordert wird, desto größer ist die Chance, dass es auch später positive Lernerfahrungen macht. Die Umweltbedingungen eines Jungpferdes, die Reize, denen es schon früh ausgesetzt ist, seine Beschäftigungsmöglichkeiten und die Sozialisation in der Herde sind dabei entscheidend für seine spätere Entwicklung. Gerade in den ersten Jahren geht es für Fohlen darum, ihre

Umgebung kennenzulernen: Sie inspizieren ihren Stall, das Paddock und die Weide mit allen Schattenplätzen, Wasserstellen und Fluchtmöglichkeiten. Bei dieser Erkundung findet sogenanntes »latentes Lernen« statt. Gleichzeitig beobachten die Jungtiere zunächst ihre Mutter, dann andere Artgenossen und ahmen deren Verhalten nach (»Beobachtungslernen«). Alle Verhaltensweisen erlernen Pferde grundsätzlich schneller und nachhaltiger, wenn sie gemeinsam mit erfahrenen Gruppenmitgliedern erlebt werden. Frühkindliche Erfahrungen sind wichtig für den Aufbau einer Ich-Identität, sie ermöglichen eine angemessene Kommunikation mit Artgenossen und einen kompetenten Umgang mit Konfliktsituationen.

GUTE KINDERSTUBE

In dieser »frühfohligen« Phase kann auch der Mensch mit einem liebevollen Kontakt dafür sorgen, dass Pferde natürlich Vertrauen fassen und kleine Aufgaben akzeptieren lernen, die den späteren Umgang erleichtern. Dazu zählen Hufe geben, sich putzen lassen, stillstehen, ein Halfter tragen. All dies sollte jedoch sehr behutsam und im Beisein der Mutterstute geschehen. Es

Die wichtigsten Lernerfahrungen machen Fohlen zunächst bei ihrer Mutter. Wird diese notwendige Prägungsphase gestört oder zu früh beendet, können lebenslange Auffälligkeiten entstehen.

macht keinen Sinn, ein Fohlen zu früh von seiner Mutter zu trennen. Wenn ein zu anspruchsvolles Konditionieren notwendige Prägungsvorgänge verhindert, können Pferde lebenslange Ängste, Verhaltensauffälligkeiten oder sogar Erkrankungen davontragen.

Im Rückblick ist uns bewusst geworden, dass viele positive Eigenschaften, die unser Pferd im Umgang und beim Reiten mitbringt, auf seine »gute Kinderstube« zurückzuführen sind. Wir wissen, wo er geboren und wie er aufgewachsen ist, kennen seine Mutter und seine Geschwister – Carinjo ist sozusagen ein glückliches Bauernhof-Kind. Er war Teil einer Jungpferdeherde, hat früh gelernt, dass weder von Hühnern, Treckern noch Kindern eine Bedrohung ausgeht und die liebevolle Zuwendung der Züchter hat ihn zu einem sehr menschenbezogenen, vertrauensvollen und ausgeglichenen Pferd heranwachsen lassen. Gerade in den langen, eintönigen Monaten seiner Krankheit, in denen er geduldig in der Box stehen und mit uns als Ersatzherde vorliebnehmen musste, hat sich seine Seelenruhe ausgezahlt.

AUF DEN PUNKT GEBRACHT

- Ein Pferd lernt bei allem, was wir mit ihm machen.
- Je früher ein Pferd gefördert und gefordert wird, desto größer ist die Chance, dass es später positive Lernerfahrungen macht.
- Pferde können selbstständig Probleme lösen und innovatives Verhalten entwickeln. Sie beobachten uns, passen sich an und kopieren uns sogar.
- Wenn wir uns als Lehrer fürs Pferd wie eine »menschliche Mutterstute« klar, ruhig und bestimmt verhalten, vermitteln wir ihm Sicherheit.
- Die Reaktion auf bestimmte Schlüssel- oder Signalreize ist abhängig von Faktoren wie Alter, Lebenserfahrung, Sozialisation und Biologie.
- Lernen findet außerhalb der Komfortzone statt – für Mensch wie Tier.
- Erfolgreiche Lernvorgänge setzen immer voraus, dass der Lernende die notwendige körperliche und seelische Entwicklungsreife mitbringt.
- Pferde denken langsam und reagieren schnell. Wenn sie in Panik geraten, kann kein nachhaltiges Lernen erfolgen.
- Das Lernen am Erfolg bezeichnet man als »operante Konditionierung«.
- Positive Verstärkung bildet die Basis für stressfreies Lernen.
- Auch Pferde können in eine Depression und schlimmstenfalls in einen Zustand erlernter Hilflosigkeit fallen.

DIE BEZIEHUNGSBEAUFTRAGTE

Konstanze Krüger hat Tiermedizin studiert und wollte ursprünglich in die Forschung gehen. Statt das geplante Labor für Auto-Immunerkrankungen aufzubauen, wurde sie erst Mutter und eröffnete dann einen Reitstall – »meine Schule des Lebens«, wie sie es beschreibt. Anfang der 2000er, als die Natural-Horsemanship-Bewegung in Deutschland aufkam, kehrte sie in die akademische Welt zurück und widmet sich seit 2006 der Verhaltens- und Kognitionsforschung an der Uni Regensburg. Seit 2012 ist sie an der Hochschule für Wirtschaft und Umwelt in Nürtingen-Geislingen als Professorin für Pferdehaltung tätig und erforscht das soziale Lernen und innovatives Verhalten von Pferden.

➽ **Pferde sind Instinktwesen, aber auch in hohem Maße lernfähig. An wem orientieren sie sich?**

Das wichtigste Vorbild im Leben eines Pferdes ist die Mutterstute. Ihr Einfluss ist ganz entscheidend für die erste Prägung bei einem Fohlen. Sie bringt ihm sozusagen das kleine Einmaleins der Kommunikation und des Sozialverhaltens bei. Danach stellen in der Herde seine Artgenossen wichtige Lehrer und Sparringspartner dar. Pferde kopieren untereinander Verhalten, aber nicht von jedem. Als Vorbilder gelten nur ranghöhere Tiere aus der eigenen sozialen Gruppe. Fremde Pferde werden als Lehrer nicht akzeptiert.

➽ **Welche Rolle spielen wir Menschen in dieser Hierarchie der Vorbilder?**

Das ist eine oft gestellte Frage, denn Pferdebesitzer wünschen sich natürlich, dass ihr Tier sie als wichtige Person wahrnimmt. Wir haben tatsächlich auch festgestellt, dass das Verhalten ihnen bekannter Menschen für Pferde relevant ist. In einem Experiment wurde ein Pferdebesitzer hinter einen Futtereimer platziert. Er blickte allerdings nicht in die Richtung des Pferdes, sondern stand abgewandt und fokussierte einen Gegenstand in der Ferne. Die große Mehrzahl der Pferde hat das Futter nicht beachtet, sondern sie sind zu »ihrem« Menschen gegangen, um zu schauen, wohin dieser blickt. Aus Sicht eines Fluchttiers macht das Verhalten Sinn, denn der Instinkt zur blitzschnellen Flucht ist ausgeprägter als der Impuls zu fressen. Der Versuch funktionierte allerdings nicht mit Menschen, die das Pferd nicht oder nur flüchtig kannte. Das heißt, dass wir in der Pferdeherde nur eine wichtige Position einnehmen können, wenn eine enge Bindung und ein starkes Vertrauensverhältnis bestehen. Pferde schätzen Entscheidungen von Menschen nicht per so als bedeutsam ein – wir müssen uns eine Wertigkeit im Leben unseres Pferdes erarbeiten.

➺ **Können wir bei aller Zuneigung, die wir für unsere Tiere empfinden, jemals den Stellenwert eines Artgenossen erreichen?**

Vermutlich nicht. Ich hatte früher mit meinem Mann einen Reitbetrieb, und als wir unser Angebot von Boxen- auf Gruppenhaltung erweitert haben, mussten einige Besitzer feststellen, dass ab dem Moment, wo die Pferde wieder engen Kontakt mit ihren Artgenossen haben durften, wir Menschen ziemlich uninteressant wurden. Egal wie viele Jahre wir uns aufopferungsvoll um unser Tier kümmern, es verhätscheln und füttern – andere Pferde stehen in der Gunst am Ende höher. Das zu akzeptieren ist eine große Herausforderung an unser Ego. In unserem Betrieb kamen nicht alle Besitzer damit klar, dass ihr Tier ihnen plötzlich nicht mehr entgegenwieherte, sondern sehr happy in der Herde war. Aber das ist seine Natur, dagegen können wir nicht anlieben.

➺ **Wie stark verhalten sich domestizierte Hauspferde noch instinktgetrieben?**

Studien in aller Welt haben gezeigt, dass Pferde sich ihre Instinkte erhalten, egal wie lange sie in Boxen gehalten oder in speziellen Disziplinen ausgebildet und geritten wurden. Bei Wiedereingliederung in eine Gemeinschaft zeigen die allermeisten artgerechtes Sozialverhalten und konzentrieren sich auf die Befriedigung ihrer Grundbedürfnisse: Das ist im Zusammenleben in der Herdenhierarchie vor allem der Kampf ums Futter, um Geschlechtspartner und Raum. Die sozialen Strukturen scheinen bei Pferden besonders tief in den Genen verankert zu sein.

➺ **Wie hat sich das Sozialverhalten im Zuge der Domestizierung verändert?**

Man kann sagen, wir haben Pferde über die Jahrhunderte immer braver gezüchtet, sowohl untereinander als auch im Umgang mit dem

Der Mensch hat das Pferd über Jahrhunderte immer braver gezüchtet. Wildes, ungestümes Verhalten ist heute in den meisten Fällen unerwünscht.

Menschen. Ein Wildpferd mit all seiner Energie, seinem Eigenwillen inklusive aller Widersetzlichkeit hat sich im Laufe der Evolution als nicht nützlich herausgestellt und wurde entsprechend aussortiert. Pferde, die beispielsweise früher von Poststation zu Poststation geritten wurden, mussten für jeden beherrschbar sein. Aufwiegler waren da nicht willkommen und wurden für die Zucht nicht weiter eingesetzt. Heute sind Pferde eindeutig sozial verträglicher.

➻ Man weiß, dass Pferde stark gefühlsbetonte Lebewesen sind. Wie ist es um ihre kognitiven Fähigkeiten bestellt?

Tatsächlich ist davon auszugehen, dass Pferde fast die ganze Bandbreite von Emotionen empfinden, die wir Menschen auch kennen - von Freude über Trauer und Schmerzen bis hin zu Eifersucht. Pferde denken nur weniger kompliziert als wir. Ihr angeborenes Verhalten dient primär ihrem Überleben, der Existenzsicherung und Bedürfnisbefriedigung. Daher gibt es aus der Sicht des Pferdes auch kein falsches Verhalten. Diese Wertung würde verantwortliches Handeln voraussetzen. Dazu ist das Pferd aber nicht in der Lage. Pferde verhalten sich nicht strategisch, sie taktieren auch nicht, sondern leben im Hier und Jetzt und reagieren ganz unmittelbar auf Reize aus ihrer Umwelt. Die komplexen antizipierenden oder analysierenden Denkprozesse, die wir Menschen ständig anstellen, sind Pferden fremd. Wer ihnen Absichten unterstellt, so nach dem Motto »Der weiß doch ganz genau, dass ich das nicht mag, warum macht der das jetzt wieder«, liegt falsch. Das sind Mechanismen der Vermenschlichung.

Tierärztin und Verhaltensforscherin Konstanze Krüger

➻ **Inwiefern zeigen Pferde Eifersucht?**

Wir haben in einer Studie festgestellt, dass gerade Stuten untereinander sehr starke Paarbeziehungen eingehen. In einer Herde verteidigen sie zum Beispiel die favorisierte Fellpflegepartnerin und verjagen andere Stuten von der besten Freundin. Das kann in einen richtigen Zickenkrieg ausarten. Allerdings darf man auch das nicht mit menschlichem Verhalten gleichsetzen – Stuten sind weder »gemein« noch »hinterhältig«, sie planen keine Intrigen oder lästern übereinander. Ihre Reaktion erfolgt unmittelbar und situationsbezogen. Es fehlt zwar noch ein wissenschaftlicher Beweis dafür, dass Pferde auch eifersüchtige Gefühle in Hinblick auf »ihre« Menschen entwickeln, aber viele Pferdebesitzer schildern Situationen, in denen ihr Tier ganz bewusst auf sich aufmerksam macht und sogar andere Menschen oder Tiere von seinem Besitzer vertreibt.

➻ **Inwieweit sind Pferde in der Lage, sich zu erinnern?**

Man kann sagen, dass Pferde extrem konservativ sind. Gerade Eindrücke und Erfahrungen, die sie im jungen Alter machen, manifestieren sich in ihrem Langzeitgedächtnis. Sie können sich sowohl an Menschen erinnern als auch an Bilder aus der Vergangenheit und die damit empfundenen Emotionen. Pferde können zwar Dinge auch wieder verlernen, aber früh festgesetzte Lernerfahrungen sind schwer zu desensibilisieren. Pferde sind totale Gewohnheitstiere, jede Änderung in ihrem gewohnten Umfeld ist für sie potenziell mit Gefahr verbunden. Deswegen halten sie sich bevorzugt an bestimmte Abläufe – Rituale vermitteln ihnen Sicherheit.

➻ **In Ihren jüngsten Studien widmen Sie sich dem »innovativen Verhalten« von Pferden, also ihrer Fähigkeit zur eigenständigen Problemlösung. Was haben Sie dabei herausgefunden?**

Konstanze Krüger betrieb früher selbst einen Reitstall, jetzt nähert sie sich dem Thema Pferd wissenschaftlich.

In einer Versuchsreihe haben wir Pferden einen Futterautomaten in die Box gestellt, dessen Funktionsweise sie selbst verstehen lernen mussten. Ein Viertel der Tiere war in der Lage, den Mechanismus so lange zu bedienen, bis der Futtervorrat vollständig aufgebraucht war. Diese Tiere waren vergleichsweise geduldig, beharrlich und zeichneten sich insgesamt durch eine höhere Aktivität aus. Die überwiegende Mehrheit der Pferde ging dabei nach dem »Trial & Error«-Prinzip vor: Sie haben registriert, dass der Mensch irgendetwas tat, was Futter gebracht hat, und versuchten, das nachzumachen. Nur ein paar wenige haben die Situation genau beobachtet, sich der Apparatur genähert und sie dann auf Anhieb genau richtig bedient. Dieses detaillierte Beobachten und »Reflektieren« ist aber die große Ausnahme bei Pferden.

➻ **Gibt es Pferde mit einem besonders ausgeprägten Forscherdrang?**

Für manche Pferde scheint es tatsächlich primär interessant zu sein, neue Mechanismen zu entschlüsseln. Sie beschäftigen sich intensiv mit schwierigen Aufgabenstellungen, wie zum Beispiel dem Öffnen von Boxentüren. Dabei sind die meisten Pferde, die neue Dinge herausfinden, zielgerichtet innovativ, das heißt, sie sind motiviert, wenn sie ein attraktives Ziel vor Augen haben. Es gibt aber auch ein paar Tüftler, die spielerisch innovativ sind, wie zum Beispiel die »Panzerknacker-Pferde«, denen es gelingt, verschiedene Schlösser zu öffnen.

➻ **Von wem haben sich diese Pferde das abgeschaut – von ihren Artgenossen oder auch vom Menschen?**

Pferden fällt es naturgemäß leichter, sich Verhaltensweisen von Artgenossen abzuschauen, einfach weil die Kommunikation Pferd-Pferd harmonischer abläuft. Menschen übersehen, missinterpretieren oder reagieren nicht schnell genug auf nonverbale Signale und umgekehrt kann das Pferd unsere Gestik nur bedingt nachahmen. Wenn wir ein Schloss mit den Händen öffnen, müssen Pferde dafür ihr Maul benutzen. Manche Tiere in unserer Studie haben versucht, ihre Hufe zu Hilfe zu nehmen, das heißt, sie haben eine Transfer-Denkleistung erbracht. Vieles, was Pferde sich untereinander beibringen, erfolgt ganz beiläufig und spielerisch. Ein junges Pferd orientiert sich an älteren, erfahrenen Herdenmitgliedern, sammelt positive Lernerfahrungen und gewinnt so an Sicherheit und Vertrauen. Wir Menschen können ihnen auch bestimmte Dinge »vorleben«, aber unsere Körper und Gliedmaßen sind dafür nur bedingt geeignet.

➻ **Gibt es »klügere« Pferderassen, wie so oft behauptet wird?**

Dafür gibt es keine wissenschaftlichen Belege. Pferde sind wie Menschen Individuen, die unterschiedliche Persönlichkeiten, Talente, Vorlieben und Begabungen entwickeln. Mit dem Alter kommt ihnen eine gewisse Lebenserfahrung bei der Lösung von Problemen zugute, aber innovatives

Verhalten hat sich als weitestgehend unabhängig von Rasse, Geschlecht und auch Alter herausgestellt. Man findet bei Pferden die ganze Skala der Intelligenz und am Ende nur eine Handvoll Hochbegabte. Was sich allerdings feststellen lässt, ist, dass die Haltungsbedingungen eine Rolle spielen. Dazu haben wir gerade eine Studie veröffentlicht. Da Pferde stets ihre biologische Fitness optimieren wollen, handeln diejenigen, die unter vergleichsweise schlechten Bedingungen leben, eindeutig zielgerichteter. Um zum Beispiel aus einer engen, dunklen Box zu entkommen, entwickeln sie eine höhere Motivation als Pferde, die sich nur beschäftigen wollen. Pferde in artgerechter Haltung agieren meist spielerisch innovativ. Wenn das Leid von Pferden allerdings zu groß ist, entsteht gar keine Motivation mehr, diese Pferde geben sich auf: Man spricht von »learned helplessness« – von erlernter Hilflosigkeit. Auch Pferde können in Depressionen verfallen!

➺ ... an denen dann wir Menschen schuld sind. Was können wir von Pferden lernen?

Für mein Empfinden hat es einen starken therapeutischen Wert, sich einem Pferd nahe zu fühlen und seine Denkweise ein stückweit zu übernehmen. Gerade uns verkopften Menschen tut es gut, etwas mehr in der Gegenwart zu leben, klarer zu kommunizieren und uns in unseren sozialen Beziehungen eindeutiger zu verhalten. Wir könnten etwas von der Ehrlichkeit und Authentizität der Pferde annehmen und versuchen, nicht in jede Situation und jedes Ereignis etwas hineinzuinterpretieren. Einfach annehmen, was jetzt gerade ist! ●

Was uns die Pferde flüstern

Respekt im Umgang, Geduld und Lob, Gelassenheit und Konsequenz – vom Horsemanship als Selbstverständnis für ein friedvolles Miteinander können wir fürs Leben lernen.

Ich weiß noch, wie fasziniert ich von dem Roman »Der Pferdeflüsterer« war. Als das Buch Mitte der Neunziger erschien, hatte ich von seinem Autor, dem britischen Journalisten und Filmemacher Nicolas Evans, noch nie zuvor gehört. 15 Millionen Mal hat sich die Herzschmerzgeschichte weltweit verkauft, wurde in 36 Sprachen übersetzt und hinterließ bemerkenswerte Spuren in der Pferdewelt. Bis heute steht die Hauptfigur Tom Booker, der ein paar Jahre später in der gleichnamigen Hollywood-Verfilmung von Robert Redford verkörpert wurde, sinnbildlich für den modernen »Horseman«, einen Pferde- und Frauenversteher, der durch sein geduldiges Zuhören und Abwarten nicht nur das Vertrauen traumatisierter Vierbeiner gewinnt, sondern auch eine innere Revolution bei den emotional bedürftigen Menschen um ihn herum auslöst. Tom Booker war der Gegenentwurf zu all dem, was ich aus meiner Reitstalljugend kannte: die brüllenden Generäle hinter der Bande, die brutalen Bereiter, unbarmherzige Turnierrichter, grobschlächtige Stallburschen und gefühlskalte Hufschmiede. Durch ihn bekam ich eine Idee davon, was es wirklich braucht, um im Zusammensein mit dem Pferd beziehungsfähig zu werden. Allerdings sah ich damals wenig Möglichkeiten, die revolutionären Ansätze aus Hollywood in meinen norddeutschen Vorstadtalltag zu integrieren. Die Zeit war einfach noch nicht reif für ein neues Pferdemenschen-Selbstverständnis.

Es dauerte 20 Jahre, bis ich den ersten »echten« Horseman meines Lebens kennenlernte. Er saß im Schneidersitz auf der Weide unseres Reitstalls inmitten der Pferde und tat: nichts. Zumindest sah es so aus, denn er saß dort sehr lange und schaute den Pferden beim Grasen zu. Er war einer von ihnen, so schien es, sie nahmen ihn in seine Mitte und gaben ihm Schutz. Später habe ich dann mehr über Nico erfahren, den Mann, der in keines meiner klassischen Reitermuster passte und Tieren auf seine ganz eigene Art begegnete. Im Gegensatz zu mir ist mein heutiger Coachingpartner erst relativ spät in seinem Leben in Kontakt mit Pferden gekommen, die ersten Begegnungen entstanden eher aus der Not heraus: »Ich habe meine Freundin in den Stall begleitet, hatte aber selbst wenig Bezug zu Pferden.

»Horses do speak, but only to those who listen.«

UNBEKANNT

Ihre körperliche Präsenz fand ich zunächst eher furchteinflößend«, erinnert er sich. Die Stute, die den Anfang zu Nicos neuem Leben machte, heißt Loki und galt damals als schwierig: »Nach außen gab sie sich zickig und abweisend, aber in Wahrheit war sie sehr sensibel. Ich habe schnell gemerkt, dass es vor allem auf meine innere Haltung ankommt, um Zugang zu ihr zu bekommen. Was ich Loki entgegenbrachte, bekam ich ungefiltert zurück.« Loki lehrte ihn, präsent, klar und konsequent zu sein. Sie schenkte ihm ihr Vertrauen, er durchbrach ihre Abwehrhaltung mit sanfter Geduld. Noch heute, Jahre später, wiehert sie ihm entgegen, wenn er in ihren Stall kommt. Sie haben einander nicht vergessen. Man sagt ja, »das Pferd sucht dich«, und so war das für Nico mit Loki. Die ständige Wachsamkeit und Alarmbereitschaft der Pferde waren Gefühle, die ihn schon seit frühester Kindheit begleitet haben, erfuhr ich später. In einem Elternhaus, in dem Geborgenheit und Sicherheit fehlten, entwickelte Nico seinen persönlichen »Fight-or-Flight-Modus«: »Bis heute scanne ich ständig mein Umfeld ab, um potenzielle Gefahren einzuschätzen. Wahrscheinlich ist es das, was mich mit Pferden verbindet – ich kann ihre Ängste nachempfinden, aber auch ihre tiefe Sehnsucht nach Ruhe und Frieden.«

Wenn ich Nico heute im Zusammensein mit seinem eigenen Pferd Christello beobachte und sehe, wie schnell es ihm gelingt, auch zu fremden Pferden eine Verbindung herzustellen, bin ich beeindruckt von der Leichtigkeit und spielerischen Natürlichkeit, mit denen er ihnen begegnet. Die Pferde sprechen zu Nico, weil er ihnen zuhört. Und weil er absichtslos Zeit mit ihnen verbringt – in der Box, während sie fressen, schlafen oder auf der Weide um ihn herum grasen. Christello darf nach seiner sportlichen Karriere als hochplatziertes Springpferd heute ein Aussteigerleben auf dem Land führen. Nico und seine Freundin Denise lassen ihr Pferd dort vor allem Pferd sein und genießen die gemeinsamen Stunden als Auszeit von ihrem fordernden Berufsalltag. Horseman Nico lebt einen Gegenentwurf zu dem, was man(n) üblicherweise mit Pferden macht.

Denn auch heute, 25 Jahre nach Erscheinen von Evans' Buch, sorgt die Pferdeflüsterei noch vielfach für hochgezogene Augenbrauen. Den Züchtern mit großen Verkaufsställen und Ausbildern vom alten Schlag muss man mit partnerschaftlichen Beziehungsansätzen nicht kommen. Dort geht es noch immer darum, aus der Fülle des »Zuchtmaterials« potenzielle Sieger herauszufischen. Hochleistungssportler, die man schnell »chic machen« und auf Auktionen gewinnbringend versteigern kann. Diese auf

Alte Liebe rostet nicht: Die Stute Loki, über die Nico erst spät in seinem
Leben Zugang zu Pferden fand, wiehert ihm noch heute von Weitem entgegen.

Exterieur und imposante Gangbilder gezüchteten Wesen sind bedeutende Wertanlagen, die das in sie getätigte Invest möglichst schon als Vier- oder Fünfjährige wieder einbringen sollen. Charakter und Selbstbewusstsein, soweit in diesem Alter schon ausgeprägt, sind da nur insoweit willkommen, wie das noch mit ein paar anständigen Sporen, scharfem Gebiss und starkem Reiterwillen kontrollierbar ist. Viele der jungen Shootingstars sind als Sieben- und Achtjährige schon wieder von den großen Wettkampfbühnen verschwunden – verletzt, überfordert, körperlich und mental verschlissen. Mit welchen Methoden man sie zu ihren Senkrechtstarts gepusht hat, bleibt meist hinter verschlossenen Reithallentüren verborgen. Ich habe allerdings auch wenig Pferdebesitzer kennengelernt, die vor dem Kauf ihres künftigen Sportpferdes explizit danach gefragt haben.

DIE ÄRA DER HORSEMÄNNER

Auf der anderen Seite ist die sogenannte »Natural Horsemanship«-Bewegung, die einen vergleichsweise gewaltfreien Umgang mit Pferden propagiert, seit den 90-Jahren immer weiter gewachsen. Mit ihr hielten neue Trainingsmethoden Einzug in die Roundpens und Longierzirkel der Reitställe und die fielen zunächst durch das etwas exotisch anmutende Cowboy-Equipment auf, bestehend aus Knotenhalftern, langen Führstricken

(»Horsemanstrings« oder »Ropes«) und speziellen Peitschen (»Kommunikations-Sticks«). Aus der bisherigen Bodenarbeit wurden gewissermaßen Bodenspiele, die auf einem Prinzip von Druck und Nachgeben beruhen. Dominanz ist ein Schlüsselwort der Spielregeln: Wer die Alpha-Rolle einnimmt, qualifiziert sich zum Leader. Einer der Pioniere dieser Philosophie ist der Amerikaner Pat Parelli. Seine sogenannten »Seven Games« und die »Join Up«-Methode von Monty Roberts sind die bis heute meistverbreiteten Varianten des Horsemanship. Mittlerweile findet man in der ganzen Welt Trainer, die Seminare geben, wobei viele ihre eigenen Ausrichtungen und speziellen Techniken entwickelt haben (s. S. 124).

Ich habe mich über die Jahre mit zahlreichen dieser Methoden beschäftigt, verschiedene Kurse besucht, Literatur gewälzt, DVDs studiert und vieles gemeinsam mit Nico an seinem und meinem Pferd ausprobiert.

Der mit den Pferden spricht: Nico wird von seinem Holsteiner-Wallach Christello (li.) und dessen Weide-Buddies als Herdenmitglied vollständig akzeptiert.

Um es abzukürzen: Keine der Methoden hat mich am Ende vollständig überzeugt. Nehmen wir als Beispiel das »Join Up« à la Monty Roberts: Bei dieser Herangehensweise soll der Mensch seine Führungskompetenz beweisen, indem er das Pferd in verschiedene Richtungen schickt und bewegt. Als Anführer darf ich damit demonstrieren, dass ich in unserer Mensch-Pferd-Herde das Sagen habe. Durch mein dominantes Auftreten mache ich die Rangordnung klar, mein Pferd soll sich unterordnen und auf bestimmte Hand- und Körperbewegungen reagieren. Je nachdem, ob ich die Hände öffne oder schließe, ob ich den Blick abwende oder dem Pferd direkt in die Augen schaue, ob ich mich zu ihm hinwende oder wegdrehe – meine Körpersprache wird vom Pferd decodiert. Allerdings nicht von allen gleich.

Ich weiß nicht, wie ein junger Mustang auf der Ranch von Monty Roberts in Kalifornien meine Signale gedeutet hätte, ich kann nur sagen, dass mein eigenes Pferd, mit dem ich gerade noch gekuschelt hatte und Seite an Seite spazieren gegangen war, sehr irritiert auf meine Alphatier-Auftritte reagiert hat. Als ich Carinjo als Einstieg zum Join Up einige Schritte rückwärts schicken wollte, kam er vertrauensvoll auf mich zu, stupste mich mit dem Maul an und blickte mich fragend an. Ich hätte ihn gewaltsam vertreiben können, damit er vor mir flüchtet – aber wozu? Unser Beziehungsstatus war längst geklärt, unser Bonding bereits besiegelt. Oder war mein »Pferdisch« einfach nicht gut genug? Womöglich stellte Carinjo mir körpersprachlich Fragen, auf die ich keine konsequenten Antworten gegeben hatte? Ich wollte tiefer einsteigen in unsere Kommunikation und begab mich weiterhin auf die Suche nach neuen Ansätzen.

PFERDISCH FÜR FREAKS

Bei meiner Literaturrecherche stieß ich auf eine Pferdetrainerin und Tiertherapeutin aus Vermont, die mit ihrem »Sprachkurs Pferd« in den USA einen Bestseller geschrieben hat. Sharon Wilsie, die auch ausgebildete Reiki-Meisterin ist und mehrere Programme für pferdegestützte Lerntherapien entwickelt hat, behauptet, Pferdisch zu sprechen sei wie Autofahren: Man brauche zwar seinen ganzen Körper dafür, müsse zunächst viele unterschwellige Dinge interpretieren, aber irgendwann gehe es einem in Fleisch und Blut über. Ich kaufte mir ihre DVD und begann erste Gesprächsversuche mit meinem Pferd, indem ich meinen Körper in eine »O-Stellung« brachte (es sieht aus, als würde man einen großen Ball umarmen), um anschließend in mein »Neutral Null« zu finden. Danach versuchte ich, ein beruhigendes »Wächterschnauben« von mir zu geben, übte noch eine Sequenz »Zitteratem«, um dann den »Fellpflege«-Button zu betätigen (er wird laut Wilsie benutzt, um eine gute Beziehung oder Zuneigung auszudrücken).

Kennst du Horsemanship – und wenn ja, wie viele?

Horsemanship bedeutet wortwörtlich: Pferde-Menschen-Kunst. Es geht dabei um den fairen und kenntnisreichen Umgang mit dem Pferd auf der Basis von gegenseitigem Vertrauen und Respekt. Horsemanship bedeutet zwingend, eine innere Haltung dem Tier gegenüber einzunehmen, die von Verständnis und Konsequenz statt von Gewalt geprägt ist.

Worauf Horsemanship basiert:
- auf Respekt und Höflichkeit anderen Lebewesen gegenüber
- auf Gelassenheit und Konsequenz im Umgang
- auf Geduld und Lob
- auf dem Selbstverständnis, ein Ruhepol für sein Pferd zu sein
- auf dem Wunsch, persönlichen Frieden zu finden

Einer der Urväter des Horsemanship: der Amerikaner Tom Dorrance.

URVÄTER
Als Horsemen der ersten Stunde gelten die inzwischen verstorbenen Amerikaner Ray Hunt und die Brüder Tom und Bill Dorrance. Als Cowboys und Altmeister der altkalifornischen Reitweise haben sie durch das Beobachten von Pferdeherden eine Form des Trainings entwickelt, die mit Druck und dem Nachlassen von Druck arbeitet. Auch Buck Brannaman, der als Vorbild für den Film »Der Pferdeflüsterer« gilt, sowie Paul Diez und der Wegbereiter des Westernreitens in Europa, Jean Claude Dysli, gehören zu den Horsemanship-Begründern.

Ihr Prinzip: In der Pferdeherde gilt das »Wer bewegt wen«-Gesetz. Aufgebaut wird diese Form der Kommunikation unter Pferden durch Körpersprache: Platz schaffen, Grenzen setzen, Individualdistanz halten. Pferde fangen immer mit einer freundlichen Bitte um Raum an und steigern dann den Druck, bis die Botschaft beim Gegenüber angekommen ist. Sobald das andere Pferd weicht, nehmen sie den Druck raus.

Die Botschaft: Wer nachgibt, bekommt seine Ruhe. Pferde als natürliche Energiesparer lieben Ruhe, sie ist etwas Erstrebenswertes, denn nur so können sie Kräfte fürs Fressen, für die Fortpflanzung und die potenzielle Flucht sammeln.

NATURAL HORSEMANSHIP
Dabei handelt es sich um eine Weiterentwicklung des Horsemanship-Ansatzes, der die Führungskompetenz aus dem Prinzip »Pressure and Release« ableitet. Die heutige Bandbreite von Trainern und Methoden, die mit den Mitteln von Druck und Dominanz arbeiten, ist groß und viele prominente Pferdeflüsterer haben ihre eigenen Ausbildungskonzepte daraus entwickelt.

Allen voran Monty Roberts mit seiner bereits vorgestellten »Join Up«-Methode (s. S. 123) und Pat Parelli, der bei seinen »Seven Games« auch den Pferde-Charakter, die sogenannte »Horsenality«, miteinbezieht.

Die Amerikaner reisen seit vielen Jahren mit ihren Showprogrammen um den Globus und haben durch Instructor-Programme dafür gesorgt, dass sich ihre Methoden in aller Welt verbreiten. Eher seltener auf großen Bühnen zu sehen ist Alfonso Aguilar, der mit sogenannten »Druckstufen« arbeitet und seine tierärztlichen Kompetenzen in Anatomie und Verhaltenspsychologie in die Ausbildung miteinfließen lässt. Namhafte deutsche Horsemen und -women sind unter anderem Bernd Hackl, Uwe Weinzierl, Andrea Kutsch und Sophie Graf.

CONNECTED HORSEMANSHIP (»QS – QUANTUM SAVY«)

Diese Natural-Horsemanship-Variante aus Australien kombiniert Bodenarbeit und Liberty-Übungen mit der Arbeit vom Sattel aus. Es wird dabei viel Wert auf artgerechte Kommunikation und ein gutes Verständnis für das Pferd gelegt. Das QS-Programm ist vor allem ein »Menschen-Training«, das uns lehrt, unsere Pferde besser zu verstehen und uns ihnen besser mitzuteilen. Man kann es in verschiedenen Disziplinen anwenden, sowohl in der Dressurarbeit wie auch beim Springen oder Westernreiten.

Pat Parelli: neben Monty Roberts einer der weltweit bekanntesten Horsemanship-Vertreter.

THE GENTLE TOUCH

Peter Kreinberg aus der bayerischen Rhön gilt als renommierter Ausbilder für Pferde und Menschen in Deutschland. Seit über 40 Jahren praktiziert er mit seinem Ausbildungsprogramm Leichtigkeit im Sattel und am Boden und eröffnet seinen Schülern einen Weg zu gefühlvollem und feinem Reiten.

WEG DER HARMONIE – MARK RASHID

Rashid hat durch sein besonderes Training, in dem es um »Softness« zwischen Reiter und Pferd geht, weltweite Berühmtheit erlangt. Neben seinen Kommunikationskursen gibt er auch »Aikido for Horsemen«-Workshops, in denen sein Motto des »Mizu no kokoro« (japanisch für »Geist wie ein stilles Gewässer«) zum Tragen

kommt. Aikido bedeutet übersetzt »Weg der Harmonie«. Für Rashid geht es im Kampfsport wie beim Umgang mit Pferden um inneren Frieden. In den USA gibt er mit dem Pferdetherapeuten Jim Masterson Seminare. 2020 ist die gemeinsame Dokumentation der beiden »A Mind Like Still Water« erschienen.

Pferdeflüsterei: Ich gab beim »Zitteratem« und »Wächterschnauben« wirklich alles, aber Carinjo fand am »Sprachkurs Pferd« wenig Gefallen.

Ich befürchte, das alles sah recht albern aus, aber außer Carinjo hat mich zum Glück niemand dabei beobachtet. Reagiert hat er allerdings auch nicht. Entweder habe ich nicht die richtigen Knöpfe gedrückt oder er beherrscht das amerikanische ABC der Pferdesprache auch nicht. Die von der Autorin viel beschworene »Upsie«-Geste (soll ausdrücken: »ich möchte in deiner Nähe sein«) wollte er jedenfalls partout nicht zeigen. Muss ich mir Sorgen machen, weil mein Pferd das Upsie verweigert?

Ich stieß in der Fachliteratur noch auf andere verwegene Blüten der Pferdeflüsterei, fand Behauptungen wie »Wer beim Putzen unter dem Hals des Pferdes abtaucht, um die Seite zu wechseln, gibt seinen Rang ab« oder die Empfehlung, das »pferdetypische Markieren durch Koten« nachzuahmen. Man solle sich kleine Knoten aus Baumwollstoff formen (am besten aus einem durchgeschwitzten T-Shirt), diese auf die frischen Äppelhaufen seines Pferdes werfen und damit seine Anführerposition unterstreichen … Really?! Ich befürchte, hätte ich das auf unserem Reitplatz probiert, hätte mich meine ansonsten wirklich tolerante Stallgemeinschaft für verrückt erklärt. Großes Uuupsi!

DEEP TALK – AUS PFERDEPERSPEKTIVE

Ich beschloss, mich dem Thema Verständnis und Verständigung von der entgegengesetzten Seite zu nähern, weg von Emotionen oder gar Esoterik, hin zur Wissenschaft und harten Fakten. Schon länger hatte ich interessiert die Entwicklung von Andrea Kutsch verfolgt, einst Musterschülerin von Monty Roberts und Botschafterin seiner Horsemanship-Philosophie in Deutschland. Nachdem die beiden internationale Tourneen bestritten und in großen Arenen ihr Showprogramm präsentiert hatten, geht Andrea Kutsch seit Anfang der 2000er-Jahre eigene Wege. Sie entwickelte mithilfe zahlreicher Studien aus Tiermedizin, Verhaltensforschung und Psychologie eine neue Kommunikations- und Trainingsmethode: EBEC (Evidence-Based Equine Communication) heißt ihr Ansatz einer artgerechten Ausbildung, dem wissenschaftliche Ergebnisse zugrunde liegen. Andrea Kutsch geht es darum, eine »pferdezentrische« Sicht einzunehmen, sprich: unsachliche, vermenschlichende Gedanken und Interpretationen in der Betrachtung von Pferdeverhalten außen vor zu lassen. Und das ist in der Praxis sehr viel weniger leicht, als es sich liest. Das erfahre ich, als ich an einem kalten Winterwochenende gemeinsam mit Nico nach Oldenburg aufbreche, wo Andrea Kutsch auf einem Gestüt eines ihrer raren Präsenz-Seminare abhält.

Nach der Lektüre ihrer Bücher hatte ich zwar eine Ahnung davon, worum es bei ihrer Ausbildungsmethode geht, aber wie genau man mit einem Pferd in den EBEC-Dialog einsteigt, war mir noch nicht klar. Zunächst einmal war ich erleichtert, dass ich hier weder als dominante Leitstute auftreten noch mein Revier durch künstliche Äppel-Knoten markieren musste. »Es ist ein Irrglaube, dass wir den Pferden vormachen können, wir wären ebenfalls Pferde. Egal ob wir uns einen künstlichen Schweif ankleben und damit wedeln, ihnen das Hinterteil zuwenden oder unsere Beine drohend wie Hufe heben – Pferde sind nicht dumm, sie wissen genau, dass wir zu einer anderen Spezies gehören«, erklärt Andrea Kutsch und garniert ihre Ausführungen mit einmalig komischer Stand-up-Comedy à la Karolin Kebekus. Intraspezifische Kommunikation, also die Verständigung unter Artgenossen, sei keine Option für uns, führt sie aus. Wir Menschen müssten einen interspezifischen Dialog führen und deswegen gelte es zuallererst zu verstehen, wie Pferde denken, fühlen und handeln. Und wie sie lernen. Denn das sei der Knackpunkt bei den Horsemanship-Shows von Monty Roberts gewesen, berichtet die 53-Jährige: »Die Effekte, die wir in der unnatürlichen Umgebung eines Roundpens erschufen, basierten nur auf der Tatsache, dass wir die Pferde akut in Stress versetzt haben. Das hatte wenig mit nachhaltigem Lernen zu tun. Vieles, was in den Arenen funktionierte, war von den Besitzern hinterher nicht mehr abrufbar.« Sie habe sich zwar über

Jahre nicht vor Aufträgen von überforderten Besitzern sogenannter Problempferde retten können, aber je mehr kamen, desto größer wurde ihr Frust. Sie wollte schließlich an den Grundlagen guter Ausbildung arbeiten und nicht immer nur die Symptome auftretender Probleme bearbeiten, erklärte sie mir im persönlichen Gespräch. Und gesteht, dass sie vieles, von dem sie in ihrer Zeit als Pferdeflüsterin noch überzeugt war, angesichts der wissenschaftlichen Erkenntnisse revidieren musste (s. Interview, S. 132).

Dass EBEC am besten funktioniert, wenn man möglichst früh damit beginnt, demonstriert Kutsch auf dem Gestüt an jungen Absetzern, die erst vor wenigen Monaten von ihren Müttern getrennt wurden und nun in Jungtierherden zusammenleben. Die Fohlen, die bisher weder regelmäßigen Kontakt zu Menschen hatten noch jemals ein Halfter oder gar einen Sattel tragen mussten, sind nach wenigen Tagen an die Essentials ihres zukünftigen Lebens als Reitpferd gewöhnt: Sie können ruhig am Strick geführt werden, Hufe geben, beim Putzen stillstehen und verschiedene Dinge auf ihrem Rücken (er-)tragen. Ich verlasse das Seminar mit dem Wunsch, mehr über diese spannende Methode zu erfahren und die Learnings des Wochenendes direkt in meinen Alltag beim Pferd zu integrieren. Meine Erkenntnisse, die ich aus der EBEC-Methode mitgenommen habe:

- **Toleranz:** Es ist an der Zeit, sich in der Pferdewelt endlich vom Lagerdenken zu verabschieden – jede Form der Nutzung ist okay, solange sie pferdegerecht erfolgt!
- **Klare Zielsetzung:** Egal ob wir uns einen Sport- oder Freizeitpartner wünschen, wir müssen unsere Erwartungen klar definieren. Nur wer sein Ziel kennt, kann den Weg dorthin ebnen.
- **Analyse:** Für eine erfolgreiche Entwicklung muss ich erkennen, was mein Pferd bereits kann, und aus seinen Reaktionen ableiten, wo ich mit dem Training ansetzen sollte. Jedes nicht instinktive Verhalten kann umkonditioniert werden!
- **Methodik:** »Was habe ich getan und wie ist es mir dabei ergangen?« Nach diesem einfachen Reiz-Reaktions-Muster funktionieren alle Pferde. Wenn ich das von mir gewünschte Verhalten verstärke und das unerwünschte unbequem mache, fördere ich die Bereitschaft des Pferdes zur freiwilligen Zusammenarbeit.
- **Lernmuster:** Lernen ist eine lang anhaltende Verhaltensänderung. Und die basiert auf vielen kleinen Schritten. Nach maximal fünf Versuchen hat ein Pferd verstanden, was ich von ihm will. Wenn nicht, habe ich den falschen Reiz gesetzt.
- **Mindset:** In der Ruhe liegt die Kraft.

PROBLEM MENSCH

Der sechste Punkt ist womöglich für die meisten von uns der wichtigste und gleichzeitig der schwerste: Die beste Methode funktioniert immer nur so gut wie der Mensch, der sie sich zu eigen macht. Ruhe, Geduld, Ausdauer, Frustrationstoleranz, Rücksichtnahme – je länger ich mich mit der Philosophie des Horsemanship beschäftigte, desto bewusster wurde mir, dass ich vor allem an mir selbst arbeiten darf. Diese Erkenntnis ließ mich auch meinen Hollywood-Helden Tom Booker rückblickend noch einmal anders verstehen: »Ich helfe Pferden, die Probleme mit Menschen haben«, heißt es im Film. Er hätte auch sagen können: mit »Problemmenschen«. Die Lösung eines unerwünschten Verhaltens beim Pferd ist in uns zu suchen, nicht im Pferd. Schließlich sind wir es, die ihm Probleme bereiten. Ohne uns hätte das Pferd wenig der Sorgen, die wir uns machen. Sosehr wir uns bemühen, pferdezentrisch zu denken, wir bleiben eben doch Menschen. Wir antizipieren, reflektieren, taktieren – all das, wozu Pferde rein biologisch nicht in der Lage sind. Nach meiner Odyssee der Selbstversuche bin ich zu dem Schluss gekommen, dass es »die eine« Methode, die für jeden Pferdemenschen und sein Tier passt, nicht geben kann. Am Ende kommt es auch nicht darauf an, sich einer speziellen Glaubensrichtung anzuschließen oder ein Programm perfekt anzuwenden, sondern den Kern des Horsemanship-Gedankens zu verinnerlichen. Jenseits von patentierten Techniken darf ich meinen eigenen Weg finden. Wenn ich dabei ehrlich zu meinem Pferd und mir selbst bin, kann auf der Basis gegenseitigen Verständnisses eine vertrauensvolle Verbindung entstehen. Wichtig dabei ist die innere Einstellung, dass nicht das Pferd sich verändern muss, sondern ich, sein Mensch. Wir machen die Vorgaben, das Pferd reagiert. Und fällt die Reaktion nicht wie gewünscht aus, müssen wir unser Verhalten überdenken. Je mehr wir lernen, unsere Pferde zu lesen, desto klarer treten die eigenen Fehler zutage, die zu Problemen in der Kommunikation führen. Fehler sind nichts Schlimmes. Man braucht sich nicht dafür zu schämen, aber man sollte daraus lernen.

Nicht das Pferd muss sich verändern, sondern der Mensch. Wer diese Einstellung verinnerlicht, kann einen gemeinsamen Weg zum Ziel finden.

AUF DEN PUNKT GEBRACHT

- Pferde sprechen zu denen, die ihnen zuhören.
- Horsemanship als Idee eines gewaltfreien Umgangs von Mensch und Pferd wird in Reiterkreisen immer populärer.
- »Pferdisch« zu sprechen wird beim Horsemanship jedoch unterschiedlich interpretiert, eine wissenschaftliche Herangehensweise an interspezifische Kommunikation hat die EBEC-Methode von Andrea Kutsch geliefert.
- Die beste Methode funktioniert nur so gut wie der Mensch, der sie anwendet: Geduld, Ausdauer, Frustrationstoleranz und Rücksichtnahme bilden die Basis jeder Form von Horsemanship.
- Jenseits patentierter Techniken geht es darum, seinen eigenen Weg zum Pferd zu finden. Die Basis bildet dabei gegenseitiges Verständnis und eine vertrauensvolle Verbindung.
- Unsere innere Einstellung sollte sein: Nicht das Pferd muss sich verändern, sondern ich, sein Mensch!

INTERVIEW

DIE SPRACHFORSCHERIN

Sie galt als »die« deutsche Pferdeflüsterin: Andrea Kutsch hat als Meisterschülerin und Botschafterin von Pferdeflüsterer-Legende Monty Roberts unzähligen Besitzern mit ihren Problempferden geholfen. Als im Jahre 2006 verschiedene Studien kontroverse Ergebnisse über die vermeintlich »gewaltfreie« Trainings-idee des Pferdeflüsterns aufzeigten, löste sie sich von der amerikanischen Vorgehensweise und gründete ihre eigene Fachhochschule für Pferdekommunikationswissenschaften, um eine wissenschaftlich fundierte Methode, EBEC (Evidence-Based Equine Communication) zu entwickeln.

➺ Als du dich 1999 von Monty Roberts in Kalifornien hast ausbilden lassen, war Natural Horsemanship etwas Revolutionäres in der Reiterszene. Der Zugang zum Pferd war völlig neu, ja fast mystisch und die Menschen strömten zu Tausenden in große Arenen, um die neue Epoche in der Kommunikation mit Pferden mitzuerleben. Trotzdem hast du dich nach sieben Jahren davon abgewandt und deine eigene Methode entwickelt. Warum?

Die damals neue Art, sich mit Pferden zu verständigen, hatte tatsächlich etwas Faszinierendes. Wir hatten für alle möglichen Arten von Problempferden Lösungen: für die, die bockten, sich nicht reiten oder verladen ließen, oder solche, die durchdrehten, sobald ein Schmied oder Arzt auftauchte. Wir kommunizierten nonverbal mit ihnen, kopierten ihre körperlichen Gesten und dominierten sie anhand des Erziehungssystems, das Pferde untereinander nutzen. Das hat oft funktioniert, aber eben nicht immer. Es gab auch Ausfälle: Pferde, die nach der Show draußen auf dem Parkplatz wieder nicht in den Anhänger stiegen, obwohl es in der Halle zuvor einwandfrei funktionierte, oder die nach kurzer Zeit zu Hause bei den Besitzern wieder in ihr altes Verhaltensmuster zurückfielen.

➦ Die Methode führte also nicht bei allen Pferden zum Erfolg?

Bei vielen schon, aber nicht immer lang anhaltend und verlässlich. Es war undurchsichtig, warum das manchmal passierte und auch warum das, was wir in den Shows mit den Pferden erreichten, manchmal von den Besitzern hinterher nicht abrufbar war. Als viel schmerzlicher empfand ich aber die Tatsache, dass immer mehr Problempferde in meinem Trainingsstall auftauchten mit Besitzern, die händeringend nach Lösungen suchten. Anstelle von Trial & Error wünschte ich mir eine verlässliche Form der Kommunikation, die unabhängig von Alter, Rasse oder Nutzungsart des Pferdes funktioniert. Statt immer neue Probleme korrigieren zu müssen, wollte ich es lieber gleich richtig machen. Ich wollte an die Quelle heran, um Problempferde zu eliminieren. Das war mit dem Pferdeflüstern und dem Natural Horsemanship nicht möglich. Es war ein Ansatz der Korrektur von Problemen und ich wollte die Quelle der Ursache zum problematischen Verhalten finden. Dafür brauchte ich eine fundierte Ursachenforschung.

➦ Wie darf ich mir die Trainingsmethode EBEC mit dem Pferd vorstellen?

Die Pferdeflüsterer agieren selbst wie Pferde, in der Annahme, so von den Tieren verstanden und als Anführer akzeptiert zu werden. Es kann aber keine intraspezifische Kommunikation zwischen zwei so unterschiedlichen Spezies stattfinden. Wir haben ganz andere Körper als Pferde und wir handeln, denken und fühlen auch anders. Pferde bewerten und interpretieren nicht, sie können eine Situation weder antizipieren noch analysieren. Bei EBEC kommunizieren wir interspezifisch, also so, wie es die Natur vorsieht. Wir nehmen eine pferdezentrische Perspektive ein und reagieren auf jedes gezeigte Verhalten unmittelbar und für das Pferd nachvollziehbar. Unsere Nachricht soll so schnell wie möglich vom Pferd verstanden werden, sodass seine Verhaltensantwort unmittelbar erfolgen kann.

➦ Worin unterscheiden sich die heutigen Verhaltensantworten der Pferde von denen, die du damals erlebt hast?

Der größte Unterschied zur Herangehensweise von damals ist die extreme Ruhe, die wir heute mit EBEC im Pferd belassen. Es gibt bei dieser Methode keine Angstantworten mehr. Wir haben herausgefunden, wie das Gehirn des Pferdes Informationen abspeichert. Die Wege vom sensorischen in das Kurzzeit- und dann später in das Langzeitgedächtnis können nur aktiviert werden, wenn der Adrenalin- und Cortisol-Spiegel konstant niedrig bleibt. Nur so kann man eine langfristige Verhaltensänderung erreichen und sie mit Ruhe und Gelassenheit auf alle Nutzungsformen vorbereiten. Als die

Andrea Kutsch leitet heute ihre eigene Akademie zur Vermittlung der EBEC-Trainingsmethode und gibt regelmäßig Präsenz-Seminare.

klassische Reiterei, das Natural Horsemanship und Pferdeflüstern entstand, waren diese Schaltungen unbekannt und das verkraftbare Stressniveau wurde nicht gemessen. So erklärte sich dann auch, warum wir manchmal keine lang anhaltenden Erfolge erzielten. In diesen Fällen sendeten Sender und Empfänger aneinander vorbei.

➤ **Wie kann ich das Verhalten von Pferden in meinem Sinne beeinflussen?**
Indem ich seine Körpersprache dechiffriere. Wir haben über sechs Jahre lang in groß angelegten Studien Pferde beobachtet und ihre Verhaltensweisen schriftlich und grafisch in Ethogrammen definiert. Unzählige Gesten des Kopfes, des Schweifes und anderer Körperteile gaben uns Aufschluss darüber, wann Pferde sich in einem neutralen Zustand befinden und wann ihr Ausdruck sich hin zu Besorgnis, Angst oder gar Panik verändert. Der Blick auf die Ethogramme ermöglicht es, bereits frühzeitig kleinste Veränderungen ablesen zu können, die auf die nächste Bewegung und Geste des Pferdes hinweisen. So können wir auf das Pferd einwirken, bevor es steigt, buckelt und sonstiges unerwünschtes Verhalten zeigt. Das Pferd hat dann keine Veranlassung, das unerwünschte Verhalten zu zeigen, und so ist Konditionierung des erwünschten Verhaltens schnell und effizient möglich.

➤ **Und wie vermittle ich dem Pferd, welches Verhalten erwünscht ist?**
Es geht nichts ohne ein klares Ziel! Das klingt selbstverständlich, wird aber nicht immer konsequent verfolgt. Ich darf als Mensch für das Pferd nie zum unkalkulierbaren Faktor werden, sondern muss berechenbar und verlässlich

sein. Nur wenn es umsetzen kann, was ich von ihm erwarte, wird es sich an meinen Gesten und Signalen orientieren können. Erwünschtes Verhalten wird verstärkt, unerwünschtes Verhalten tritt nicht mehr auf. Bin ich konstant in meinen Zielsetzungen und Konsequenzen, hat das Pferd größtmögliche Erfolgschancen, das erwünschte Verhalten anzubieten. Alle Pferde funktionieren nach dem Prinzip »Was habe ich getan und wie ist es mir dabei ergangen?«. Es braucht nur ein bis drei Wiederholungen, um am Pferdeverhalten abzulesen, ob das Pferd die Message verstanden hat. Der Mensch setzt den Reiz, das Pferd reagiert. Wird das falsche Verhalten gezeigt, liegt der Fehler in der Art der Reizpräsentation.

➜ **Wie lerne ich, die richtigen Reize zu setzen?**

EBEC ist als Methode einfach und schwierig zugleich: Einfach deshalb, weil es im Grunde nur darum geht, die Reiz-Reaktions-Ketten von Pferden zu erkennen und frühzeitig in die gewünschte Richtung zu beeinflussen. Schwierig ist es, weil wir Menschen Situationen selten rein sachlich betrachten, sondern oft etwas in das Pferdeverhalten hineininterpretieren. Gerade weil wir unsere Tiere lieben und sie uns alles Mögliche bedeuten, sind wir emotional befangen. Aber relevant ist nicht die Interpretation aus der Perspektive des Reiters oder Pferdebesitzers, sondern eine faktenbasierte, bewertungsfreie Betrachtung. Dafür braucht es eine kompetente Anleitung. In unseren Kursen lernen die Teilnehmer alles über das Ausdrucksverhalten von Pferden und erkennen, wann es sich in einem Zustand befindet, der noch erträglich ist, und wann aus »besorgniserregend« ein »furchteinflößend« wird. Stress, Angst oder gar Panik gilt es immer zu vermeiden.

➜ **Man braucht also einen EBEC-Fahrlehrer, um ein Pferd unfallfrei bedienen zu können?**

Es braucht etwas Übung und Training, ähnlich wie beim Autofahren. Erst werde ich theoretisch geschult, dann praktisch im Straßenverkehr. Da ist es notwendig, am Anfang einen Fahrlehrer neben sich zu haben, der Eingreifen kann und beim Fahren hilft. Bei EBEC liegt die Schwierigkeit zum einen darin, die Körpersprache des Pferdes lesen zu lernen, zum anderen angemessen auf

Bilden gemeinsam nach der EBEC-Methode Reiter und Reitlehrer aus: Andrea Kutsch (li.) und Annika Dethlefs.

sein angebotenes Verhalten zu reagieren. Ich habe eine ausführliche Literaturrecherche bis zurück ins 15. Jahrhundert angefertigt, um herauszufinden, wie seit jeher Pferdeverhalten belohnt oder bestraft wurde. Wir fanden nur sechs gängige Arten der Bestrafung und vier Formen der Belohnung. Alle Epochen des Pferdetrainings, egal ob im Kontext traditioneller Pferdeberufe oder im Rahmen des Horsemanship, gehen seit Hunderten von Jahren auf dieselbe Weise vor. Es lag auf der Hand, dass wir hier kreativer werden müssen, wenn wir Problempferde eliminieren wollen.

➻ **Was musste verändert werden und warum?**

In meinem Buch »Aus dem Blickwinkel des Pferdes« (s. S. 249) gehe ich ausführlich auf die sechs gängigen Hauptreize der Bestrafung und Belohnung beim Pferdetraining ein. Auffällig bei diesen gängigen Reizen ist, dass die instinktiven, angeborenen Verhaltensweisen des Pferdes kaum Beachtung finden und es sich bei genauer Betrachtung fast ausschließlich um bereits konditionierte Reize handelt. Es sind also erlernte Reize im Sinne der Konditionierung. Dementsprechend handelt es sich nicht um Primärreize, die dem natürlichen Verhalten des Pferdes entsprechen. Zudem erscheinen sie nur aus der menschlichen Perspektive und nur teilweise sinnstiftend. Aus dem Blickwinkel des Pferdes sind sie weniger verständlich, da wir diese Reize im natürlichen Verhalten von Pferden kaum vorfinden.

➻ **Wie stehst du grundsätzlich zum Einsatz von Hilfsmitteln wie Sporen und Gerte? Ist das mit der Idee des wissenschaftlich fundierten Trainings vereinbar?**

Es kommt ganz darauf an, wie die Werkzeuge eingesetzt werden – ob als Signal oder als Bestrafung. Bei der Bestrafung wird das Ziel verfolgt, dass ein unerwünschtes Verhalten nicht mehr angeboten wird. Dafür sind Sporen und Gerte nicht geeignet, da sie als bestrafende Reize nicht stark genug sind. Das erkennt man dann daran, dass sie als bestrafender Reiz wiederholt eingesetzt werden und das erwünschte Verhalten trotzdem nicht anhaltend gezeigt wird. Dann ist es im Sinne der Lerntheorien nicht als Bestrafung erfolgreich. Setze ich es hingegen als stressfreies Signal ein und das Pferd zeigt kein Abwehrverhalten gegen Sporen und Gerte, spricht nichts gegen die Verwendung. Wichtig ist ein fundiertes Wissen rund um die körpersprachlichen Gesten des Pferdes. Das konnten wir durch unsere Ethogramme verständlich zusammenfassen, sodass sich nun jeder Mensch unabhängig von Erfahrungsschatz und Nutzungsform des Pferdes daran orientieren kann, wann ein Pferd Stress oder Unbehagen empfindet.

Pferdekommunikationswissenschaftlerin Andrea Kutsch

Das Pferd lernt am schnellsten, wenn es keinen Stress hat. Wir müssen die Bedingungen unbedingt so erschaffen, dass die Pferde ohne negatives und blockierendes Adrenalin und Cortisol im Blut mit uns trainieren und in der Lage sind, unseren Zielen gerecht zu werden.

➤ **Was wünschst du dir als nächste Epoche der Pferdeausbildung?**

Ich wünsche mir, dass wir durch alle Nutzungsformen des Pferdes hindurch achtsamer werden, wenn Pferde nicht verstehen, was sie für uns tun sollen. Innerhalb weniger Wiederholungen muss sich das erwünschte Verhalten des Pferdes zeigen und sich seine Leistungsbereitschaft steigern. Ist dies nicht der Fall und es kommt zu gefährlichen Situationen für Mensch und Pferd, sollte frühzeitig ein EBEC-Trainer oder EBEC-Instructor zu Rate gezogen werden, bevor sich das Verhalten zunehmend verschlechtert und sich die Trainingssituation von einem anfänglichen Missverständnis in eine Phobie umwandelt. Je mehr Trainer und Ausbilder die EBEC-Methode erlernen und helfen, dass Reiter sie anwenden, desto weniger Problempferde wird es in Zukunft geben. Mehr gesunde, glückliche Pferde zu bekommen, die ein friedvolles Leben an der Seite der Menschen führen können, ohne Angst zu haben und Schaden an Körper und Seele zu nehmen – das war schon immer mein Wunsch. Dank wissenschaftlicher Forschung sind wir dem faktenbasierten Betrachten einer Situation und dem besseren Verständnis für die natürlichen Verhaltensweisen des Pferdes einen entscheidenden Schritt näher gekommen. ●

Gemeinsam wachsen

*Auch wenn wir anders denken und fühlen als Pferde:
Bewältigte Krisen können eine Chance bedeuten – für mehr
Akzeptanz und eine neue, ehrliche Annäherung.*

In der Therapie- und Coachingszene ist seit einigen Jahren das Wort Resilienz in aller Munde. Dieser Begriff geht ursprünglich auf eine besondere physikalische Eigenschaft mancher Materialien zurück: Nach einer starken mechanischen Einwirkung gelingt es ihnen mit der Zeit in den Ausgangszustand zurückzukehren. Man denke an geschmeidige Bambusstämme, die im Sturm nicht abbrechen, sondern sich elastisch mit dem Wind biegen, um alsbald wieder in den Ursprungszustand zurückzukehren.

Sprechen wir über Resilienz bei Menschen, ist damit unsere psychische Widerstandskraft gemeint: die Fähigkeit, Herausforderungen konstruktiv anzunehmen und an Krisen zu wachsen. Nun wächst man nicht an der Krise an sich, sondern an ihrer erfolgreichen Bewältigung. Die jüngste Vergangenheit hat uns gezeigt, was es einer Gesellschaft, aber auch jedem Einzelnen abverlangt, wenn eine Krise zum Dauerzustand wird. Ich bin unendlich dankbar für jede Minute, die ich während der Lockdowns mit meinem Pferd verbringen durfte. Draußen in der freien Natur sein zu können, dieses sanfte Geschöpf um mich zu haben, ein paar Sozialkontakte zwischen Reithalle und Stallgasse pflegen zu dürfen – all das hat mich die Einschränkungen der Pandemie für ein paar Stunden am Tag vergessen lassen. Pferdezeit ist Freiheit, innen wie außen.

Auch wenn sich meine Wirbelsäule leider nach dem Sturz von Carinjo als nicht ganz so elastisch wie ein Bambusstamm herausgestellt hat und ich lange in meiner Beweglichkeit eingeschränkt war, sehe ich den Unfall rückblickend als Ereignis, das meine Resilienz gestärkt hat. Die Monate der Reha, erst meine eigene, dann die unseres Pferdes, waren eine wertvolle Zeit für Reflexion und Selbstüberprüfung. Wenn das Leben die Pause-Taste drückt und es keinen Weg vorbei an der Entschleunigung gibt, öffnet sich ein neuer Raum für persönliches Wachstum. Durch Carinjos und meine Zwangspause fanden wir neu zueinander: intensiver, ehrlicher, auch weniger verklärt. Wir sprachen miteinander, ohne zu sprechen – morgens beim Ausmisten, Heunetz-Stopfen, Putzen und Spazierengehen. Jeden Morgen der gleiche Ablauf, sechs Monate lang. Wenn man sehr viel Zeit miteinander verbringt, entsteht diese selbstverständliche Nähe, diese Vertrautheit, eine stille Übereinkunft. Nach diesem langen Winter spürte ich einen Zusammenhalt, der nichts mehr zu tun hatte mit den Wünschen und Plänen, die ich vielleicht einmal hatte. Ü50 und mit Titangerüst im Rücken? Da werde ich keine allzu großen Sprünge mehr machen können, das ist eine Tatsache. Unserem sogenannten Springpferd mit seinem Fesselträgerschaden geht es womöglich ähnlich. Aber wer kann das schon mit Gewissheit sagen? Was ist heute schon noch »sicher«? Kann überhaupt noch irgendjemand verlässliche Vorhersagen über irgendetwas machen?

»Am Ende wird alles gut! Und wenn es nicht gut ist, ist es noch nicht das Ende.«

OSCAR WILDE

Das Zitat von Oscar Wilde (links) habe ich zu meinem Leitsatz erkoren – nicht nur im Umgang mit unserem Pferd, sondern auch für andere Lebensbereiche. Für mich schwingt darin nicht nur ein Grundoptimismus, sondern auch die Notwendigkeit mit, geduldig zu sein und demütig anzunehmen, was gerade nicht zu ändern ist. Horse-Life-Balance ist vor allem eine Frage der inneren Haltung, das Mindset ist entscheidend. Es ist gut, sich Ziele zu setzen und diese entschlossen zu verfolgen. Aber auf der anderen Seite gilt es, elastisch zu bleiben und den Dingen ihren Lauf zu lassen. Man muss der Zeit eben auch Zeit geben.

RESILIENTER WERDEN MIT PFERD

Zum Glück ist kein Mensch eine Insel und jeder, der sich auf den Weg der Selbstreflexion und persönlichen Entwicklung begibt, kann Unterstützer finden. In unseren pferdegestützten Coachings ermutigen Nico Lee Gogol und ich unsere Teilnehmer, sich selbst besser kennenzulernen und die eigenen Stärken herauszuarbeiten. »Das bin ich, das kann ich und das macht mich erfolgreich!« Wer das mit Überzeugung von sich sagen kann, hat einen festen Stand im Leben. Doch bis dahin gibt es eine Menge innere Stolpersteine, gelernte Glaubenssätze und hinderliche Saboteure zu überwinden. Die viel zitierte Selbstwirksamkeit wird oft erst dann wirklich spürbar, wenn ich tatsächlich etwas bewege – mich selbst und manchmal auch ein 600 Kilo schweres, unbekanntes Wesen an meiner Seite. Die meisten unserer Seminarteilnehmer, egal ob Führungskräfte, Teams oder Privatpersonen, haben meist keine Erfahrung mit Pferden, für sie ist die Umgebung einer Reithalle ungewohnt, die Begegnung mit den großen Tieren respekteinflößend und das Gefühl, mal nicht in »Arbeitsuniform« am Flipchart zu stehen, sondern mit beiden Beinen auf dem Boden, herausfordernd. In der Konfrontation mit

Gemeinsam wachsen

Kennen uns oft besser als wir uns selbst: Pferde erspüren instinktiv unsere inneren Themen. Sie spiegeln unsere Emotionen, bewerten aber nichts.

den Pferden, die sich weder von Äußerlichkeiten noch von der Position oder dem Titel ihres Gegenübers beeindrucken lassen, erleben sie einen wertvollen Perspektivwechsel. Die Pferde nehmen uns Menschen ausschließlich für das wahr, was wir sind, und nicht für das, was wir sagen oder vorgeben zu sein. Instinktiv erspüren sie unsere inneren Themen und helfen, die Antworten auf ungeklärte Fragen in uns selbst zu finden. Alle Gefühle, die wir hegen, auch wenn wir uns selbst bestimmter Gedanken und Emotionen noch gar nicht bewusst sind, werden im Spiegel der Pferde sichtbar.

So manches Mal habe ich mir selbst vor Augen geführt, was ich unseren Coaching-Klienten vermittle: Wenn du dir mit zu viel theoretischem Gedankenballast selbst im Weg stehst – frag einfach dein Pferd! Es gibt dir sehr klare Antworten. Mit seiner Hilfe kannst du nicht nur deine persönliche Resilienz stärken, sondern auch ein besserer Teamplayer, Partner, Chef und nicht zuletzt glücklicherer Mensch werden. Im Umgang mit Pferden ist ständig unsere Entscheidungsstärke und eine gewisse Form von Risikomanagement gefragt. Wir müssen flexibel und situativ agieren und dabei authentisch und überzeugend auftreten. Auf alles, was wir Pferden an Rhetorik und Körpersprache entgegenbringen, bekommen wir von ihnen direktes Feedback. Vor allem »Posing« wird unmittelbar entlarvt – ganz

Die sieben Säulen der Resilienz

Das Leben verläuft nicht immer so, wie wir es uns vorstellen – beruflich, privat und auch nicht beim Pferd. Da Erfolge wie Misserfolge uns ein Leben lang begleiten, ist es wichtig, innere Kraft zu entwickeln, um auch Rückschläge konstruktiv zu verarbeiten. Die psychische Widerstandskraft kann in Resilienz-Workshops trainiert werden, in denen Pferde als Co-Coaches zum Einsatz kommen. Sie unterstützen Menschen in besonderer Weise, die notwendigen Fähigkeiten auszubilden, um in belastenden Situationen seelisch gesund zu bleiben. Man spricht von den »7 Säulen der Resilienz«:

1. OPTIMISMUS
Sich nicht unterkriegen zu lassen und auch in trostlosen Momenten noch etwas Gutes zu sehen wirkt mitunter Wunder, gerade im Umgang mit dem Pferd. Wenn wir grundsätzlich entspannt und positiv an Herausforderungen herangehen und auch in brenzligen Situationen ruhig bleiben, sind Krisen schnell überstanden. Das Pferd spürt unsere Energie und wirkt wie ein Emotionsverstärker.

2. AKZEPTANZ
Den Tatsachen ins Auge zu blicken zählt als zweite Säule der Resilienz. Erst wer das eigene Schicksal oder die persönlichen Defizite akzeptiert, kann Aufgaben erfolgversprechend in Angriff nehmen. Beim Reiten geht es auch um Emotionskontrolle. Mit Ausweichmanövern und menschlicher Projektion verschwenden wir unnötig Energie und Kraft, die wir für konstruktive Lösungen benötigen.

3. LÖSUNGSORIENTIERUNG

Aus dem Optimismus und der Akzeptanz ergibt sich die dritte Säule der Resilienz: die Fokussierung auf mögliche Perspektiven. Anstatt zu fragen »Warum trifft es gerade mich?« oder »Warum scheitere ich?«, sollte die Frage lauten: »Was kann ich tun, um aus dieser Situation möglichst unbeschadet herauszukommen oder es beim nächsten Mal besser zu machen?«. Das Geheimnis ist, eine Haltung anzunehmen, die mich in jeder Situation handlungsfähig bleiben lässt.

4. OPFERROLLE VERLASSEN

Um überzeugend und planvoll agieren zu können, braucht es Vertrauen in die Selbstwirksamkeit. Wer sich als Opfer sieht, fühlt sich ohnmächtig und gerät in die Defensive. Nur wer es schafft, diese Rolle aufzugeben, kann sich der Frage öffnen, welchen Anteil er selbst an der derzeitigen Situation hat. Sich zu bedauern verbaut die Sicht auf den Weg nach vorn und macht jegliche Kommunikation mit dem Pferd unmöglich.

Resilienter werden mit Pferden: Durch sie können wir Akzeptanz, Verbindung und eine klare Zielsetzung erlernen.

5. VERANTWORTUNG ÜBERNEHMEN

Lange mit Schuldgefühlen zu kämpfen oder anderen die Schuld am eigenen Scheitern zu geben ist keine zielführende Strategie. Erst recht nicht, wenn das Gegenüber ein Tier ist, dessen Wohl in unseren Händen liegt. Nur wer realistisch einschätzen lernt, welchen Teil er selbst zu einer Krise, einem Scheitern oder einer Fehleinschätzung beigetragen hat, kann aktiv an der Lösung arbeiten.

6. NETZWERKE AUFBAUEN

Sich anderen Menschen anzuvertrauen und verlässliche Bindungen einzugehen steigert das Selbstwertgefühl und trägt dazu bei, Krisen gelassener zu überstehen. Jemand anderen um Hilfe zu bitten kostet zunächst Überwindung, aber gemeinsam mit Menschen, die einen unterstützen, kann neue innere Stärke erwachsen. Die Verantwortung für ein Pferd mit seinen vielfältigen Bedürfnissen ist in jedem Fall besser auf mehrere Schultern verteilt.

7. ZUKUNFT PLANEN

Resiliente Pferdemenschen denken schon in guten Zeiten darüber nach, was sie tun, wenn kritische Situationen auftreten. Sie planen ihre Zukunft mit dem Tier in positiver Art und Weise, rechnen aber auch mit dem Unvorhersehbaren. Ein vorausblickendes Krisenmanagement hilft, auftretende Probleme leichter zu überwinden.

Leichtigkeit, Losgelassenheit, Freude: Harmonie zwischen Pferd und Reiter kann nur entstehen, wenn wir dem Tier mit Geduld und Empathie begegnen.

wertfrei, aber hundertprozentig ehrlich. Pferde prüfen uns in Sachen Geduld und Stressfähigkeit, aber wenn wir ihnen mit Empathie begegnen, kann eine Menge gemeinsame Motivation entstehen. Probleme mit dem Pferd haben ihren Ursprung, so ungern wir das hören, immer bei uns selbst. In Konfliktsituationen neigen wir reflexhaft dazu, ihr Verhalten zu vermenschlichen, und vergessen, was diese sensiblen Tiere von Natur aus eigentlich wollen: Ein harmonisches und ausgeglichenes Leben, das durch ein soziales Miteinander geprägt ist. Kurzum: Sie wollen Frieden – genau wie wir!

MEIN PFERD, DER COACH

»Pferde denken nie auf die eine Art und handeln auf die andere. Genau das macht sie zu einem unverfälschten Spiegel des Reiters. Wer sich dem öffnet, hat die Möglichkeit, an wirklich tief sitzenden Defiziten wie falschem Ehrgeiz, Egoismus, Überschätzung, mangelndem Selbstbewusstsein, niedriger Frustrationsgrenze, Ängsten und vielem mehr zu arbeiten«, schreibt Autor Michael Fischer, der nicht nur ein erfahrener Profireiter, Trainer und Ausbilder ist, sondern auch diplomierter Sozialpädagoge. Sein Buch »Reiten – leicht und logisch« (s. S. 249) unterscheidet sich von zahlreichen anderen Ratgebern, da Fischer darin nicht nur fachliches Know-how vermittelt, sondern Reitern auch Impulse für die Selbstreflexion gibt: »Da Pferde sich nicht verstellen oder berechnend verhalten, ist für mich die wichtigste Frage immer die nach dem Warum. Es gibt bei Pferden für jedes Verhalten einen Auslöser, eine menschengemachte Ursache. Wer das als Reiter ignoriert, belügt sich selbst.« Seinen coronabedingten Online-Workshop stellte Michael Fischer unter das Motto: »Reiten lernt man zwar durchs Reiten, aber ein solides Hintergrundwissen eröffnet neue Zugänge.« Das hat mich neugierig gemacht.

Ein theorielastiges Webinar ganz ohne Pferde zu einem lebendigen, spannenden Erlebnis zu machen – dafür braucht es dann schon einen mitreißenden Kommunikationsprofi mit besonderem Talent zur Veranschaulichung. Egal ob er typische Sitzfehler per Trockenübung nachstellt, die Rollenklärung zwischen Pferd und Reiter unter Zuhilfenahme der eigenen Ehefrau demonstriert oder irreführende Vokabeln enttarnt, Michael Fischer liefert in seinen Workshops einprägsame Bilder, die ich mir merken konnte und die unmittelbar Sinn für mich ergaben.

Ganz oben auf der Liste meiner persönlichen Lieblings-Unwörter beim Reiten steht »durchtreiben«. Ich weiß nicht, wie oft ich von Trainern schon nebulöse Anweisungen wie »Du musst dein Pferd reell durch die Rippe durchtreiben« zu hören bekommen habe und wie oft ich ratlos zurückblieb. Was genau meint das und wozu ist es gut? Michael Fischer agiert als Reitlehrer anders, als ich es von früher kannte – seine Schüler haben Mitsprache-Recht, nein, Mitsprache-Pflicht! Er stellt ihnen ständig Fragen, unterbricht den Unterricht zur Not auch für ein Zwiegespräch und lässt erst dann weiterreiten, wenn er sicher ist, dass grundlegende Missverständnisse geklärt sind. »Ich weiß, wie oft bestimmte Begriffe an falsche Assoziationen geknüpft sind«, erklärt er. »Durchtreiben wird fast immer mit Druckerhöhen verwechselt. Der Reiter beginnt, mit den Schenkeln zu quetschen oder mit dem ganzen Oberkörper zu schieben. Das ist extrem kontraproduktiv.«

MEIN PFERD – EINE HERDE SCHAFE

In seinem Buch wählt Fischer ein so ungewöhnliches wie eingängiges Bild: Ein Schäfer treibt eine Herde Schafe vor sich her, indem er mit seinem Stock kurze Impulse gibt. Würde er die Tiere von hinten massiv drücken oder schieben, würde die Herde zusammengestaucht und zu einem Haufen aufeinandergestapelt werden. Dieses Bild veranschaulicht, was auch beim Reiten passiert, wenn zu viel Druck gemacht wird: Die gewünschte Bewegung, die das Pferd von hinten nach vorn entwickeln soll, bleibt aus. Es fühlt sich an, als habe es die Handbremse angezogen. Aktivieren wir allerdings

In der Gruppe und im Gelände entwickeln die meisten Pferde mehr Bewegungsfreude, vielen Reitern geht es genauso.

seinen Motor (Pferde haben sozusagen Hinterradantrieb), indem ein kurzer Reiz gesetzt und regelmäßig wiederholt wird, fließt die Energie. Es ist wie bei einem Klatschen mit beiden Händen – ein Geräusch erzeuge ich nur, wenn sich meine Hände abwechselnd aufeinander zu- und voneinander wegbewegen. Wenn ich sie dauerhaft zusammendrücke, passiert: nichts.

Ich begann gleich am nächsten Tag, mir beim Treiben des eher schrittträgen Carinjo die besagte Schafherde vorzustellen, und ließ mein Bein lang und ruhig an seinem Bauch. Statt wie sonst mit Kraft zu pressen, um das Tempo zu erhöhen, gab ich sehr fein und gefühlvoll Impulse: Stupser mit der Wade, Druck weg. Rücken anspannen, wieder loslassen. Kurze Aufforderung mit der Gerte, bei positiver Reaktion sofort Stopp. Und siehe da, mein Pferd war deutlich präsenter und aufmerksamer, als ich es gewohnt war. Auch konzentrierte ich mich darauf, die Energie, die ich hinten erzeugte, vorn auch herauszulassen. #reitenleichtundlogisch! Sein Seminar schloss Michael Fischer mit dem für mich besonders schönen Satz: »Gut zu reiten ist kein Status quo, sondern ein fortwährender Prozess. Es ist wie in einer Beziehung, wo man sich auch jeden Tag neu aufeinander einstellen und dem Partner zuhören muss. Um gut zu reiten, gehe ich jeden Tag zurück zur Basis, egal auf welchem Leistungsniveau wir uns schon befanden.«

LERNEN VON DEN PROFIS

Sein größtes Ziel sei es, eine harmonische Einheit mit dem Pferd zu bilden und zu erspüren, was es gerade braucht, verriet mir Michael Fischer nach dem Seminar im Interview (s. S. 150). Es war schön zu spüren, dass es auch unter Sportreitern und professionellen Ausbildern immer mehr Menschen gibt, denen das Wohl der Pferde am Herzen liegt und die auch jenseits von Parcours und Dressurviereck um den besonderen Wert der Tiere wissen. Pferde als Persönlichkeiten zu erkennen und anzunehmen, gemeinsam mit ihnen zu wachsen und von ihnen zu lernen, darum ging es im Spitzensport jahrzehntelang eher weniger. Zumindest wurde dies nicht öffentlich. Die Weltklasse-Dressurreiterin und Olympia-Siegerin Jessica von Bredow-Werndl hat mit ihrem Buch »Das Glück der Erde – was ich täglich von meinen wunderbaren Pferden lernen darf« (s. S. 249) einen berührenden Einblick in ihre Welt gegeben. Ihr gehe es nicht primär um Erfolge und Auszeichnungen, sondern um die zahlreichen »Lerngeschenke«, die ihr Pferde seit ihrer Kindheit gemacht hätten. Sie schreibt: »Für mich ist ein Leben ohne Pferde kaum vorstellbar. Sie sind meine Lehrer und mein täglicher Spiegel, sie reflektieren meine Stärken und Schwächen und helfen mir dabei, mich als Mensch weiterzuentwickeln.«

Ganz ehrlich, mein Alltag mit Carinjo und der von vermutlich 95 Prozent aller anderen Pferdebesitzer hat mit Jessica von Bredow-Werndls Hochleistungsapparat wenig zu tun. Ihr »Team Aubi« besteht aus

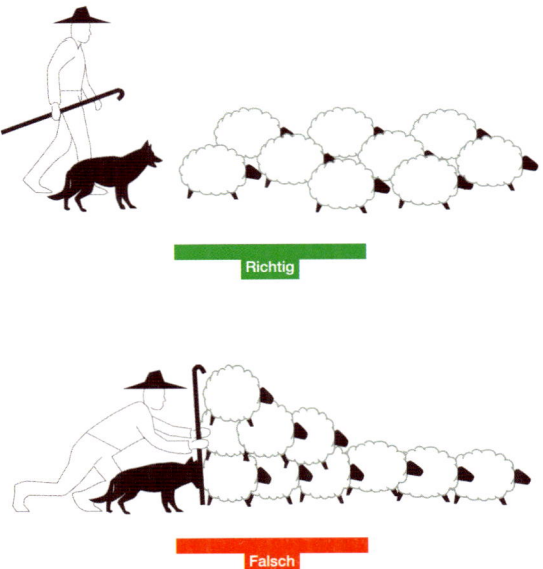

Michael Fischer arbeitet in seinen Reitstunden mit griffigen Bildern – wie das einer Schafherde als Sinnbild für das Thema »Richtig treiben«.

Spaß und Spiel als Abwechslung im Trainingsprogramm steigern die Motivation und Leistungsbereitschaft.

topqualifizierten Bereitern, Therapeuten, Pflegern und Experten für jeden Bereich der Pferdehaltung. Mit banalen Fragestellungen wie »Ist morgen ein Hufschmied im Stall?«, »Kennt jemand einen guten Sattler?«, »Kann ich noch in den Sammeltermin bei der Zahnärztin mit rein?«, »Wann ist der Longierzirkel endlich mal frei?« und zig anderen Alltagssorgen muss sich die 36-jährige Profireiterin sicher nicht befassen. Trotzdem gibt es unabhängig von ihren Möglichkeiten, was Material und Personal angeht, eine Reihe von Grundgedanken, die jeder für seinen Umgang mit dem Pferd mitnehmen beziehungsweise sich immer wieder bewusst machen kann:

- Lob ist keine Unterbrechung, sondern ein wichtiger Teil des Trainings.
- Harmonie entsteht durch Leichtigkeit, Losgelassenheit durch Freude.
- Erziehung funktioniert am besten mit spielerischer Konsequenz.
- Jedes Pferd hat seine eigenen Neigungen und Charaktereigenschaften.
- Anerkennung und ehrliche Wertschätzung sind der Kern von Führung und Teamwork – Tiere brauchen das genauso wie Menschen.
- Jemand, der sich nicht anstrengen mag, ist nicht automatisch faul – vielleicht mangelt es ihm einfach an Selbstvertrauen.
- Viel Abwechslung im Trainingsprogramm oder mal gar kein Training, sondern nur Spaß und Spiel steigert die Leistungsbereitschaft.
- Wer sich Vertrauen wünscht, sollte zunächst seinem Pferd einen Vertrauensvorschuss geben.
- Gefestigte Rituale vermitteln Sicherheit.
- Jeder hat sein eigenes Tempo, um zu zeigen, was in ihm steckt.
- Wenn Pferde Fehler machen, liegt es meist daran, dass sie uns noch nicht richtig verstanden haben – der Fehler befindet sich am anderen Ende des Zügels!
- Wenn du willst, dass dein Pferd dich liebt, verhalte dich liebenswert.
- Um Pferde in die Balance zu bringen, braucht es ausbalancierte Reiter.

AUF DEN PUNKT GEBRACHT

- Anerkennung und ehrliche Wertschätzung sind der Kern von Führung und Teamwork – Tiere brauchen das genauso wie Menschen.
- Horse-Life-Balance ist eine Frage der inneren Haltung.
- Pferdegestützte Coachings ermöglichen einen wertvollen Perspektivwechsel und schärfen den Blick für die eigenen Stärken und Schwächen.
- Pferde denken nie auf die eine Art und handeln auf die andere. Das macht sie zu einem unverfälschten Spiegel des Menschen – ihr Feedback erfolgt wertfrei, aber hundertprozentig ehrlich.
- Gut zu reiten ist kein Status quo, sondern ein fortwährender Prozess.
- Lob ist keine Unterbrechung, sondern ein wichtiger Teil des Trainings.
- Harmonie entsteht durch Leichtigkeit, Losgelassenheit durch Freude.
- Erziehung funktioniert am besten mit spielerischer Konsequenz.
- Einem »faulen« Pferd mangelt es oft nicht an Motivation, sondern an Selbstvertrauen.
- Abwechslung im Trainingsprogramm steigert die Leistungsbereitschaft.
- Wenn Pferde Fehler machen, liegt es meist an uns – der Fehler befindet sich am anderen Ende des Zügels.

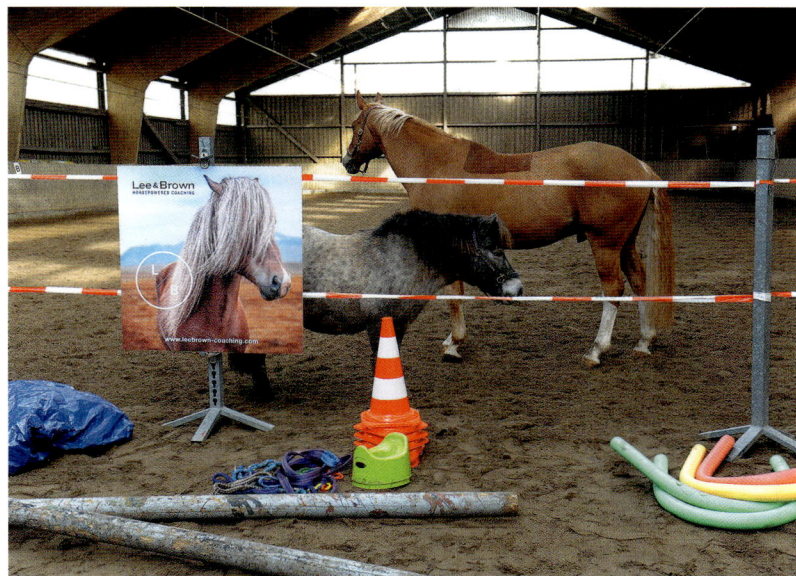

Ehrliches Feedback und wertvolle Impulse für die Persönlichkeitsentwicklung: Pferdegestützte Coachings bieten nachhaltige Erlebnisse.

INTERVIEW

DER PFERDEPÄDAGOGE

Michael Fischer ist seit seiner Kindheit im Springsport zu Hause und arbeitete als Profiausbilder für namhafte internationale Ställe, wie den von Mark Houtzager und Paul Schockemöhle. Parallel trainierte er mit zahlreichen Dressurgrößen, unter anderem dem Oberbereiter der Spanischen Hofreitschule Arthur Kottas-Heldenberg. Michael Fischer ist studierter Soziologe und mehrfacher Buchautor. Zuletzt erschien sein Trainingswerk »Reiten – leicht & logisch«. Seit 2008 betreibt er gemeinsam mit seiner Frau Mercedes Fischer-Busse einen Turnier- und Trainingsstall bei Köln.

➤ **Wie verhalte ich mich meinem Pferd gegenüber wirklich gerecht?**

Zunächst mal muss man verstehen, dass menschengerecht nicht automatisch auch pferdegerecht bedeutet. Um wirklich pferdegerecht zu handeln, braucht es eine Menge Wissen rund ums Pferd und eine ganz klare Haltung: Ich bin der, der ich sein muss für mein Pferd. Ein Lehrer nämlich, der in der Verantwortung steht, seinem Schüler etwas beizubringen. Das Pferd ist der Sportler, ich sein Trainer – diese Rollenverteilung sollte eindeutig sein. Es geht immer um das Pferd, nicht um mich. Ich muss erkennen, was mein Schützling braucht, welche Voraussetzungen er mitbringt, welche Beschränkungen er hat, was seine Möglichkeiten sind und wie ich ihm am besten dabei helfen kann, sich weiterzuentwickeln. Wie ich mich dabei fühle, ist erst mal nebensächlich.

➤ **Ist ein gutes Gefühl denn nicht wichtig, um eine harmonische Einheit mit dem Pferd bilden zu können?**

Eine Einheit bilden Pferd und Reiter nur im Gleichklang, das stimmt. Dabei ist das eigene Gefühl aber kein verlässlicher Indikator. Reitanfänger empfinden es mitunter auch als »leicht« und haben ein »tolles Gefühl«, wenn sie auf dem Pferderücken auf und ab hüpfen. Dass sie dem Pferd damit Unwohl bereiten, ist ihnen weder bewusst noch ist das beabsichtigt. Je mehr man sich mit dem Tier auseinandersetzt und im Sattel geübter wird, desto mehr kann man vermeiden, dem Pferd in den Rücken zu fallen, es aus der Balance zu bringen oder im Maul zu ziehen. Jeder Reiter wird im Training Situationen erleben, die alles andere als bequem für ihn sind. Ich bin selbst schon unzählige Male mit Rückenschmerzen und Verspannungen abgestiegen, wusste aber, dass die Einheit trotzdem richtig und wichtig für mein Pferd war. Mit Gefühl zu reiten heißt zu spüren, wann welche Vorgaben sinnvoll und notwendig sind, damit das Pferd sich gut fühlt. Es geht nicht darum, dass ich es als Reiter schön gemütlich habe. Nur in dieser Reihenfolge kann Harmonie entstehen.

➡ **Wie erreiche ich, dass mein Pferd sich gut fühlt?**
Ich habe bereits von der Rollenverteilung gesprochen, die in der Arbeit mit Pferden wichtig ist. Für mich unterscheidet sich ihre Ausbildung nicht wesentlich von der Erziehung junger Menschen – da kommt vermutlich der Sozialpädagoge in mir durch. Wirklich gut finden Schüler ja meist die Lehrer, vor denen sie Respekt, aber keine Angst haben, die ihnen etwas beibringen, ohne sie zu zwingen oder sie zu überfordern, auf die sie sich in schwierigen Situationen aber verlassen können und bei denen sie wissen, woran sie sind. Bei Pferden ist das genauso. Auch zu ihrer Persönlichkeitsentwicklung gehören Erfolgserlebnisse, viel Ansprache und Verständnis, aber auch eindeutige Führung, Regeln und klar erkennbare Vorgaben und Grenzen. Pferde folgen in ihrem Herdenverband einer klaren Rangordnung und suchen das auch im Verhältnis zu uns Menschen. Als Herdentier will das Pferd geführt werden und Verantwortung abgeben, um maximal Energie zu sparen.

➡ **Nun können wir dem Pferd im Gegensatz zu einem Jugendlichen wenig erklären, zumindest nicht durch Worte. Wie machen wir uns ihm dann verständlich?**
Der wichtigste Schritt, ins pferdegerechte Handeln zu kommen, ist die Rückbesinnung auf die Natur des Pferdes: Der Mensch hat die komplexere Hirnstruktur, also ist es an uns zu verstehen, wie das Pferd denkt, was es wahrnimmt und worauf es in seiner Umwelt reagiert. Ein Pferd hört gut, sieht gut und spürt gut – aber es reflektiert und interpretiert nicht. In der Welt des Pferdes spielen körpersprachliche Signale wie Position, Druck, Impuls und Spannung eine Rolle, aber auch Geräusche, Gerüche und Bewegungen

INTERVIEW

Michael Fischers Selbstverständnis als Reiter: Ich bin der Trainer eines Sportlers, dessen körperliche Bedürfnisse Vorrang haben.

in seinem Umfeld. Pferde haben keine Hintergedanken und sind nicht beeinflusst von Meinungen oder Weltbildern anderer, sie funktionieren ganz anders als wir Menschen. Sie können unsere Vorgaben erkennen, bestenfalls akzeptieren und umsetzen. Aber wir als Trainer müssen die Entscheidungen treffen, die Vorgaben machen, sie einfordern und dann auch zulassen.

➥ In deinem Buch (s. S. 249) skizzierst du das Sinnbild »Kopf des Reiters, Körper des Pferdes«. Nun stehe ich als Trainer meines Sportlers ja aber nicht am Spielfeldrand, sondern sitze auf dem Pferd. Alles, was wir gemeinsam erreichen wollen, ist doch auch ein Teamwork zweier Körper, oder?

Natürlich bin ich als Mensch nicht nur denkende Materie, aber gemeint ist, dass mein Körper eigentlich keine Rolle spielen soll. Er darf den Körper des Pferdes nicht negativ beeinflussen, geschweige denn ihn stützen oder stören. Mein Körper ist eher ein Medium, das Vorgaben transportiert. Das Pferd sollte mein Gewicht irgendwann gar nicht mehr spüren, sondern sich wie bei einem tanzenden Paar nur fein führen lassen. Die angesprochene Aufgabenteilung »Kopf des Reiters« bezieht sich auf die kognitiven Fähigkeiten: Pferde denken nicht analytisch und können entsprechend keine weitsichtigen Entscheidungen für sich treffen. »Oh, mein Rücken ist verspannt und ich habe eine leichte Blockade im Schulterbereich, da sollte ich mich auf der linken Hand heute mal etwas mehr vorwärts-abwärts dehnen …« – das denkt ein Pferd leider nicht. Deshalb muss ich als Reiter in seinem Sinne entscheiden und die Bewegungen einfordern.

➡ **Ein Pferd kann mit Begriffen wie Traversale, Schulterherein oder Zirkel vermutlich auch herzlich wenig anfangen ...?**
Genau! Dem Pferd ist es egal, wie welche Lektionen von uns Menschen bezeichnet werden. Es gibt keine Hilfe, die dem Pferd sagt, »Jetzt bitte Zirkel«. Pferde lernen nicht durch logisches Verstehen, sondern durch das Erkennen verschiedener Vorgaben. Die geforderte Spur beziehungsweise der Kanal muss durch das Zusammenspiel unserer Hilfen für das Pferd verständlich werden. Dafür muss ich als Trainer die Verantwortung übernehmen. Ich muss aber auch lernen, Verantwortung an das Pferd abzugeben, denn die körperliche Umsetzung ist und bleibt seine Aufgabe. Die gewünschten Ergebnisse sind nur als Team zu erreichen, in dem jeder seine Aufgabenbereiche bestmöglich erfüllt.

➡ **Wie kann ich dafür Sorge tragen, dass ich als Trainer meinen Job gut mache? Was muss ich können, bevor ich aufs Pferd steige?**
Bevor ich meine eigenen Bewegungen nicht kontrollieren kann, sollte ich auch nicht auf das Pferd einwirken. Ich kommuniziere mit ihm ja über meinen Sitz, die Schenkeleinwirkung und die Hände – wenn ich dieses Zusammenspiel nicht beherrsche, sende ich fehlerhafte Signale. Erst wenn ich die Bewegungen des Pferdes mitgehen kann, ohne aus der Balance zu kommen, sollte ich ihm Vorgaben machen.

➡ **Aber Reitenlernen bedeutet ja, erst einmal ein Gefühl für Körperkontrolle und Hilfen zu bekommen. Wie gelingt das, wenn nicht durchs Ausprobieren?**
Reiten lernt man am besten durch Reiten, das stimmt. Aber es hilft enorm, sich mit einem guten Theoriewissen an den Start zu begeben und natürlich auch, an der eigenen Fitness zu arbeiten. Wenn ich von meinem Pferd Kondition, Mobilität und Balance erwarte, sollte ich diese Voraussetzungen ebenfalls mitbringen. Ich lasse meine Reitschüler so lange an der Longe, bis sie keinen groben Schaden mehr auf dem Pferd anrichten können. Trotzdem sind die Anfänge natürlich schwer – für beide Seiten.

Kondition, Mobilität, Balance – Fischer entlässt Reitanfänger erst von der Longe, wenn die Basis-Skills stimmen.

➻ **Brauchen Pferde aus ihrer Natur heraus eigentlich Aufgaben oder wären sie genauso glücklich, wenn wir sie einfach nur Pferd sein ließen?**

Ich bin überzeugt davon, dass sich ein Pferd in freier Natur genauso wohl oder unwohl fühlen kann wie in einem Leben als Reitpferd. Wenn ich mich dafür entscheide, ein Pferd auszubilden, es zu trainieren und auf ihm zu reiten, dann sollte es mein oberstes Ziel sein, ihm dafür die bestmöglichen Bedingungen zu schaffen. Natürlich haben Pferde unterschiedliche Charaktere und es liegt nicht in der Natur jedes Pferdes, Aufgaben oder Anforderungen, die ich ihm stelle, auch hochmotiviert umzusetzen. Ich als sein Trainer darf herausfinden, wo das Potenzial und die Möglichkeiten des Tieres liegen, was es von sich aus anbietet und wo man es noch fordern und entwickeln kann. Was ein Pferd tatsächlich braucht, ist das Gefühl, eine Aufgabe zu haben, um sich körperlich und mental weiterzuentwickeln. Es ist zufrieden, wenn es eine Aufgabe bewältigt hat, und fühlt sich wohl, wenn sein Körper gut bewegt wurde. Deswegen gilt es ja, möglichst viele Reiter auszubilden, die pferdegerecht denken und handeln – um das Leben der Pferde angenehmer zu machen.

➻ **Was ist das Wichtigste bei der Ausbildung zum pferdegerechten Menschen?**

Zu verstehen, dass auch für uns Trainer der Lernprozess niemals endet. Ein guter Reiter zu sein bedeutet, seinem Pferd jeden Tag aufs Neue zuzuhören und sich auf das einzustellen, was es braucht. Es hat nichts damit zu tun, einfach schön auf dem Pferd zu sitzen! Gutes Pferdetraining ist das Gegenteil von Posing – wem es wirklich um sein Tier geht, der wird ihm immer nur Aufgaben geben, die seinen physischen und psychischen Möglichkeiten entsprechen. Es muss egal sein, wie der Trainer dabei aussieht, wer gerade zuschaut und wo das Pferd »eigentlich schon sein sollte«. Nur, was jetzt in diesem Moment angemessen und notwendig ist, zählt.

➻ **Wie gehe ich mit Fehlern um, die mein Pferd macht?**

Kein Pferd macht absichtlich etwas falsch, dennoch können ihm natürlich Fehler unterlaufen und es sollte die Möglichkeit bekommen, daraus zu lernen. Die Fehleranalyse ist unsere Sache, der Reiter muss sich die entscheidenden Fragen stellen: War die Vorgabe für das Pferd klar genug zu erkennen? War mein Sitz zulassend genug, hat er das Pferd nicht an der Umsetzung gehindert? War ich konsequent genug? Und habe ich mich für eine Aufgabe entschieden, die das Pferd in der Lage war umzusetzen? Da Pferde konsequent ihren Instinkten folgen, sind sie grundehrliche Lebewesen, die uns eins zu eins spiegeln. Sie fördern alles zutage, was wir Menschen tief in uns verborgen haben. Über sie lerne ich auch meine Reitschüler besser kennen als so manch andere Person, mit der ich über Jahre außerhalb der Pferdewelt zu tun habe. Ich rede von tief sitzenden Charaktermerkmalen wie Frustrationstoleranz, Selbsteinschätzung, Selbstdarstellung, Umgang mit Erwartungen und Wünschen, Verständnis von Erfolg, Angstbewältigung und noch viel mehr, was die Persönlichkeit auszeichnet.

➤ **Du sagst, dass auch du durch deine Pferde mehr über dich selbst gelernt hast als durch jeden anderen Einfluss. Was konkret?**

Ich wäre mit Sicherheit ein schlechterer Mensch ohne meine Pferde: egoistischer, egozentrischer, jähzorniger, ungeduldiger – da fallen mir 1000 Sachen ein. Heute kann ich sehr gut Dinge akzeptieren, das fiel mir früher schwerer. Ich habe gelernt zu unterscheiden, was ich ändern kann und was ich hinnehmen muss. Ich bin nicht mehr so schnell beleidigt oder fühle mich persönlich angegriffen – das gilt auch für den Umgang mit Menschen. Die Pferde haben mich gelehrt, ruhig zu bleiben. Ich habe verstanden, dass es immer darum geht, einen Weg zu finden, in ihrer Natur zu bleiben.

➤ **Welches sind heute deine größten Erfolgsmomente?**

Früher ging es mir wie vielen Profis um Turniererfolge und Schleifen, heute hat meine Definition von Erfolg ein ganz anderes Level erreicht. Wenn ich in den Augen eines Pferdes seine Lebensfreude sehe, seine Motivation, dieses Aufblühen – dann strahle auch ich von innen und bin glücklich. Meine größten Erfolge sind ganz kleine Momente: die Situation, wenn ein Pferd seinen ersten Sprung über ein Hindernis macht, freiwillig, ganz ohne Stress

und Angst; wenn dieser Sprung zu seiner Natur wird und es mit Freude seine Möglichkeiten entdeckt und über sich hinauswächst; wenn es Vertrauen fasst und in der Lage ist, durch mein Training Aufgaben zu bewältigen, die es vorher nicht bewältigen konnte – das sind die wahren Erfolge, denn dann bilden wir eine echte Einheit. ●

Hände in the Mähn!

Tiefes Vertrauen, totale Freiheit und das Gefühl zu fliegen – wer das einmal mit seinem Pferd erlebt hat, wird süchtig danach. Und sehnt sich an Orte, wo so etwas möglich ist.

Wenn ich die Augen schließe und mich an die schönsten Momente mit unserem Pferd erinnere, dann sehe ich uns auf einem Hof in einem kleinen Heidedörfchen, nur eine Autostunde von Hamburg entfernt. Egestorf liegt direkt am Naturschutzgebiet Lüneburger Heide und ist geprägt von historischen Reetdachhäusern, Steinmauern und einer schönen Kirche in der Ortsmitte, die von altem Baumbestand umgeben ist. Etwas abseits gelegen befindet sich der denkmalgeschützte Heinshof, 1540 als Bauernhof errichtet, heute ein Reiterhotel mit sechs Ferienwohnungen – klein, aber fein. Die Anlage sieht aus wie gemalt: Das Herzstück bildet das große reetgedeckte Bauernhaus samt Kopfsteinpflaster-Hof, zur Linken wohnen acht Pferde in einem rustikalen Stallgebäude mit Fachwerk. Ihre Boxenfenster geben den Blick auf einen romantischen Bauerngarten frei, am Rande der weitläufigen Rasenfläche leuchtet ein kleines himmelblaues Holzhäuschen. »Chick-Inn« heißt der ehemalige Hühnerstall, der liebevoll zum Hofladen mit Café umgebaut wurde. Ich weiß nicht, wie viele wilde Partys wir auf den gefühlt drei Quadratmetern des Hühnerhauses schon gefeiert haben, wie oft wir auf den Gartenstühlen davor zusammensaßen, über Pferdefragen gefachsimpelt und unsere Reiterlebnisse miteinander geteilt haben. Es ist so wunderbar egal hier, wie alt du bist, was du hast, kannst oder im sonstigen Leben darstellst. Hier darf ich wieder das Ponymädchen sein, das morgens in T-Shirt, Reithose und alte Boots schlüpft und diese Kluft erst zum Schlafengehen ablegt. Der Tag dazwischen fließt einfach so dahin und füllt sich mit herrlich belanglosen Tätigkeiten: Pferde putzen, Stall fegen, Boxen einstreuen, mit Hofhund Mr. Darcy chillen oder einfach entspannte Zeit auf der Weide bei den Pferden verbringen. Der Heinshof ist mein Sehnsuchtsort. Hier muss ich nichts, darf einfach sein.

Als wir das erste Mal kamen, waren wir in echter Not. Carinjo hatte eine Art Burn-out und sämtliche Lust an dem verloren, was ein Springpferd eigentlich am liebsten tun sollte. Meine Tochter Mia war durch unglückliche Umstände an einen Springlehrer geraten, der mit absonderlichen Methoden versucht hatte, unser Pferd zu »motivieren«. In den Unterrichtsstunden jagte er so lange mit einer Longierpeitsche hinter den beiden her, bis Carinjo nur noch vor den Sprüngen parkte. Der anschließende »Beritt« des Trainers glich einer Vergewaltigung. Mit harter Hand und eiserner Beinzange hebelte er unser damals sechsjähriges Pferd über die Hindernisse, bis es schweißgebadet und zitternd mit den Zähnen knirschte. Wir waren zu diesem Zeitpunkt in Sachen Ausbildung noch unerfahren und der Trainer galt als »kompetent«. Ein Sportpferd sei eben kein Kuscheltier und müsse auch mal an seine Grenze geführt werden, verteidigten auch die selbst ernannten Experten hinter der Bande die drastischen Erziehungsmaßnahmen. Wir zogen trotzdem die Reißleine und begaben uns auf die Suche nach einem anderen Weg.

»Eine unserer größten Freiheiten liegt darin, wie wir auf Dinge reagieren.«

CHARLY MACKESY

Bei meinem ersten Anruf bei Linda Naeve muss ich ziemlich verzweifelt geklungen haben. Eine Bekannte hatte mir von einer international erfolgreichen Springreiterin erzählt, die seit Kurzem auf dem eigenen Hof in der Heide auch externe Reitschüler annahm. Linda sei anders als die anderen Profis, erfuhr ich, etwas Besonderes in der von Männern dominierten Springsportszene. Sie falle nicht nur durch ihr zartes Äußeres auf, sondern auch durch ihre feine, rücksichtsvolle und pferdefreundliche Art zu reiten. Ich rief Linda an, trug unsere Leidensgeschichte in allen Details vor und sie erwiderte, ohne zu zögern: »Das ist doch gar kein Problem. Kommt einfach direkt her!« Wir luden Carinjo auf den Hänger, fuhren in die Heide und hatten fortan unser Herz an Linda und den Heinshof verloren.

MEIN PFERD, DER HELD

Erst seit 1990 gelten Pferde juristisch nicht mehr als »Sache«, sondern als »Mitgeschöpf«, dessen Wohlbefinden durch besondere Gesetze geschützt ist. 1990 war Linda Naeve gerade fünf Jahre alt und kann noch nicht viel über Gesetze gewusst haben. Sie näherte sich den Tieren intuitiv, mit dem Urvertrauen und der Naivität eines Kindes: »Ich spürte, dass ich einem Pferd nur helfen kann, wenn ich sein Vertrauen gewinne«, erinnert sie sich, »ich machte seine Gefühle zu meinen.« Auf der elterlichen Reitanlage in Schleswig-Holstein hatte der Vater – selbst ein erfolgreicher Springreiter und Ausbilder – ihr schon früh die sogenannten »Problempferde« seiner Kunden anvertraut. »Papa setzte mich auf jedes Pferd und erwartete nach fünf Minuten einen Lösungsansatz. Von ihm habe ich gelernt, mich sofort in jedes Pferd hineinzufühlen und zu erspüren, wo sein Problem liegt«, erzählt Linda. Über die Jahre habe sie vielen verschiedenen Pferden zugehört, ihre

Sie überwindet Hindernisse ohne Kraft und körperliche Dominanz: Linda Naeves feiner Reitstil ist unter Springsportprofis eher selten zu finden.

unterschiedlichen Bedürfnisse wahrgenommen und die Informationen, die ihre Körper abgaben, in ihren eigenen Körper aufgenommen. »Ich weiß, das klingt wie esoterischer Hokuspokus«, lacht sie, »aber ich bin felsenfest davon überzeugt, dass man Pferdethemen nur mit Empathie lösen kann.« Ein Pferd über Kraft und körperliche Dominanz zur Zusammenarbeit zu zwingen ist allein schon deshalb keine Option, weil Linda bis heute ein Fliegengewicht ist. Auch das war für das Training unseres Pferdes ein wichtiges Argument: Was nützt es uns, wenn ein 85 Kilo schwerer, 1,90 großer Mann aus Carinjo etwas herauspresst, was Mia und ich nicht nachreiten können? Hinter Lindas Reitstil steckt eine andere Philosophie: Ohne Zwang, ohne Druck und ohne viele Hilfsmittel arbeitet sie mit Pferden stets auf einer Basis von Freiwilligkeit. »Wenn du dem Tier mit Respekt und Verständnis begegnest, kannst du es für dich gewinnen. Es wird für dich kämpfen, und zwar auch dann, wenn es schwierig wird.« In den Wettbewerbsklassen, in denen sich Linda im internationalen Spitzensport bewegt, besteht die Schwierigkeit nicht nur in Hindernishöhen von bis zu 1,60 Meter, es geht auch darum, das seelische Gleichgewicht der Leistungsträger zu erhalten: »Pferde haben eine komplexe Gefühlswelt und eine sensible Psyche. Sie machen nie absichtlich Fehler, deswegen ist es sinnlos, ihnen die Schuld für Misserfolge zu geben. Ich versuche immer dafür zu sorgen, dass mein Pferd

Positive Energie beim Reiten braucht eine gute Basis. Der Beziehungsaufbau beginnt bei der ersten Kontaktaufnahme.

sich wie ein Held fühlt, wenn es den Platz verlässt.« Um gemeinsam etwas erreichen zu können, müssten Pferd und Reiter einen positiven Energiekreis bilden, erklärt sie. Deshalb bittet sie ihre Schüler jeweils vor Beginn des Unterrichts, ihr eigenes Energielevel zu checken: »Pferde können deinen Puls erspüren und die Frequenz deiner Gedanken und Emotionen. Wir Menschen geben die Initialzündung, das Pferd ist unser Resonanzkörper. Wir stehen in einer energetischen Wechselbeziehung.«

SANFT IN DIE TIEFE VORDRINGEN

Was passiert, wenn Reiter in einer negativen mentalen Verfassung aufs Pferd steigen, erlebt Linda Naeve immer wieder, nicht nur bei ihren Kunden, sondern auch bei Kollegen aus dem Profiumfeld. Sie ist überzeugt davon, dass Wut, Aggressionen und jegliche Art körperlicher Kraftmeierei nicht zum Erfolg führen, jedenfalls nicht langfristig: »Wer denkt, er könne sich beim Pferd mit Waffengewalt Zugang verschaffen, sei es im Maul, mit massivem Körpereinsatz oder brachialen Hilfsmitteln, wird das Tier nicht für sich öffnen. Es macht dicht – körperlich-muskulär, aber auch mental. Wenn es dir hingegen gelingt, das Pferd fein einzustellen, öffnest du dir ein Riesentor: Du kannst mit deinen Gedanken, deinen Wünschen, deiner gesamten Energie sanft in den Körper des Pferdes vordringen.«

Für meine Tochter bedeutete der Linda-Ansatz ein völlig neues Mindset beim Springreiten: Hatte sie bis dato von ihrem Trainer stets zu hören bekommen, dass sie vor den Sprüngen »tief und schwer einsitzen« solle, lautete die Devise nun »Mach dich leicht und flieg mit ihm.« Leichtigkeit, positive Energie und Vertrauen – Mia und Carinjo wuchsen bei jedem Training ein Stückchen über sich hinaus und gleichzeitig enger zusammen. Sie bewältigten mit der Kraft positiver Gedanken binnen kürzester Zeit Hindernishöhen, die vorher unvorstellbar waren. »Händs in the Mähn, Arsch in the Air!« – die herzhafte Parole, die Papa Naeve in Lindas Kindheitstagen an seine ausländischen Kunden ausgab, wurde zu unserem Heinshof-Mantra.

Neben der Unbeschwertheit, die in allem mitschwingt, was einem auf dem Heinshof begegnet, verkörpert Linda Naeve als Trainerin für uns noch ein anderes, ganz entscheidendes Gefühl beim Reiten: Angstfreiheit. Es ist essenziell, sowohl Pferd als auch Reiter das gute Gefühl zu vermitteln, in Sicherheit zu sein. Vielleicht wäre mein Sturz von Carinjo glimpflicher verlaufen, wenn mir reflexartig mehr »Händs in the Mähn« gelungen wäre, ich mir ein Büschel Mähne hätte greifen können, um mich besser festzuhalten. Wenn ich heute mit ihm durch den Wald galoppiere, versuche ich bewusst, positive Bilder vor meinem inneren Auge heraufzubeschwören. Ich will nicht, dass die Angst mich packt und unbeweglich macht. Und wenn

Gelassenheitstraining – das hilft gegen die Angst

Unsere Pferde müssen im Alltag mit vielen verschiedenen Dingen klarkommen, die sie potenziell verängstigen: Flatternde Planen auf einem Hänger, bunte Stangen am Boden, klappernde Fahrräder im Wald, hüpfende Bälle und schreiende Kinder sind nur ein paar Beispiele. Dass sie dabei ruhig und gelassen bleiben, wünscht sich jeder Reiter – für ein Fluchttier, das beim Anblick ungewohnter Objekte aber instinktiv in Alarmbereitschaft geht, ist das keine Selbstverständlichkeit. In Gelassenheits- beziehungsweise Anti-Stress-Trainings werden Pferde behutsam an ungewöhnliche Objekte, Geräusche und zum Teil auch Gerüche gewöhnt. Bei allem, was sie lernen sollen, sind Ruhe, Geduld und ein Gefühl von Sicherheit entscheidend – mit Druck oder gar Gewalt nimmt man keinem Pferd die Angst. Wer bei dieser besonderen Form der Bodenarbeit sprichwörtlich auf Augenhöhe mit seinem Pferd geht und es schrittweise an die Herausforderungen gewöhnt, stärkt die Beziehung, indem er sich als verlässlicher Anführer erweist. Der Mensch wird zur Leitfigur, an dem das Pferd sich orientiert. Je mehr ein Pferd der Einschätzung seines Menschen vertraut, desto gelassener wird es in zukünftigen kritischen Situationen reagieren.

Bei allem, was wir mit Ponys oder Pferden unternehmen, ist vorausschauende Vorsicht geboten. Angst ist kein guter Begleiter.

sie doch einmal aufkommt, verhandele ich mit ihr und einige mich in Selbstgesprächen darauf, dass ich mich nicht fürchten muss, aber gewarnt bin. Mut bedeutet ja nicht, niemals Angst zu haben. Mutig ist, wer trotz seiner Angst bereit ist, sich neuen Herausforderungen zu stellen.

DER ALTE AFFE ANGST

Für Pferde macht Angst Sinn. Evolutionsgeschichtlich hat ihre Angstbereitschaft dafür gesorgt, dass sie als Beutetier bis heute überlebt haben. Leider sorgt die Furcht der Pferde vor vielen Dingen und ihr ausgeprägter Fluchtinstinkt dafür, dass auch viele Reiter ständig mit Angstgefühlen kämpfen. Die Kontrolle über 600 Kilogramm Lebewesen zu verlieren, sich zu verletzen, zu versagen, sich vor anderen zu blamieren oder den eigenen Ansprüchen nicht gerecht zu werden kann die gemeinsame Zeit belasten. Dazu kommt die niemals endende Sorge um die Gesundheit des Tieres. Als wir Carinjo nach seiner Verletzungspause zurück aus der Box in den Aktivstall gelassen haben, konnte ich ein paar Nächte schlecht schlafen. Ich hatte Angst um seine Sehnen, Angst vor Tritten, Bissen und Rangordnungskämpfen in der Herde, und als die satte Sommerweide wieder eröffnete, kam die Angst vor einer Kolik oder Hufrehe dazu. Wenn es tagelang regnete, machte ich mir Sorgen um die Bodenbeschaffenheit im Gelände, wenn ich ihn stattdessen in der Bahn ritt, um die Ausgewogenheit seines Trainings. Wenn er gerade mal kein Eisen verloren hatte, nicht zu dick oder dünn war und es keine größeren Wunden zu versorgen gab, hatte ich das Gefühl, etwas übersehen zu haben. Beklommen wartete ich darauf, was als Nächstes kommen würde – war das schon die irrationale Angst vor der Angst?

Für Menschen macht Angst leider nur bedingt Sinn. Um in Gefahrensituationen adäquat reagieren zu können, ist vorausschauende Vorsicht durchaus hilfreich, gerade im Umgang mit Pferden. Wenn die Angst jedoch beginnt uns zu lähmen und sich ein Gefühl der Ohnmacht breitmacht, verlieren wir die Kontrolle über unser Handeln. Wir geraten in eine Spirale immer neuer Befürchtungen, die irgendwann nicht mehr an »vernünftige« Auslöser gebunden ist. Statt Selbstwirksamkeit empfinden wir nur noch Fremdbestimmung. Ängstlichen Menschen steht dabei oft ihr Perfektionismus im Weg. Der Anspruch, alles richtig machen zu wollen, aber damit womöglich zu scheitern, lässt sie an den eigenen Fähigkeiten zweifeln. Wer sich auf seine Ängste fixiert, öffnet dem Unterbewusstsein das Tor in diese Denkrichtung immer weiter. Angst macht unfrei.

Was also können wir tun? Natürlich muss jeder Mensch seinen eigenen Weg im Umgang mit negativen Gefühlen finden. Die Vorgaben und Erwartungshaltungen anderer sind da meist kontraproduktiv. Da Reiten aber eng mit (Ur-)Vertrauen und Loslassenkönnen verbunden ist, hilft es, sich der Angst nicht ungeschützt auszuliefern, sondern ihr mit gezielten Methoden zu begegnen. In unserem Workbook (ab S. 192) findest

Wer ein guter Gefährte sein möchte, sollte auch auf Augenhöhe kommunizieren. Meine Tochter Lou begann ihre Reiterlaufbahn mit dem Führen, Pflegen und schließlich im Sattel von Ponys.

Einmal Pferdemädchen, immer Pferdemädchen: Auf dem Heinshof verbrachte ich mit Leni, Linda und Kai (v.r.) flankiert von Carinjo und Anatol traumhafte Sommertage.

du Entspannungstechniken, Atemübungen und Mentaltrainings-Tools wie Visualisierung, positive Affirmationen und innere Anker. Aktivität ist in jedem Fall ein gutes Mittel, um die Opferrolle zu verlassen und die individuelle Lösung zu finden. Tatkraft löst Verspannungen, baut Adrenalin wirksam ab und hilft dem gesamten Organismus, wieder ins Gleichgewicht zu kommen. Ähnlich wie unsere Pferde brauchen auch wir Menschen eine Balance aus Anspannung und Entspannung, um leistungsfähig zu sein. Angst beim Reiter ist alleine deshalb schon kein guter Begleiter, weil sich das negative Gefühl auf das Pferd überträgt. Als erster Schritt hilft meist schon die Einsicht und Bereitschaft zur Auseinandersetzung mit der Angst, um sich besser zu fühlen. Daraus kann ein neues Selbstbewusstsein für die eigenen Möglichkeiten entstehen:
- Akzeptanz: Ich nehme meine Gefühle und eigenen Grenzen an!
- Abgrenzung: Ich muss nicht die Erwartungen anderer erfüllen!
- Anerkennung: Ich darf auf meine Erfolge stolz sein, auch die kleinen!

Fünf Tipps von Linda Naeve für den angstfreien Umgang mit dem Pferd:
- Nimm den Druck raus, auch dir selbst gegenüber. Bestimme selbst das Tempo, in dem du mit deinem Pferd trainieren und dir die Ziele setzen willst. Es spricht nichts dagegen, klein anzufangen.
- Leichtigkeit entsteht aus Sicherheit – schaffe als Erstes eine solide reiterliche Grundlage. Erst wenn du dir deiner Hilfengebung bewusst bist und das Pferd weder mit dem Sitz, Schenkel noch der Hand blockierst, wird es sich dir auch mental öffnen.
- Bleibe dabei immer beweglich, werde niemals starr. Ein Reiterkörper muss erst den richtigen Weg ins Pferd finden, das braucht Zeit.
- Erlaube dir am Anfang Hilfsmittel – sei es ein Halsring, ein Halteriemen am Sattel oder »Händs in the Mähn«. Alles ist erlaubt, was verhindert, dass du dich am Zügel festhältst und das Pferd im Maul störst.
- Bau Vertrauen jenseits des Sattels auf. Das Wichtigste ist, dass du positiv am Pferd bist und dich mit ihm auf eine gute Weise verbindest. Dann gibt es für euch beide keinen Grund für Angst.

AUF DEN PUNKT GEBRACHT

- Seit 1990 gelten Pferde juristisch nicht mehr als »Sache«, sondern als »Mitgeschöpf«, dessen Wohlbefinden durch Gesetze geschützt ist.
- Wer sich mit massivem Körpereinsatz oder brachialen Hilfsmitteln Zugang zum Pferd verschafft, bewirkt damit das Gegenteil: Es macht körperlich-muskulär, aber auch mental dicht.
- Wer Vertrauen jenseits des Sattels aufbaut und sich positiv mit seinem Pferd verbindet, wird einen guten gemeinsamen Weg finden.
- Für einen unbeschwerten Umgang mit dem Pferd braucht es ein fundiertes Basiswissen. Leichtigkeit entsteht aus Sicherheit.
- Instrumente wie ein Halsring oder Halteriemen sind für Anfänger im Sattel probate Hilfsmittel. Alles ist erlaubt, was verhindert, dass man das Pferd im Maul stört oder gar verletzt.
- Evolutionsgeschichtlich hat die Aufmerksamkeit der Pferde ihr Überleben als Beutetier gesichert. Gerade ihr ausgeprägter Fluchtinstinkt löst bei vielen Reitern Angstgefühle aus.
- Entspannungstechniken, Atemübungen und Mentaltrainings-Tools können helfen, mit Angst umzugehen. Wichtig dabei ist, die eigene Situation zu akzeptieren, aber auch Grenzen zu setzen und sich selbst anzuerkennen.

Das Beste zum Schluss: Balance

Wie können wir bessere Pferdemenschen werden? Indem wir an uns selbst arbeiten! Loslassen, hinterfragen, neu denken – gut, wenn man für all das starke Helfer findet ...

Ein afrikanisches Sprichwort besagt, dass es ein ganzes Dorf braucht, um ein Kind aufzuziehen. Für mein Gefühl verhält es sich mit Pferden nicht anders. Wenn ich auf das vergangene Jahr mit Carinjo zurückblicke, unseren langen Weg zu einem »New Normal«, dann war diese Krise am Ende unsere große Chance. Eine Chance umzudenken, den Blick zu weiten und ein neues Bewusstsein zu entwickeln – für ihn und für mich selbst.

In diesem Kapitel soll es um Menschen gehen, die mir dabei geholfen haben. Sie stehen stellvertretend für viele weitere Wegbegleiter, von denen ich gelernt und die mich unterstützt haben. Sie sind sozusagen zu den Bewohnern meines Dorfes geworden. Dank ihnen bin ich heute in der Lage, mein Pferd und alles, was mich mit ihm verbindet, mit anderen Augen zu sehen.

LOSLASSEN LERNEN
Beim Reiten bedeutete Balance für mich lange ein eher theoretisches Konstrukt: das körperliche Gleichgewicht, das mein Pferd braucht, um Takt, Losgelassenheit, Anlehnung und daraus Schub- und Tragkraft zu entwickeln. So beschreibt es die Skala der Pferdeausbildung, festgelegt durch die Deutsche Reiterliche Vereinigung. Dass Balance zwingend ein Zusammenspiel aus physischer und psychischer Durchlässigkeit bedeutet, und zwar gleichermaßen für den Reiter wie sein Pferd, ist mir erst viel später aufgegangen. Irgendwann fragte ich mich, warum das Zusammenspiel aus Softness und Stabilität zu Hause auf der Yogamatte ganz selbstverständlich für mich geworden ist, warum ich dort leicht, präsent und fokussiert sein kann, mir das beim Reiten aber auch nach 40 Jahren noch schwerfällt. Im Sattel ertappe ich mich immer wieder dabei, wie ich in anstrengenden Momenten die Luft anhalte und starr werde, obwohl ich eigentlich weiß, wie wichtig eine ruhige fließende Atmung ist. Beim Yoga lernt man, durch bewusstes Atmen gezielt in einzelne Körperregionen hineinzuspüren und diese zu entspannen. Je mehr wir uns trauen loszulassen, desto mehr werden wir von unten getragen. Das gilt auch fürs Reiten. Je weniger Druck

wir machen, desto weniger Widerstand kommt vom Pferd. Ein ganzes Stück weiter auf diesem Weg hat mich Daniela Kämmerer gebracht, eine »Horsewoman«, die Yoga für Reiter unterrichtet und Menschen bei ihren Verhaltens-, Trainings- oder Beziehungsproblemen mit dem Pferd berät. Dank Daniela kann ich heute den Punkt zwischen »zu viel« und »nicht genug« beim Reiten zunehmend feiner ausjustieren und habe mein »Monkey Mind« besser im Griff. Ein guter Pferdemensch bringt Ruhe, Gelassenheit und Geduld mit. Wie man diese innere Haltung mithilfe von Yoga, Meditation und Mentaltraining selbstständig entwickeln kann, haben wir mit Danielas Unterstützung im Workbook (s. S. 224) festgehalten.

»Der Schlüssel zum Glück steckt von innen.«

BERND ENGEL

DANIELA KÄMMERER

ist Pferde-Menschen-Coach, Ausbilderin, Yogalehrerin und Autorin. Sie unterstützt Menschen dabei, echte Partner für ihre Pferde zu werden (www.danielakaemmerer.de). Hier beschreibt sie, worin für sie persönlich die größten Herausforderungen im Umgang mit Pferden liegen:

»Im Hier und Jetzt sein – das sagt sich immer so leicht. Im Stall fällt auch mir das manchmal schwer. Denn es ist ja nicht damit getan, mit den Gedanken am selben Ort zu sein wie mit dem Körper. Sondern auch in der gleichen Zeitzone, im selben Moment. Auch wenn sich Dutzende andere Gedanken in den Vordergrund drängen: Was ich heute mit meinem Pferd tun möchte, was gestern war, wie viel Zeit ich noch bis zum nächsten Termin habe. Oder wie unsere Leistung war, was es zu verbessern gibt. Oder, ganz schlimm, was andere denken. Wenn ich nicht aufpasse, kann ich mich jederzeit und hoffnungslos in ihnen verlieren und den Bezug zum Augenblick verlieren. Neulich beim Ausritt gab es einen Moment, wo meine Stute plötzlich stehen geblieben ist. Sie hat nicht gescheut, sondern stand einfach nur da, ganz entspannt. Oft habe ich in solchen Momenten den Impuls, die Situation aufzulösen, sie anzutreiben, wir haben ja schließlich ein Ziel! An diesem Tag konnte ich mich ohne Gegenwehr auf ihre Idee einlassen und einfach den Augenblick mit ihr gemeinsam genießen. Ich blickte in die Bäume und dachte: nichts. Dieses plötzliche Loslassen jeglicher Zielsetzungen, die Verbindung, die darüber im Moment entstand, das war ein tolles, tiefes Gefühl. Eigentlich war es fast mehr ein Erinnern: Das ist der Weg.

Auf der Yogamatte fällt mir diese Form von Bewusstheit leicht. Wenn ich mit meinen Schülern ›Yoga für Pferdemenschen‹ praktiziere, üben wir, die Brücke zu schlagen und auch die Zeit beim Pferd wie Yoga zu

Daniela Kämmerer coacht Menschen mit Pferden und zeigt ihnen, wie sie mit Yoga und Achtsamkeit bessere Partner für ihr Tier werden können.

betrachten. Es geht darum, dass wir uns dort genauso verhalten wie auf der Matte – genauso atemfokussiert, präsent, achtsam und klar in der Intention und Körperausrichtung. Dadurch fängst du irgendwann an, Dinge bewusster zu tun, zum Beispiel, dein Pferd und seine Reaktionen schon bei der Begrüßung und beim Putzen bewusst wahrzunehmen oder aus dem Bauch heraus zu entscheiden, was ihr zusammen machen wollt. Vieles erledigen wir im Alltag ja mechanisch, sind im Autopilot unterwegs. Bei den Pferden haben wir die Chance, ehrlich zu sein und uns dabei selbst näher zu kommen.

Die Suche nach Verbindung und Erdung ist für viele Menschen ein wichtiger Grund, warum sie die Nähe von Pferden suchen. In dem Moment, wo sie im Reitstall oder auf dem Bauernhof ankommen, sind sie der normalen Welt ein bisschen entrückt. Die Pferde tragen allein durch ihr Da-Sein zu unserer Entspannung bei. Trotzdem fällt es uns auch in ihrer Gesellschaft schwer, die Ansprüche, das Tempo und das Leistungsdenken, das uns in vielen anderen Lebensbereichen begleitet, abzulegen. Ich komme immer mehr zu der Erkenntnis, dass das Mindset der wichtigste Hebel auf dem Weg zu einem besseren Horsemanship ist. Und mit Horsemanship meine ich keine Trainingsform, sondern einen guten Umgang mit dem Pferd. Dabei ist unsere Präsenz das wichtigste Mittel, um uns wirklich mit ihnen zu verbinden und

Verbindung und Präsenz – mittels gezielter Atem- und Meditationstechniken verhilft Daniela Kämmerer Reitern zu einer guten Balance aus Kraft und Losgelassenheit.

Missverständnissen, Problemen und Frustrationen vorzubeugen. Wenn wir mit den Gedanken woanders sind oder ständig um falsche Glaubenssätze herumkreisen, fehlt die entscheidende Komponente im Zusammensein.

Am schwersten dabei ist das Loslassen, weil es dem, was wir im Außen erleben, so sehr entgegenspricht. Wir alle sollen ja immer mehr tragen und ertragen, müssen produktiv sein, effizient und multitasking-fähig. Den ganzen Tag verbringen wir atemlos mit unzähligen Gedanken und dann sitzen wir plötzlich auf 600 Kilo wildem Tier und sollen im Gleichgewicht sein? Gar nicht so einfach! Kontrollverlust macht Angst und nicht locker. Beim Reiten wie beim Yoga geht es darum, körperliche Spannung sehr bewusst aufzubauen, in einzelnen Regionen, nicht überall gleichzeitig. Wo braucht es Kraft und wo darf ich nachlassen? Wo gebe ich vor, wo schwinge ich mit? Und wie setze ich meine Atmung unterstützend ein? Oft komme ich meinem Ziel gerade beim Ausatmen einen großen Schritt näher. In diese innere Balance zu kommen, gerade auch mental, ist eine große Herausforderung. Ich begegne ihr gern mit einem Mantra, das ich auf der Yogamatte manifestiert habe und das ich auch mit in den Stall zu meinem Pferd nehme. Es lautet: Es darf mir guttun! Meine Stute ist dabei die beste Lehrerin, die mich immer wieder daran erinnert, was das ist. Wenn ich hochfahre, wird sie extralangsam. Sie lässt sich von meiner Anspannung nicht anstecken, sondern bleibt stoisch ruhig. Auch wenn ich mich dann manchmal über sie wundere, merke ich, dass sie das gesunde Gegengewicht zu meiner inneren Unruhe bildet. Sie kennt den Weg zu diesem ›Hier und Jetzt‹, und wenn ich gut zuhöre, führt sie mich hin.«

SICH IM SPIEGEL DES PFERDES SELBST ERKENNEN

Wenn wir von unseren Pferden erwarten, das Beste aus sich herauszuholen, sollten wir diese Ansprüche nicht auch an uns selbst stellen? Wie können wir als Team wachsen, wenn wir uns unserer Stärken und Schwächen nicht bewusst sind? Pferde sind die besten Lehrer, die wir uns wünschen können – vorausgesetzt, wir öffnen uns ihnen. Wer eine vertrauensvolle Partnerschaft mit dem Pferd eingeht, der kann sprichwörtlich auf eine Wellenlänge mit ihm kommen. Die zweite Frau, die mir wertvolle Erkenntnisse und Impulse für eine neue Horse-Life-Balance gegeben hat, heißt Kerstin Staupendahl. Durch sie und Anabel Schröder haben mein Co-Autor Nico und ich gelernt, wie wertvoll Pferde als Mitarbeiter sind. Mit der Ausbildung bei »horsesense®«, dem Ausbildungs-Netzwerk pferdegestützter Coaches, wurde der Grundstein für unser Unternehmen Lee & Brown gelegt. Kerstin ist seitdem Kollegin, Vertraute und konstruktive Sparringspartnerin:

KERSTIN STAUPENDAHL

empowert mit ihren Mentalprogrammen Menschen in ihr volles Potenzial (www.kerstin-staupendahl.de). Für das Bewusstmachen von limitierenden Denk-, Gefühls- und Verhaltensmustern nutzt sie eine Herde spanischer Mustangs. Wie genau das funktioniert, erklärt sie hier:

»Das Unsichtbare sichtbar machen – darum geht es bei pferdegestützten Coachings. In der Begegnung mit diesen besonderen Tieren liegt eine große Lernchance für uns: Sie helfen uns, Dinge herauszufinden, zu denen wir sonst keinen Zugang haben. Das können Emotionen sein, tief verankerte Verhaltensmuster oder negative Glaubenssätze. Pferde bringen uns raus aus dem Kopf, hinein in den Bauch. Mit unserem rational-kognitiven Denken können sie nämlich wenig anfangen, bei ihnen geht es ausschließlich ums Fühlen. Und genau diese Fühlebene, das intuitive Bauch-

Kerstin Staupendahl im stillen Dialog mit einem ihrer Mustangs – sie helfen ihr, Unsichtbares sichtbar zu machen.

gefühl, das in unserem leistungs- und ergebnisorientierten Alltag kaum noch abgerufen wird, liefert uns die größten Erkenntnisse. Was selbst Reiter und erfahrene Pferdemenschen dabei oft vergessen: Der Umgang mit dem Tier hat nichts mit Tools und Techniken zu tun. Eine gute Beziehung zum Pferd ist völlig unabhängig von der Reitweise und nur dann möglich, wenn ich mir als Mensch meiner selbst bewusst bin. Was geht in mir vor? Wie fühle ich mich? Was blockiert mich? Wo sind Limitierungen? Wo liegen Stolpersteinchen? Erst wenn ich mich ehrlich und selbstkritisch reflektiere, bin ich in der Lage, meinem Pferd offen gegenüberzutreten und auch problematische Themen anzugehen. Üblicherweise wird da ja die Ursache eher beim Pferd gesucht – es ist noch nicht gut genug ausgebildet, braucht noch irgendein Spezial-Equipment oder anderweitig Unterstützung bei seiner Entwicklung. Wir versuchen, die Themen sachlich zu lösen, und vernachlässigen dabei, dass Pferde nur auf der emotionalen Ebene zugänglich sind.

Wenn ich mir also Harmonie wünsche und eine Einheit mit meinem Tier bilden möchte, komme ich nicht umhin, mich kritisch mit mir selbst auseinanderzusetzen. Diese Selbstreflexion erfordert Mut, denn wir alle haben Schattenseiten, die wir am liebsten verbergen würden. Uns ist vieles unangenehm, wir schämen uns für Dinge, verleugnen und verdrängen sie, weil wir uns unperfekt fühlen. Pferde spüren das und reagieren genau auf diese Unstimmigkeiten. Aus der Neurowissenschaft ist bekannt, dass Pferde in der Lage sind, uns auf feinststofflicher Ebene wahrzunehmen. Sie sehen, hören und riechen uns nicht nur, sondern erspüren auch unseren Muskeltonus, Herzrhythmus und unsere Atemfrequenz. Wir können ihnen also nichts vormachen. Müssen wir auch nicht, denn sie verzeihen alles. Pferde geben uns jeden Tag eine neue Chance, egal wie viele Fehler wir machen. Am Ende folgt das Zusammensein mit ihnen einer ganz simplen Gleichung: All das, was ich an Wertschätzung, Respekt und Liebe in die Beziehung hineingebe, bekomme ich zurück. Das hat etwas mit Resonanz zu tun.

Spannend finde ich dabei die Tatsache, dass eine Synchronisation von Hirnfrequenzen zwischen Mensch und Pferd möglich ist. Je enger und vertrauensvoller das Verhältnis, desto leichter kommen wir auf eine Wellenlänge. Pferde sind üblicherweise im Alphawellen-Modus unterwegs, ein Zustand, den wir nur in extrem entspannten Momenten erleben, zum Beispiel bei der Meditation oder kurz vor dem Einschlafen. Im Alltag, wenn wir wach und konzentriert sind, senden wir Beta-Wellen aus, eine Frequenz, die bei Pferden gemessen wird, die Stress haben oder fluchtbereit sind. Über Atemtechniken, Yoga und Mentalcoaching können wir lernen, uns herunterzudimmen und unseren Pferden mit ruhigerem Puls zu begegnen. Je öfter man diese Techniken praktiziert, desto leichter fällt das. Ich

Was wir von Pferden lernen können: ein gutes Energiemanagement, bestehend aus Aktivität, aber immer auch innerer Gelassenheit.

Bei ihr haben wir das pferdegestützte Coaching erlernt: Kerstin Staupendahl, Gründerin von »horsesense®«.

bin von Haus aus ein eher ungeduldiger, hochenergetischer Mensch und habe lernen müssen, zwei Gänge runterzuschalten, bevor ich mich meinen Pferde zumuten kann. Dabei nutze ich auch Hypnose als Trance-Technik, um innere Veränderungen zu erreichen. Durch die Trance erreiche ich das Unterbewusstsein, die Bereiche, wo unsere Emotionsspeicher sitzen. Wenn es gelingt, tief sitzende persönliche Blockaden und Limitierungen aufzulösen, sozusagen meine ›chronifizierten‹ Themen, kann ich mein volles Potenzial ausschöpfen – auch im Zusammensein mit dem Pferd. Mein persönlicher Schlüssel liegt dabei im ›langsamer, bewusster, achtsamer‹ – ich investiere jeden Morgen mindestens eine Stunde für Me-Time: Meditation, Selbst-Hypnose, Yoga, Atmung – je nachdem, was ich gerade brauche. Die restlichen Stunden des Tages bin ich dann wacher, fokussierter und effektiver. Es ist vor allem die Gelassenheit, an der wir alle noch viel arbeiten dürfen – da sind uns Pferde meilenweit voraus!«

GANZHEITLICH DENKEN

Wer sich für sein Pferd den idealen Platz zum Leben wünscht, muss mitunter lange suchen. Mein Kollege Nico hat diesen idealen Platz in Dithmarschen nahe der Nordsee gefunden, auf dem Hof einer Monty-Roberts-Schülerin. Sophie Graf bietet hier sämtliche Dienstleistungen an einem Ort, nach denen man sonst mühevoll suchen muss: Körpertherapie, Beritt, Sattelberatung und professionelle Hufbehandlungen. Die 13 Pferde, die bei ihr individuell trainiert oder auch in Reha-Phasen intensiv betreut werden, erleben eine glückliche Auszeit auf dem Land – eine Art Medical Spa für gestresste Reittiere. Carinjo hat nicht nur von Sophies Osteopathie-Anwendungen profitiert, sie half uns auch mit einer Blutegeltherapie und machte mich mit der Doppellongen-Technik vertraut, die sich als ideale Form der Bodenarbeit für uns herausgestellt hat. Die Übungen, die Sophie für unser Workbook (s. S. 244) zusammengestellt hat, sind so einfach und effektiv, dass wirklich jeder sie mit seinem Pferd ausprobieren kann. Carinjo liebt mittlerweile sein Pferde-Yoga!

SOPHIE GRAF

bietet in ihrem Trainingscenter an der Nordsee Problempferdetherapie, Osteopathie, Ausbildung, Beritt und zahlreiche weitere Dienstleistungen rund ums Pferd (www.sophie-graf.de). So geht sie dabei vor:

»Wenn ich in meinem Trainings- und Therapiezentrum ein sogenanntes Problempferd aufnehme, begebe ich mich immer erst einmal auf die Suche nach dem **Warum** des Problems. Egal ob ein Pferd Bewegungseinschränkungen hat, es Verhaltensauffälligkeiten zeigt oder widersetzlich im Umgang oder beim Reiten ist, ich bekämpfe nicht die Symptome, sondern forsche zuallererst an der Basis: Wie sehen die Hufe aus? Sind die Zähne in Ordnung? Passt der Sattel? Und was ist in den einzelnen Partien seines Körpers eigentlich los? Während meiner Ausbildung bei Monty Roberts in Kalifornien habe ich viel über gewaltfreie Kommunikation mit Pferden gelernt, aber auch verstanden, dass man ein

Sophie Graf nimmt als Trainerin und Tiertherapeutin bewusst den Blickwinkel der Pferde ein und schafft es, damit gerade vermeintlichen »Problempferden« zu helfen.

»Für mich gibt es nichts Traurigeres als Menschen, die Angst vor ihrem eigenen Pferd haben«, sagt Sophie Graf.

umfassendes Wissen über ihre Anatomie und Physiologie braucht, um wirklich helfen zu können. Die Zusammenhänge im Pferdekörper sind komplex und ihr Nervensystem und das Gehirn funktionieren anders als bei uns Menschen. Nach meiner Rückkehr aus den USA wurde mir klar, dass wir global vor Herausforderungen stehen: Gerade Sportpferde werden bei uns oft schon in einem Alter in Prüfungen geschickt, in dem sie den Anforderungen weder körperlich noch mental gewachsen sind. Während sie selbst noch damit zu tun haben, in ihrem Körper anzukommen, zu zahnen oder mit dem ersten Hormonschub fertig zu werden, sollen sie bereits (oft schlecht sitzende) Sättel tragen und ohne lange Vorbereitung als Reitpferd und zum Teil als Turnierpferd funktionieren. Manche schaffen das ohne bleibende Schäden, aber viele dieser Pferde fallen später durch massive Bewegungsrestriktionen auf. Einige haben chronische Verletzungen, die von zu früher Überlastung herrühren, andere haben den Dienst quittiert, weil die Aufgaben sie psychisch überfordert haben.

Ich habe mich über die Jahre in Physiotherapie und Osteopathie ausbilden lassen, biete Kinesiotaping, Massagen, Blutegelbehandlungen sowie verschiedene naturheilkundliche Therapieformen an, um auch Pferde, die durch Unfälle, Stürze oder chronische Erkrankungen traumatisiert sind, bestmöglich versorgen zu können. Dabei werde ich von einem Team aus Sattelexperten, Hufspezialisten und verschiedenen Tierärzten sowie Pferdedentisten unterstützt. Mein Ziel ist es, jedem Pferd individuell und ganzheitlich zu helfen. Dazu gehört auch, ihre Besitzer für die Gründe des Leistungsabfalls oder der Rittigkeitsprobleme zu sensibilisieren. Viele Probleme entstehen durch falsches Training oder mangelhafte Bewegung, aber auch die Art der Haltung ist entscheidend: Pferde sind Lauftiere, die Kontakt zu Artgenossen brauchen. Heute dürfen die meisten Pferde nicht mehr Pferd sein, gerade diejenigen, die im hohen Sport starten, werden isoliert – ›wegen der Verletzungsgefahr‹. Dabei hatte ich schon Patienten, die aus 24-Stunden-Boxenhaltung mit einem Fesselträgerschäden kamen.

Man darf nicht vergessen, dass bei Pferden auch eine stabile Psyche ganz elementar für eine langfristige Gesunderhaltung ist. Bei mir dürfen die Pferde ganzjährig draußen spielen, toben und ihren natürlichen Bedürfnissen nachgehen. Das meiste können sie sehr gut allein und unter sich regeln, der Mensch muss nicht in alles eingreifen. Neun von zehn Problemen, die Pferde haben, sind menschengemacht. Ich habe Pferde, die regelmäßig zu mir ›auf Kur‹ kommen und die erste Woche komplett durchschlafen. Wenn man es in einen Stall mit 80 anderen Pferden stellt, in dem es keine Ruhezeiten gibt und wo ständig Trubel herrscht, darf man sich nicht darüber wundern, dass das Pferd gestresst ist oder keine Motivation mehr beim Reiten zeigt. Manchmal fließen Tränen, wenn ich Pferdebesitzern Wahrheiten sage, die sie nicht hören möchten. Aber am Ende geht es immer darum, beiden Seiten zu helfen – den Tieren und ihren Menschen. Dabei würde ich mir wünschen, dass Letztere statt ›Das haben wir schon immer so gemacht‹ öfter mal sagen würden: ›Ich bin bereit umzudenken und die Dinge künftig anders anzugehen.‹ Aber dafür ist es wichtig, auch sich selbst kritisch infrage zu stellen. Wer nicht lernt, auf vermeintliche Nebensächlichkeiten zu achten, wird seinem Pferd nicht gerecht. Wenn es beim Reiten ständig mit dem Schweif schlägt, beim Satteln die Ohren anlegt oder versucht, mich zu beißen, ist klar, dass irgendetwas nicht stimmt.

Es ist das genaue Hinschauen, das ich mir wünschen würde, und der Mut, sich Hilfe zu holen, wenn man unsicher ist. Daran ist wirklich nichts Ehrenrühriges – genauso wenig wie an der Erkenntnis, dass man als Pferde-Menschen-Paar vielleicht nicht zusammenpasst. Manche Besitzer kaufen sich ihr Tier aus einer romantischen Vorstellung heraus oder kommen per Zufall zu einem Pferd, über dessen rassetypische Eigenschaften sie nichts wissen. Ich empfehle jedem, sich gründlich Gedanken über seine persönlichen Ziele zu machen, sich zu fragen, ob man einen entspannten

Freizeitpartner sucht oder sportliche Ambitionen hat. Für mich gibt es nichts Traurigeres als Menschen, die Angst vor ihrem eigenen Pferd haben. Deshalb versuche ich immer, ein gutes Team aus beiden zu machen, indem ich gezielte Trainings- und Übungspläne für die Zeit nach dem Aufenthalt bei mir erarbeite. Wer trotzdem keinen Zugang zu seinem Tier findet oder sich nicht in der Lage sieht, es angemessen zu führen und auszubilden, dem helfe ich auch, es in gute Hände weiterzuvermitteln. Kein Pferd ist von Natur aus böse. Kein Pferd will uns schaden. Pferde beschäftigen sich gerne mit uns, sind kooperativ – vorausgesetzt, wir behandeln sie fair.«

DEM PFERD GUTES TUN
Der letzte Wegbegleiter, den ich an dieser Stelle vorstellen möchte – sozusagen der Dorfälteste meiner Berater – ist der Vielseitigkeitsreiter Walter Saxe. Auf der Suche nach einer Beschäftigung für die Jahre nach seiner aktiven Zeit im Sattel, stieß der 66-Jährige vor acht Jahren auf die Methode des Amerikaners Jim Masterson. Mit feinsten Berührungen werden dabei Verspannungen lokalisiert und gelöst, indem die Tiere lernen, proaktiv loszulassen. Es handelt sich dabei um eine besonders sanfte und extrem wirkungsvolle Form der Massage, die sich bei Carinjos Reha als hilfreiche Zusatztherapie herausgestellt hat. Gerade bei Pferden, die Schmerzen lange verstecken und kompensieren, schafft diese Form der Körperarbeit einen Zugang zu tief sitzenden Verspannungen und Restriktionen. Masterson ist eine Wellness-Behandlung mit nachhaltigem Effekt, die sich auch positiv auf den Menschen auswirkt! Wenn man lernt, seinem Pferd mit Respekt und Gleichmut zu begegnen, ermöglicht man damit ganz neue Zugänge. Wunderbare Einblicke in diese besondere Form der Pferd-Mensch-Kommunikation gibt übrigens die Dokumentation »A Mind Like Still Water« über Jim Masterson und den amerikanischen Horseman Mark Rashid.

WALTER SAXE
bildet als einer von zwei deutschen MMCP-Instruktoren (Masterson Method Certified Practitioner) Reiter und Pferdemenschen in der Masterson-Methode aus (www.mastersonmethod.de). Wie diese Form der Körperarbeit nicht nur muskuläre Probleme löst, sondern auch die Psyche des Pferdes entspannt, erläutert er hier:

»Manchmal spüre ich sie, die kritischen Blicke der Bereiter und Trainer, wenn sie mich bei meiner Arbeit beobachten. ›Was soll das sein, was du da machst Walter‹, fragen manche verwundert, ›ist das so ein Hokuspokus mit Handauflegen?‹ Die können sich einfach nicht vorstellen, dass man am Pferdekörper etwas bewirken kann, ohne Kraft anzuwenden.

Dabei liegt genau darin das Erfolgsgeheimnis der Masterson-Methode: Sie ist unendlich leicht und gleichzeitig sehr effektiv. Ich sehe mich nicht als Heiler, sondern eher als Handwerker, denn man kann mit Masterson kein krankes Pferd kurieren, wohl aber ein gesundes beweglicher machen. Mit dem Lösen von Verspannungen kommt mancher Stein wieder ins Rollen und tief sitzende Restriktionen lösen sich auf.

Mit Esoterik hat das nichts zu tun, sondern mit neurologischen Reaktionen. Dem Pferdetherapeuten Jim Masterson, der die Methode vor fast 25 Jahren in den USA entwickelt hat, ging es vor allem darum, die sportliche Leistungsfähigkeit der Pferde zu steigern. Er fügte Elemente aus verschiedenen Techniken wie Massage, Chiropraktik, Osteopathie sowie der chinesischen Medizin zu einer integrierten Form der Körperarbeit zusammen. Wir erhöhen den Bewegungsspielraum ›in an relaxed state‹, sagt Jim immer. Das ist der Punkt, an dem wir beginnen, das Schmerzgedächtnis

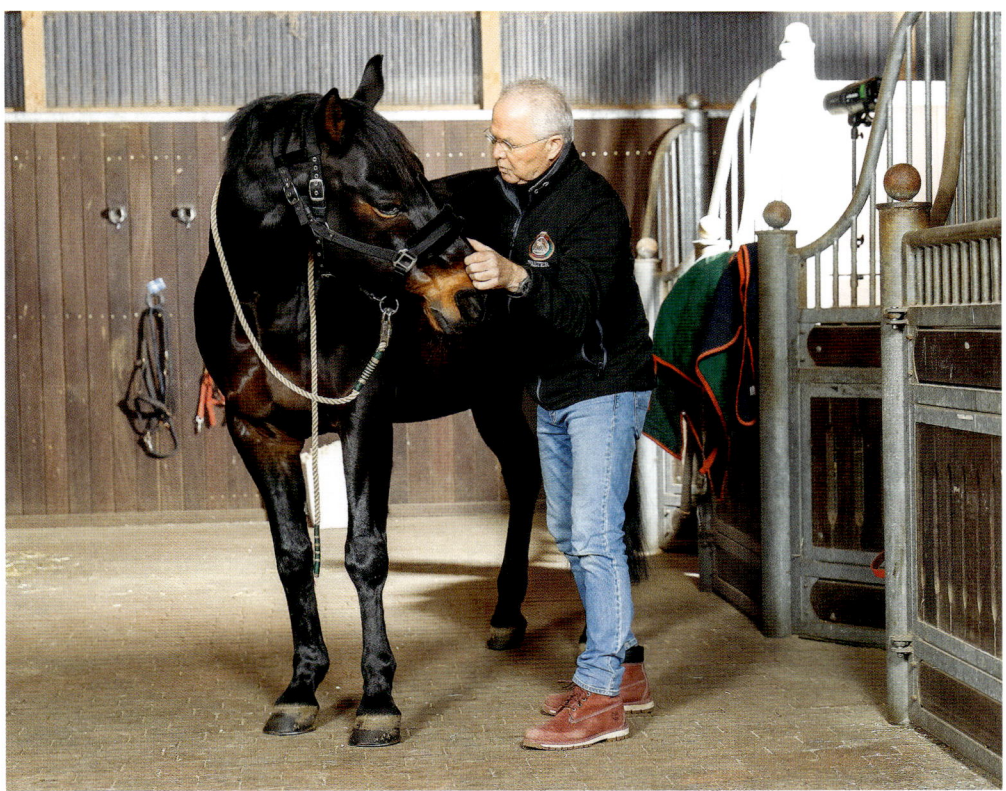

Früher Sportreiter, heute Pferdeversteher: Walter Saxe löst mit der Masterson-Methode nicht nur körperliche Verspannungen, sondern ermöglicht auch eine sanfte Form der Kommunikation.

Schön, wenn der Druck nachlässt: Körperliche Restriktionen lösen sich beim Pferd erst, wenn es vollständig entspannt.

umzuprogrammieren. Wenn ein Pferd wieder in der Lage ist, Bewegungen auszuführen, die lange nicht möglich waren, weil die Muskulatur und die durch sie beeinflussten Gelenke ihren vollen Bewegungsrahmen wiedergewinnen.

Den entscheidenden Unterschied zu anderen Methoden macht die Vorgehensweise: Masterson beruht auf einer intensiven Kommunikation und der aktiven Beteiligung des Pferdes an diesem Prozess. Es geht darum, dem Pferd aufmerksam zuzuhören, es zu beobachten und sensibel auf alles zu reagieren, was es an körpersprachlichen Antworten auf die Berührungen zeigt. Die leichteste Form heißt ›Air Gap‹ und ist wirklich nicht mehr als ein Handauflegen mit Luftzwischenraum. Die meisten Therapeuten gucken während der Behandlung auf ihre eigenen Hände oder auf einzelne Körperteile des Tieres, ich achte auf jede kleinste Reaktion: ein Lippenzucken, ein Augenblinzeln, ein kurzes Drehen des Ohres oder die minimale Bewegung der Haut. Wenn ich die Stelle gefunden habe, an der ein Reiz ausgelöst wird, gehe ich aber nicht muskulär in die Tiefe, sondern bleibe beständig unter der Widerstandsgrenze des Pferdes. Verspannt es sich, nehme ich den Druck zurück und werde augenblicklich leichter. Dieser Moment ist der alles entscheidende: Die Pferde bemerken genau, wenn der Druck aufhört. Für sie ist es das Zeichen, in den Parasymphatikus-Modus umzuschalten, also in eine tiefe Entspannung. Indem wir auf ihre Bedürfnisse Rücksicht nehmen und respektvoll mit ihrem Körper umgehen, vertrauen sie sich uns an und lassen los. Für mich ist das wie ein intensives zweistündiges Gespräch – ich schaue dem Pferd in die Augen, fühle mich hinein, respektiere aber auch Grenzen.

Wir dürfen nicht vergessen, dass die Pferde uns ja nicht gebeten haben, sie zu behandeln. Die haben nicht angerufen und einen Termin beim Therapeuten gemacht. Da kommt ein fremder Mann und fasst sie an. Meist, ohne sich vorzustellen, einfach zack rein in die Box und los geht's. Wenn der öfter kommt, wissen die schon: Das kann jetzt wehtun, und machen sich am ganzen Körper fest. Ich wähle einen anderen Weg: Die Behandlung beginnt für mich bereits mit der Begrüßung. Ich dränge mich nicht einfach auf, sondern frage freundlich an, ob es okay ist, dass ich mich nähere. Das ist eine Frage des Respekts. Und gleichzeitig mein Schlüssel zum Erfolg. Denn wenn das Pferd spürt, dass ich ihm nichts aufzwinge, sondern schaue, was gemeinsam möglich ist, wird es gleich viel zugänglicher.

Wir sind es gewohnt, die Tiere zu dominieren, und wollen unser Ziel erreichen, je schneller, desto besser. Ich habe weit über 1000 Pferde behandelt, die meisten mehrfach. Das Wichtigste, was ich dabei gelernt habe, ist erwartungsfrei und absichtslos zu bleiben. Das Pferd braucht seine Zeit, auch zum Nachdenken. Ein positiver Nebeneffekt von Masterson ist, dass du anfängst, dein Pferd ganz anders zu beobachten und seine Körpersprache

Körperarbeit für Pferde nach Masterson

Die Masterson Method ist eine einzigartige, interaktive Methode der manuellen Therapie für Pferde. Sie greift dabei auf verschiedenste klassische Therapieansätze zurück. Der größte Unterschied zu anderen Behandlungsformen besteht darin, dass das Pferd während der Behandlung aktiv am Prozess – dem Lösen von Verspannungen – teilnimmt. Der Therapeut arbeitet mit dem Pferd, nicht am Pferd. Das Pferd wird animiert, Verspannungen selbst loszulassen. Zu Beginn der Behandlung untersucht der Therapeut das Pferd auf akute Schmerzpunkte, um dann in der weiteren Behandlung nach länger bestehenden Einschränkungen zu suchen. Durch das Halten bestimmter Lösungspunkte wird das Pferd entspannt, dann werden die Gelenke in gelockertem Zustand bewegt, der Bewegungsspielraum wird erweitert. Dabei bleibt der Therapeut unter der Widerstandsgrenze des Pferdes. So werden auch tief sitzende Verspannungen in der Muskulatur, den Faszien sowie dem Bindegewebe gelöst. Auf diese Weise lässt sich das Wohlbefinden, die Gesundheit und die sportliche Leistung des Pferdes dauerhaft verbessern. Die Anwendung wird von den Pferden als besonders wohltuend empfunden und stärkt deshalb auch die Bindung zwischen Mensch und Tier. Benannt ist die Methode nach Jim Masterson, einem US-Amerikaner, der als Masseur und Pfleger von Profisportpferden auf jahrelange Erfahrung mit der Körperarbeit bei Pferden zurückblicken kann. Seine eigene Technik des »Integrated Equine Performance Body Work« wendet er seit 1997 an und gibt sie auf Seminaren und Workshops, zum Teil auch in Zusammenarbeit mit dem Horseman Mark Rashid, an interessierte Pferdemenschen weiter. In Deutschland kann man auf Wochenend-Seminaren die Basistechniken erlernen. Kontakt: walter.saxe@mastersonmethod.de

»Die Pferde haben uns ja nicht gebeten, sie zu behandeln«, sagt Walter Saxe.
Deswegen begrüßt er jeden Patienten erst einmal höflich und fragt um Erlaubnis.

zu dechiffrieren. Du bekommst ein Gefühl dafür, ob es Bauchschmerzen hat, sensibel im Rücken ist oder ihn der Kiefer schmerzt. Es ist eine Schule der feinen Wahrnehmung, die dafür sorgt, dass Pferdebesitzer ihre Tiere mit anderen Augen betrachten und ihnen mit mehr Verständnis begegnen. Ich habe immer wieder Patienten, die vertrauensvoll ihre Köpfe auf meinen Rücken legen und ganz still und friedlich werden – gerade die, vor denen die Besitzer mich vorher gewarnt haben, da sie angeblich beißen, treten oder sich nicht anfassen lassen. Ich war früher aktiver Sportreiter und habe mich in Gedanken schon tausend Mal bei meinen Pferden entschuldigt: Was habe ich da zum Teil drauf rumgebüffelt, die Sporen zu heftig und zu viel eingesetzt und die armen Tiere mit meinen Gewichtshilfen traktiert – völig übertrieben! Heute weiß ich aufgrund der Masterson-Druckstärken, dass schon feinste Impulse genügen, um ein Pferd in Bewegung zu setzen. Je feiner du wirst, desto feiner reagieren sie auf Hilfen. Da Pferde Druck immer mit Gegendruck beantworten, bleibe ich stets unter der Widerstandsgrenze. Einer meiner Reitlehrer hat mir geraten: ›Walter, reite doch so, wie du therapierst: Beginne mit den Pferden zu flüstern.‹ Da wurde mir klar, dass ich sie jahrelang nur angeschrien habe. Inzwischen benutze ich keine Sporen, scharfe Gebisse oder sonstigen Hilfsmittel mehr – und es funktioniert viel besser! Natürlich musste ich lernen, die skeptischen Blicke der anderen auszuhalten, für mein Handauflegen und meine sanfte Reitweise. Aber am Ende gibt einem immer der Erfolg recht. Ich begegne jedem Pferd aufgeschlossen und meine eigenen ›dürfen‹ heute auch viel mehr als noch vor fünf Jahren. Man hat vieles im Umgang anders gelernt und ein Umdenken geschieht nur in sehr kleinen Schritten. Deshalb freue ich mich über jeden Pferdebesitzer, der sich für die Masterson-Methode interessiert und versucht, sie an seinem Tier anzuwenden. Das Ziel meiner Arbeit ist, den Pferdekörper physisch und mental in Balance zu bringen, was bedeutet, dass beide Körperhälften möglichst gleich beweglich sind und noch beweglicher werden. Das Gute ist, man kann nichts falsch machen. Mit einer professionellen Masterson-Behandlung schenke ich dem Tier zwei wunderbare Stunden, von denen es wirklich etwas hat. Und wenn ich das tiefe Gefühl der Verbundenheit, das ich dabei empfinde, auch nur im Ansatz an seinen Besitzer weitergeben kann, ist für beide schon ganz viel geschafft.«

AUF DEN PUNKT GEBRACHT

- Balance beim Reiten ist ein Zusammenspiel aus physischer und psychischer Durchlässigkeit – für den Menschen und das Pferd.
- Yoga ist gerade für Reiter eine gute Möglichkeit, gleichzeitig Softness und Stabilität im Sattel zu entwickeln.
- Was Menschen von Pferden lernen können: im Hier und Jetzt zu sein.
- Auch Pferde lieben Yoga – gezielte Dehn- und Stretchingübungen kann man wunderbar in den Trainingsalltag einbauen.
- Wer eine vertrauensvolle Partnerschaft mit dem Pferd eingeht, kann sprichwörtlich auf eine Wellenlänge mit ihm kommen: unsere Hirnstromfrequenzen passen sich einander an.
- Pferde können Menschen auf feinststofflicher Ebene wahrnehmen. Sie erspüren unseren Muskeltonus, Herzrhythmus und die Atemfrequenz.
- Um ein Pferd ganzheitlich gesunderhaltend zu versorgen, braucht es ein gutes Netzwerk an Trainern, Therapeuten und Ausrüstungsexperten.
- Eine stabile Psyche ist bei Mensch wie Pferd elementar für eine langfristige Gesunderhaltung.
- Wer seinem Pferd auf respektvolle Weise begegnet und ihm körperlich etwas Gutes tut, vertieft das Vertrauensverhältnis.

Das Ziel ist nicht das Ankommen, sondern das gemeinsame Gehen. Mein Gefühlt sagt: Carinjo und ich sind auf einem guten Weg.

Epilog – Alles bleibt anders

Ich habe es noch einmal getan. Genau ein Jahr später, in einer lauen Sommernacht im August. Wieder saß ich auf der Bank vor unserem Aktivstall, wieder habe ich in der Dunkelheit gewartet. Aber diesmal war ich mir sicher, dass Carinjo zu mir kommen würde.

Es ist viel passiert im letzten Jahr und doch zieht sich manches schier endlos hin. Wir haben immer noch Corona, müssen in der Öffentlichkeit weiterhin Maske tragen, arbeiten überwiegend aus dem Homeoffice. Während der Lockdowns schien der Alltag über Wochen zu einem einzigen langen Videostream zusammengeschrumpft zu sein: Netflix statt Kinoabende, Zoom-Calls statt Klönschnack in der Kneipe, Online-Workout statt Muckibude. Selbst Aktivitäten und Hobbys unter freiem Himmel waren zeitweise verboten – alle, außer Reiten. Nie zuvor hat sich das Füttern, Misten und die Bewegung unserer Pferde so sehr nach Luxus angefühlt.

Für mich ist das analoge Leben auf dem Land mit den täglichen Begegnungen im Stall und der Beschäftigung mit den Tieren seither noch bedeutsamer und wertvoller geworden. Mein Fokus lag dabei in den vergangenen Monaten voll und ganz darauf, Carinjos Genesung bestmöglich zu unterstützen. Das hat mich viel Zeit, Geld und Energie gekostet, mir auf der anderen Seite aber auch Themen erspart. Laut Statistik haben sich während der Corona-Pandemie so viele Frauen wie nie zuvor minimalinvasiven Schönheitsbehandlungen unterzogen. Während andere sich also offenbar den Kopf darüber zerbrachen, ob es zielführender ist, sich für die neue Bildschirmpräsenz die Lider zu straffen oder doch lieber die Lippen aufpolstern zu lassen, habe ich mich gefragt, wie heilungsfördernd Hyaluron-Injektionen im hinteren Fesselträgerapparat unseres Pferdes sein könnten.

Natürlich habe auch ich mich irgendwann spritzen lassen, bis zum heutigen Tage dreimal. Aber nicht ins Gesicht, sondern in den Oberarm, gegen COVID. Carinjo hat im vergangenen Jahr auch eine neue Impfung bekommen, gegen das Equine Herpesvirus EHV-1. Die Seuche war im Winter 2020/2021 auf einem internationalen Reitturnier in Valencia ausgebrochen und von dort in verschiedene europäische Länder eingeschleppt

Tiefpunkt für die Reiterei bei den Olympischen Spielen 2021: Annika Schleus Auftritt mit Saint Boy beim Modernen Fünfkampf.

worden. 18 Pferde sind damals gestorben, fünf davon aus Deutschland. Ab 2023 müssen nun alle deutschen Turnierpferde gegen Herpes geimpft sein. Nach dem Herpes-Ausbruch in Spanien wurden für ein paar Wochen alle Turniere abgesagt und kurze Zeit stand sogar die Teilnahme der deutschen Reiter bei den Olympischen Spielen in Tokyo infrage. Doch rechtzeitig zum Sommer war die Lage wieder unter Kontrolle und die deutschen Dressurdamen, allen voran Jessica von Bredow-Werndl, konnten verdient Medaillen nach Hause tragen. Ein weiteres Reiterinnen-Highlight der Spiele: Julia Krajewski, die als erste Frau Gold im Vielseitigkeits-Einzel gewann.

Doch wo Licht ist, ist bekanntlich immer auch Schatten. Nach Olympia habe ich eine Petition gegen den Reitsport unterschrieben, und zwar als Disziplin des Modernen Fünfkampfs. Das katastrophale Scheitern der deutschen Teilnehmerin Annika Schleu wurde zum Sinnbild für die anachronistische Ansicht, man könne Reiten wie jede andere Sportart in einen technischen Mehrkampf integrieren. Rauf aufs fremde Tier, 20 Minuten Vorbereitungszeit und ab in den Parcours. Auf Biegen und Brechen. Nur dass sich Saint Boy, das Pferd, das Schleu zugelost worden war, nicht hat brechen lassen. Es zeigte seiner Reiterin unmissverständlich ihr eigenes Unvermögen auf – sowohl auf sportlicher als auch menschlicher Ebene. Statt das verängstigte Tier zu beruhigen, folgte Schleu der Anweisung der Bundestrainerin Kim Raisner, die vor laufenden Kameras brüllte: »Hau drauf, hau mal richtig drauf.« Raisner selbst verpasste dem verstörten Pferd von der Bande aus noch einen Schlag mit der Faust in die Flanke, wofür sie der Weltverband im Modernen Fünfkampf von den Spielen ausschloss. Saint Boy wurde durch diese Szene wirklich zu einem Schutzheiligen, unfreiwillig zwar, aber ein wichtiger Patron für alle Pferde, die jahrelang als Transportmittel missbraucht wurden. Wenige Monate nach Olympia beschloss der Weltverband, dass der Moderne Fünfkampf zukünftig ohne die Disziplin Reitsport stattfinden wird.

Epilog – Alles bleibt anders

Vielseitigkeitsreiterin Juliane Barth rief eine Social-Media-Initiative für einen verantwortungsvollen Umgang mit Pferden im Reitsport ins Leben.

#wirfuerdenpferdesport hieß der Hashtag, unter dem sich nach Olympia unzählige Pferdefreunde in den sozialen Medien zu Wort meldeten und ihr Entsetzen über die schlimmen Bilder im Fünfkampf zum Ausdruck brachten, sich gleichzeitig aber gegen Pauschalierungen wehrten. Die Vielseitigkeitsreiterin Juliane Barth brachte es in einem Blogbeitrag auf den Punkt: Es ist nicht der Reitsport per se, der den »Gipfel der Tierquälerei« (Zitat der Tierschutzorganisation PETA) darstellt, sondern es ist immer der Mensch, der daraus etwas Quälerisches macht. Barth schrieb:

»Ich liebe meine Pferde. Ich liebe auch den Sport. Und ich glaube, das geht ganz vielen von euch so. Das schließt sich nicht gegenseitig aus. Und das müssen wir der Welt klarmachen. Wir gehen eine Partnerschaft mit dem Pferd ein, wir suchen Pferde, die Lust auf den Sport haben. Und wir sehen es jeden Tag in ihren Gesichtern, in ihren Augen. Wir bereiten sie jahrelang vor, wir trainieren sie, wir pflegen, wir stellen das Wohl der Pferde oft über unser eigenes. Wir füttern sie, bevor wir uns etwas zu essen machen, wir putzen sie und misten ihre Box, bevor wir selbst duschen gehen, wir leiden, wenn sie sich verletzen oder krank werden. Wir sind

Pferdemenschen, manche von uns ziehen die Pferde sogar anderen Menschen vor. Darunter sind auch viele Profisportler, nicht nur Hobbyreiter. Ich bin der festen Überzeugung, dass pferdegerechtes Reiten mit Sport kombinierbar ist, auch in hohen Klassen. Niemand verkörpert dieses Konzept besser als unsere beiden frisch gebackenen Olympiasiegerinnen Jessica von Bredow-Werndl und Julia Krajewski. Wir müssen uns einigen Dingen stellen, ja. Wir müssen immer noch was verbessern, ja. Wir müssen den Sport und die Regeln weiterentwickeln, ja – aber wir können es schaffen.«

Ja, wir können es schaffen. Aber nur gemeinsam mit unseren Pferden. Denn zum Ja-Sagen braucht es immer zwei, zum Nein-Sagen reicht einer. Das ist eine Erkenntnis, die ich im vergangenen Jahr auch über unser Pferd gewonnen habe. Carinjo hat Nein-Sagen gelernt, und zwar klar und deutlich. Sein Nein bedeutet in unserem gemeinsamen Reitalltag, dass ich jetzt öfter meine Ideen und Pläne zurückstellen und seinen Bedürfnissen gerecht werden muss. Das fällt mir nicht immer leicht, aber ich werte das als gutes Zeichen. Carinjo hat aus seiner Verletzung offenbar auch gelernt. Er geht nicht mehr in jeden Kampf hinein, sondern schützt sich selbst. Dies gilt nicht nur für unser Training, sondern auch für sein Verhalten innerhalb der Aktivstallherde. Binnen eines Jahres haben ein Dutzend Pferde die Gruppe verlassen, darunter auch Conrad, der Herdenchef. Ein paar von ihnen wurden verkauft, andere zogen mit ihren Besitzern um. Eine von Carinjos Lieblingsstuten erlitt einen ähnlichen Sehnenschaden wie er und lebt nun mit ein paar Rentnerpferden in einem kleinen Offenstall. Nach sechs Monaten in der Box, wo unser Pferd nur durch Gitterstäbe Kontakt zu seiner Großfamilie haben konnte, kehrte er so selbstverständlich zurück, als sei er nie weg gewesen. Und er übernahm die Führung, ganz leise. Oder sollte ich sagen: Er wurde als »sanfter Führer« ausgewählt? Er hat sich diese Position jedenfalls nicht körperlich erkämpft, denn die Blessuren, die als Folge unzähliger Bisse und Tritte im Sommer vor seiner Erkrankung noch deutlich sichtbar waren, blieben nun aus. Carinjo legt eine neue, ruhige Beständigkeit an den Tag und man spürt, dass die Herde sich daran orientiert.

Auch ich versuche täglich, mehr von dieser ruhigen Beständigkeit zu übernehmen. Es gibt Tage, an denen es mir besser gelingt, und solche, wo ich noch immer kolossal scheitere. Leider neigen wir Menschen ja dazu, uns für klüger als unsere Pferde zu halten und unsere Entscheidungen für grundsätzlich richtig. Um von meinem Pferd als Anführer anerkannt zu werden, versuche ich, unsere Beziehung mehr zu einem Geben und Nehmen zu entwickeln. Und mich von der Vorstellung zu lösen, dass wenn ich Carinjo den kleinen Finger reiche, er unweigerlich die ganze Hand nimmt. Manchmal verbeiße ich mich noch in Trainingsmethoden und verliere ihn darüber aus den Augen. Aber seine Reaktionen machen mir deutlich bewusst, dass ich die Antworten in mir selbst suchen muss, nicht in irgendeiner Technik oder dem Material. Wie heißt es so schön: Ich bin eigentlich ganz anders, ich komme nur zu selten dazu. Hier bei meinem Pferd kann ich anders sein. Wie also werden wir bessere Pferdemenschen? Carinjo hat mir in jener Nacht im August die Antwort darauf gegeben. Nicht er ist zu mir gekommen, ich habe mich irgendwann in der Dunkelheit neben ihn gestellt. Er stand allein am Ende des Paddocks im Mondschein und schlief im Stehen. Ganz bei sich, total im Hier und Jetzt. Es war ein sehr inniger Moment, auch wenn ich es eigentlich anders geplant hatte. Oder gerade deswegen? Mir ist klar geworden, dass man mit einem Pferd niemals irgendwo »ankommt«. Es gibt keine absolute Sicherheit, keine Gewissheit. Eine Pferde-Menschen-Beziehung ist wie eine lange Reise ohne Ziel. Es geht dabei nicht ums Ankommen, sondern um das gemeinsame Gehen. Mein fortwährender Ehrgeiz und die oft ungeduldige Art, meine Ziele mit Druck vorantreiben und manifestieren zu wollen – all diese kritischen Lebensthemen spiegelt Carinjo mir fortwährend. Aber er zeigt mir auch, wie ich sie lösen kann. Ich muss ihm nur aufmerksam zuhören. Und aushalten, die Dinge einfach mal passieren zu lassen. Dann kann fast alles gelingen. Jeder neue Tag ist ein guter Tag, um das zu üben. Immer wieder.

Mit anderen Augen sehen gelernt: Carinjo hat mir gezeigt, wie schön es im Hier und Jetzt sein kann.

Mehr Horse-Life-Balance für Pferdemenschen

Werde der Partner, den dein Pferd sich wünscht!

Mehr Horse-Life-Balance für Pferdemenschen

Möchtest du dein Pferd noch besser kennenlernen, es vielleicht einmal mit anderen Augen betrachten und dadurch eure Verbindung stärken? Auf den folgenden Seiten findest du Tipps und Übungen, wie du mit mehr Verständnis und einer besseren Verständigung stressfrei Trainingsziele erreichst.

Dabei ist es egal, ob du sportliche Ambitionen hegst oder dich als reiner Freizeitreiter verstehst – wenn du dich persönlich weiterentwickeln und gemeinsam mit deinem Pferd wachsen möchtest, bietet dir dieses Workbook vielfätige Anregungen. Pferde sind die besten Coaches, die wir uns wünschen können – vorausgesetzt, wir hören ihnen richtig zu. Mit ihrer Hilfe können wir lernen, nicht nur sie, sondern auch uns selbst besser zu verstehen.

Das Workbook ist in zwei Teile gegliedert: Der erste richtet sich an dich, den **Pferdemenschen**. Hier geht es darum, die Rituale und Routinen, aber auch die Glaubenssätze, mit denen du deinem Pferd begegnest, zu **reflektieren** und zu hinterfragen. Mithilfe einer **Ressourcen-Analyse** kannst du herausfinden, wo ihr als Mensch-Pferd-Team steht und welche Entwicklungsmöglichkeiten sich in eurem Umfeld bieten. Es geht darum, attraktive und realistische **Ziele für dich** zu formulieren, die **Meilensteine** auf dem Weg dahin zu definieren und konkrete Hilfestellungen für die **Beziehungsarbeit** mit dem Pferd zu geben. Um gemeinsam erfolgreich zu sein, braucht es sowohl Motivation als auch **Gelassenheit** – auf beiden Seiten, bei Mensch und Tier. Wenn wir unseren Pferden mit **Empathie** und **innerer Balance** begegnen, geben sie uns die gewünschten Verhaltensantworten. Es kommt dabei vor allem darauf an, dass du das richtige **Mindset** entwickelst und gute Gewohnheiten etablierst. Zur Unterstützung haben wir spezielle **Achtsamkeits-, Atem- und Meditationsübungen** sowie spezielle **Yoga-Asanas** für Reiter zusammengestellt. Wenn du sowohl körperliche als auch mentale Stabilität entwickelst, steht deiner entspannten **Horse-Life-Balance** nichts mehr im Wege.

Im zweiten Teil des Workbooks geht es um unsere **Pferde** beziehungsweise darum, wie wir ihnen als entspannter **Partner auf Augenhöhe** begegnen und ihren körperlichen Bedürfnissen gerecht werden können. Die Begegnung auf Augenhöhe ist dabei wörtlich gemeint: Wir legen im Übungsteil den Fokus bewusst auf Basistraining und Bodenarbeit. Gutes Horsemanship – also die respektvolle Verständigung zwischen Mensch und Pferd – beruht auf gegenseitigem Vertrauen. Um das aufzubauen und zu stärken, braucht es ein ganzheitliches **Feel-Good-Management**: freie Bewegung, Entdecken, Spielen, Lektionen am Boden, aber auch Entspannungseinheiten, Stretching, Massagen – sozusagen Yoga fürs Pferd. Und nicht zu vergessen: jede Menge »absichtslose« Quality Time!

Wenn ihr im Horse-Life-Coaching noch tiefer einsteigen wollt, könnt ihr auf www.leebrown-coaching.com alle Arbeitsmaterialien als PDFs zum Ausdrucken und Bearbeiten herunterladen. Scannt einfach den QR-Code neben den Übungen hier im Workbook mit eurem Handy ein.

Viel Spaß beim Lesen und Lernen wünschen

Mareile Braun & Nico Lee Gogol

Du und dein Pferd

Große Ziele erreicht man mit vielen kleinen Schritten. Ein erster Schritt auf deinem Weg zu einer guten Horse-Life-Balance ist eine ehrliche Selbstreflexion.

Du und dein Pferd

SELBSTREFLEXION – WOZU EIGENTLICH?

Bevor du dich zu deinem Pferd aufmachst und es mit tollen neuen Trainingsideen konfrontierst, darfst du dir einen Moment Zeit nehmen und ein paar Dinge mit dir selbst klären: Von wo aus startet ihr eure gemeinsame Reise? Wo steht ihr miteinander, wie gut kennt ihr euch? Was ist dein wichtigstes Ziel und welchen Weg siehst du für dein Pferd und dich? Wo siehst du sinnvolle Etappenziele auf eurem Weg? Gibt es Reisebegleiter, die euch dabei unterstützen können, das Ziel sicher und verlässlich zu erreichen? Was brauchst du und was braucht dein Pferd im Gepäck, um gut ausgerüstet zu sein? Trägst du noch einen Koffer voller Altlasten mit dir herum, die es zuerst zu entsorgen gilt, bevor du ihn neu füllen kannst? Und wie sieht es mit hinderlichen Glaubenssätzen aus, die dir den Start deiner Reise möglicherweise erschweren?

Als Selbstreflexion bezeichnet man ganz allgemein gesprochen die Tätigkeit, über sich selbst nachzudenken. Wissenschaftliche Studien belegen, dass Menschen mit einer hohen Gabe zur Selbstreflexion Vorteile in so ziemlich allen Lebenslagen haben. Sie planen effizienter, sie sind disziplinierter und fokussierter, können besser mit ihren Emotionen umgehen, treffen ihre Entscheidungen sicherer und sind auch eher in der Lage, Probleme zu antizipieren. Gerade im Umgang mit dem Pferd, das so sensibel auf all unsere Verhaltens- und Gefühlsmuster reagiert, ist das »Sich-seiner-selbst-bewusst-Sein« die Basis für eine gemeinsame Weiterentwicklung. Deine Reflexion als Pferdemensch schafft dabei die Grundlage, vergangene, gegenwärtige und zukünftige Handlungen im Denken zu verbinden.

Beende jeweils die folgenden Satzanfänge und notiere deine Antworten auf einem Blatt Papier oder in der Vorlage, die du dir online herunterladen kannst.

MEIN SELBSTBILD ALS PFERDEMENSCH:
- Ich bin ein/e …
- Das kann ich gut …
- Das fällt mir schwer …
- Darauf bin ich stolz …
- Das ist mir unangenehm …
- Davor habe ich Angst …
- Das entspannt mich …
- Dafür mache ich mir manchmal Vorwürfe …
- Darauf reagiere ich meist emotional …
- Hier agiere ich eher rational …
- Das möchte ich noch lernen …
- Das können andere von mir lernen …
- Dafür bin ich dankbar …

Du kannst dir alle Reflexionsfragen als PDF herunterladen, ausdrucken und in einer Vorlage bearbeiten. Scanne dafür den nebenstehenden QR-Code mit deinem Handy ein.

ICH DURCH DIE AUGEN MEINES PFERDES

Lust auf ein Gedankenspiel? Was würde dein Pferd über dich sagen, wenn es sprechen könnte?
- Du wirkst auf mich wie jemand, der …
- Das gefällt mir an dir …
- Manchmal vermisse ich bei dir …
- Daran erkenne ich, dass es dir gut geht …
- Ich finde es beunruhigend, wenn du …
- Davon würde ich mir mehr wünschen …
- Das darfst du dir gerne abgewöhnen …
- Dafür bin ich dir dankbar …
- Da verstehe ich dich (noch) nicht …
- Damit machst du mir Angst …
- Das könnte uns beiden guttun …

MOTIVATION – WAS TREIBT DICH AN?

Die meisten Menschen haben sich irgendwann an ihre Lebensumstände gewöhnt und anstatt sie regelmäßig zu überprüfen und zu hinterfragen, verteidigen sie diese vor sich und anderen. Was unser Horse-Life angeht, verhält es sich nicht anders. Wir verwenden eine Menge Energie darauf, uns an Gegebenheiten anzupassen und zu reagieren, statt selbst aktiv zu werden und uns die bestmöglichen Bedingungen zu erschaffen. Dabei kann das bewusste Nachdenken über Veränderungen zu dramatischen Verbesserungen führen – vorausgesetzt, ich bin in der Lage, klare Wünsche zu formulieren.

Die folgende Übung soll dir »back to the basics« helfen. Frage dich, was dich motiviert, all den Zeitaufwand, das finanzielle Invest und die Anstrengungen auf dich zu nehmen, die ein Leben mit Pferd mit sich bringt. Was macht das Zusammensein mit deinem Pferd wertvoll für dich und welchen Glaubenssätzen folgst du dabei? Manchmal verliert man im Kleinklein des Alltags das große Ganze aus dem Blick.

Notiere auf einem Blatt Papier, wie du folgende Satzanfänge beenden würdest. Du kannst dazu auch die Vorlage auf unserer Website benutzen.

MEINE HORSE-LIFE-GLAUBENSSÄTZE

- Das ist mir im Umgang mit dem Pferd wichtig …
- Davon bin ich überzeugt …
- Das widerspricht meinem Wertesystem …
- So würde ich eigentlich gern denken …
- Darin liegen hinderliche Stolpersteine für mich …
- Das könnten mein Pferd und ich erreichen, wenn …
- Da sehe ich unsere Grenzen …
- Das fehlt mir zum gemeinsamen Glück …
- Das ist für mich Quality Time mit dem Pferd …

MEINE TOP-3-ANTREIBER

- Darum habe ich mir ein Pferd gekauft (eine Reitbeteiligung gesucht/Reitstunden genommen) …
- Das Pferd bereichert mein Leben, weil …
- Ich lerne jeden Tag von ihm, dass …

ENERGIE – WAS TUT DIR GUT, WAS RAUBT KRAFT?

Die nächste Übung dient dazu, dir bewusst zu machen, wo die Kraftquellen und die Energieräuber in deinem Horse-Life sitzen. Scanne den QR-Code ein, lade dir die Vorlage auf unserer Website herunter und halte darauf die wichtigen Faktoren für dich fest. Folgende Leitfragen können dir bei der Reflexion helfen:

- Bereitest du dich auf die Zeit mit deinem Pferd vor – physisch und mental?
- Mit welcher inneren Haltung und Ausstrahlung kommst du bei ihm an?
- Wann reitest du meistens: morgens, abends oder bist du zeitlich flexibel? Wie geht es dir zu den unterschiedlichen Tageszeiten?
- Mit welchem Grundtempo kommst du üblicherweise im Stall an? Welches Tempo hast du, wenn du die Anlage wieder verlässt?
- Was passiert in der Zeit zwischen Ankunft und Abfahrt: Wen triffst du, mit wem sprichst du, was wirkt auf dich ein?
- Hast du Techniken, um dich zu entschleunigen und voll auf dein Pferd einzulassen?
- Welche Erlebnisse nimmst du nach der gemeinsamen Zeit mit nach Hause?

Wer lernt, die Pony- und Pferdezeit als Quality Time zu genießen, baut eine starke Verbindung zu seinem Tier auf.

Nimm dir Zeit für ein Begrüßungsritual und komm erst einmal richtig bei deinem Pferd an.

TAKE YOUR TIME

Wie sehr »to go« lebst du eigentlich? Kaffeetrinken und essen erledigst du meist unterwegs? Auf dem Weg in den Stall führst du noch die letzten Job-Telefonate? Während des Reitens planst du schon die nächsten Termine, und wenn dein Pferd frisst, sortierst du bereits alle Sachen weg oder ziehst dich wieder um? Hast du wirklich so wenig Zeit oder nimmst du sie dir nur nicht? Das ist ein gravierender Unterschied! Wie wäre es, wenn du dein Horse-Life von »to go« etwas mehr auf »just stay« umstellst? Beobachte, was es mit deinem Energie-Haushalt macht, wenn du nicht alles gleichzeitig, sondern jede einzelne Handlung bei und mit deinem Pferd einzeln und bewusst machst.

RESSOURCENANALYSE – dein Horse-Life auf einen Blick

Kurze Reflexionspause, jetzt wird's konkret! Um deine Wünsche formulieren und die Ziele planbar machen zu können, darfst du als Erstes einen 360°-Check machen. Es geht bei dieser Bestandsaufnahme deines Pferdelebens um deine persönlichen Ressourcen, aber auch um die deines Pferdes. Ressourcen sind Erfahrungen, Kenntnisse, Fähigkeiten und Anlagen, die uns für Lern- und Wachstumsprozesse zur Verfügung stehen. Diese können sowohl materieller als auch immaterieller Art sein.

Notiere auf den einzelnen Strahlen in den beiden Diagrammen zwischen 1 (sehr wenig) und 10 (sehr viel), wo du stehst beziehungsweise dein Pferd gerade steht. Welche Ressourcen sind stark vorhanden, welche noch ausbaubedürftig?

RESSOURCEN PFERDEMENSCH
- Zeit
- Finanzen/Materielles
- Fitness/Gesundheit
- Mindset/Emotionen
- Stall (Unterbringungs-/Trainingsmöglichkeiten)
- Support (Trainer, Helfer, Sponsoren)

RESSOURCEN PFERD
- körperliche Entwicklung/Fitness
- Gesundheit
- mentale Stärke/Gemütszustand
- Ausbildungsstand
- Motivation
- Equipment

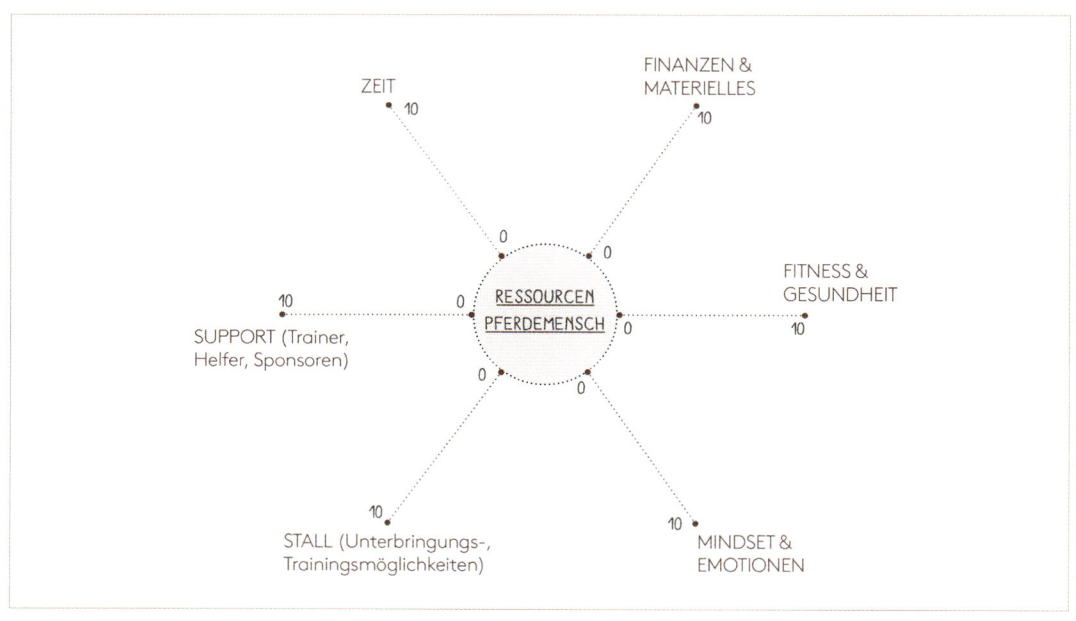

Du und dein Pferd

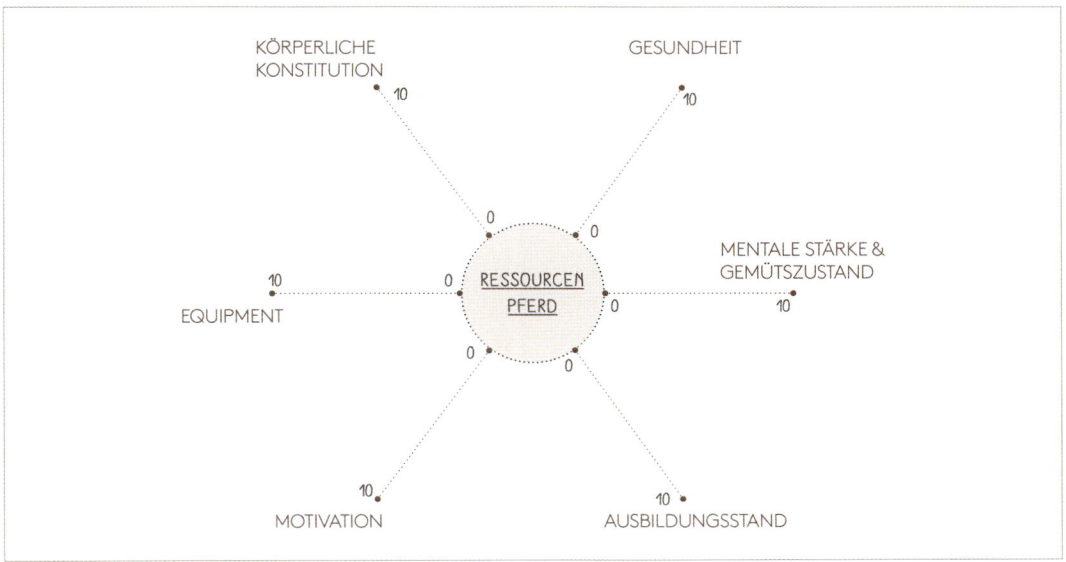

Überlege, was in eurem Horse-Life
a) ... schon gut klappt.
b) ... du noch verbessern möchtest.
c) ... du als unveränderbar hinnehmen musst.

Markiere dir die drei Punkte mit dem größten Optimierungsbedarf auf der Vorlage. Dafür den QR-Code einscannen, herunterladen, ausdrucken.

Was braucht mein Pferd, was brauche ich? Eine Ressourcenanalyse kann helfen, sich seiner Möglichkeiten und Bedürfnisse bewusster zu werden.

ZIELE –
was willst du verändern?

1. ZIELDEFINITION

Nur wer weiß, was er will, kann seine Ziele auch erreichen. Das klingt banal, ist aber in der konkreten Umsetzung nicht immer ganz so einfach. Um dir Klarheit darüber zu verschaffen, was du in deinem Horse-Life verändern möchtest, darfst du dein Ressourcen-Diagramm noch einmal anschauen und Folgendes daraus ableiten:
- Was möchtest du in den nächsten drei Monaten verändern?
- Was willst du mittelfristig erreichen (1–3 Jahre)?
- Was sind langfristige Ziele (5–10 Jahre)?

Trage die wichtigsten Ziele in die Übersicht ein.

Konzentriere dich dann auf diejenigen Punkte, bei denen du den größten Optimierungsbedarf siehst, und definiere dein wichtigstes Ziel. Dieses Ziel solltest du separat und vor allen anderen angehen.

2. ZIELFORMULIERUNG

Es ist entscheidend, dass du dein wichtigstes Ziel von anderen Veränderungswünschen abhebst und dabei ganz konkret wirst. Die **S.M.A.R.T.Y**-Methode kann dir dabei helfen, das Ziel greifbarer zu machen. Die einzelnen Buchstaben stehen für nebenstehende Begriffe (s. rechts):

Du und dein Pferd

Irgendwann auch alleine entspannt ausreiten können – für viele Reiter ist das ein attraktives Ziel.

S	für specific	Was willst du konkret machen? Vermeide vage Angaben, beschreibe so genau wie möglich.
M	für measurable	An welchen Kriterien machst du das Ergebnis fest? Bestimme qualitative und quantitative Messgrößen.
A	für attractive	Was macht das Ziel für dich attraktiv? Welches positive Bild verbindest du damit? Was ist besser, wenn du es erreicht hast?
R	wie realistic	Ist das Ziel realistisch? Kannst du es in der vorgegebenen Zeit und mit für dich verfügbaren Mitteln umsetzen?
T	wie time bound	Bis wann willst du dein Ziel konkret erreicht haben? Setze dir selbst einen Termin.
Y	für joY	Unser Horse-Life-Add-On zur S.M.A.R.T.Y-Methode: der Fun-Faktor! Gerade ambitionierte Ziele kannst du leichter erreichen, wenn dir auch der Weg zum Endergebnis Freude bereitet. Sei dir sicher: Dein Pferd merkt genau, ob du wirklich motiviert bist!

3. MEILENSTEINE

Um dich deinem gewünschten Ergebnisziel zu nähern, ist es sinnvoll, es in einzelne Abschnitte zu zerlegen. Definiere mindestens 3 **Meilensteine**, die du auf dem Weg erreichen möchtest. Je nachdem, wie komplex es ist, kannst du die Meilensteine in Wochen- oder Monats-Reviews bewerten und eventuell nachjustieren. Nutze den QR-Code rechts, um dir die Vorlagen für die Zielplanung herunterzuladen.

4. MASSNAHMEN

Wenn du dein Ergebnisziel und die Meilensteine definiert hast, geht es für dich darum, dir konkrete Handlungsziele zu setzen. Das sind die Maßnahmen und Schritte, die du täglich, wöchentlich oder monatlich ausführst, um den Veränderungsprozess zu ermöglichen. Mache immer das, was gerade möglich und erreichbar ist, und arbeite von dort aus weiter.

5. ZEITMANAGEMENT

Eine hilfreiche Methode für Zeitmanagement und Produktivität stammt von Stephen Corvey (»Die 7 Wege zur Effektivität«). Seine Technik hilft dir, Aufgaben sinnvoll zu ordnen und dabei nach Dringlichkeit und Wichtigkeit zu unterscheiden: Manche Dinge sind eindeutig dringend und wichtig (I): plötzliche Notfälle, eine Kolik o.Ä. Andere Dinge sind wichtig, aber nicht eilig (II): Lehrgänge, Materialpflege usw. Dann gibt es Aufgaben, die wichtig und dringend erscheinen, es bei genauerer Betrachtung aber nicht sind: Social Media oder Shopping von Equipment (III). Zu guter Letzt gibt es noch Themen, die weder wichtig noch besonders dringend sind (IV): Dinge, die wir irgendwann mal machen wollen, wie zum Beispiel digitale Foto-Ordner von unserem Pferd anlegen. Gewöhne dir an, dich bei allem, was dir Zeit und Energie raubt, zu fragen, ob es dringend und wichtig ist. Überprüfe regelmäßig, wie oft du dich mit Dingen beschäftigst, die in die Felder II–IV fallen – wenn du sehr eingespannt bist und ein bestimmtes Ziel vor Augen hast, konzentriere dich auf die Dinge, die eindeutig aus dem Feld I stammen.

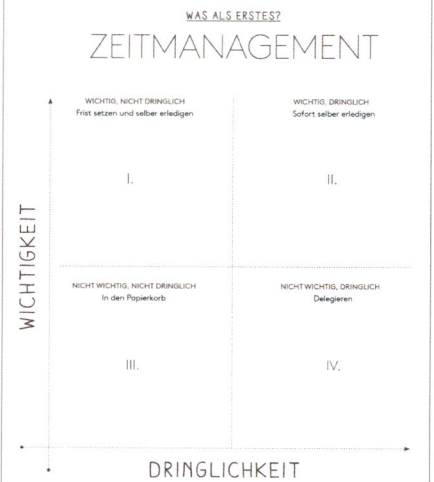

Du und dein Pferd

Nicht unbedingt ein dringendes, aber wichtiges Ziel: das flüssige Verladen auf den Hänger.

FIGHT THE SCHWEINEHUND

Kennst du das? Eigentlich wolltest du dich auf die bevorstehende Geländeprüfung vorbereiten, aber beim Blick aus dem Fenster in den strömenden Regen fallen dir tausend Ausreden ein? Dein Pferd geht schon seit längerer Zeit nicht mehr flüssig auf den Hänger, aber du hast keine Lust auf Auseinandersetzungen mit ihm? Im Grunde weißt du, was jetzt zu tun ist, kannst dich aber einfach nicht aufraffen? Um den inneren Schweinehund zu überlisten, kann es hilfreich sein, auf Techniken aus dem Mentaltraining zurückzugreifen. Eine davon ist der **»Überraschungsangriff«**. Er ist ganz simpel: Du legst einfach los, noch bevor das Denken einsetzt. Gar nicht erst in die Diskussion mit dir selbst einsteigen, sondern einfach machen, ohne Wenn und Aber! Eine andere Methode ist die **»Salamitaktik«**: Du näherst dich deinem Ziel in Teilschritten und arbeitest dich scheibchenweise von kleinen zu den größeren Aufgaben vor. Ein dritter, etwas aufwendigerer Ansatz ist das **»positive Reframing«**: Du stellst dir selbst eine (fiktive) Belohnung in Aussicht für das, wozu du gerade überhaupt keine Lust hast. Würdest du für 1000 Euro raus in den Regen gehen? Auch für 100? Wie weit kannst du den inneren Schweinehund runterhandeln? Vielleicht bemerkst du dabei, dass dir der Konsens mit dir selbst am Ende doch relativ leichtfällt.

Dein Weg zur Horse-Life-Balance

Erfolg ist eine Frage der inneren Einstellung – und die lässt sich trainieren! Hier erfährst du, was dein Mindset stärkt.

Bravo, aller Anfang ist schwer und den ersten Schritt hast du bereits geschafft!

Indem du dir die entscheidenden Fragen zu deinem Selbstbild als Pferdemensch, deiner Motivation, deinen Möglichkeiten und deinen kurz-, mittel- und langfristigen Zielen gestellt hast, zeichnet sich das Bild deiner gewünschten Veränderung gewiss schon deutlich klarer ab. Jetzt geht es nur noch darum, den geeigneten Weg für dich zu finden – und der ist genauso individuell wie unsere Vorstellungen und Wünsche im Zusammensein mit Pferden. Patentrezepte und Erfolgsmethoden, die für jeden passen, gibt es leider nicht.

Beginnen wir diesen Abschnitt des Workbooks mit einem radikalen Gedanken: Egal was du als dein wichtigstes Ziel mit deinem Pferd herausgearbeitet hast – der Erfolg ist eine Frage deiner inneren Einstellung! Nur wenn du dich auf Sieg einstellst, kannst du gewinnen. Das gilt übrigens für alle Bereiche des Lebens, nicht nur für dein Horse-Life. Ob im Beruf, bei Freizeitaktivitäten oder in persönlichen Beziehungen – wie weit du es bei etwas bringst, hat wenig damit zu tun, wie intelligent oder talentiert du bist oder gar wie viel Geld du besitzt. Alles steht und fällt mit deinem Mindset. Das klingt nach Alltags-Esoterik, ist aber wissenschaftlich belegt: Studien zeigen, dass nur 15 Prozent Können, dafür aber 85 Prozent innere Einstellung über Erfolg oder Misserfolg entscheiden. Ohne die richtige Haltung kann kein Gefühl der Selbstwirksamkeit entstehen und diese Fähigkeit ist der Schlüssel zum Erfolg. Wer über Selbstwirksamkeit verfügt, hat einen unbeirrbaren Glauben daran, dass er Situationen gewachsen ist und Herausforderungen bewältigen kann. Statt sich zu fürchten oder die Opferrolle anzunehmen, werden Aufgaben mit einem Gefühl von Selbstvertrauen in die eigenen Kompetenzen angenommen. Ob ich meinen Weg unbeirrt verfolge und mein Ziel im Auge behalte, selbst wenn unerwartete Veränderungen eintreten oder ich Rückschläge hinnehmen muss – all das ist Einstellungssache. Die gute Nachricht: Unsere innere Einstellung lässt sich beeinflussen und trainieren. Positive Glaubenssätze (Affirmationen) beeinflussen unser Denken und damit auch unser Handeln. In diesem Kapitel haben wir wirkungsvolle Selbstcoachingansätze und Reflexionsübungen für dich zusammengestellt. Neben Mentaltrainings-Techniken haben sich gerade Yoga-, Atem- und Achtsamkeitsübungen als besonders wirksam für Reiter herausgestellt, um das richtige Mindset zu entwickeln.

> **SELBSTBEWUSST SUBOPTIMAL**
>
> Bei allem, was der Wille zur Persönlichkeitsentwicklung an positiven Aspekten mit sich bringen kann – vermeintliche Macken zu akzeptieren, statt sie immer nur beseitigen zu wollen, kann auch sehr befreiend sein! Verhaltensweisen oder Glaubenssätze, die du als negativ einstufst, die aber keinerlei Leidensdruck bei dir oder anderen erzeugen, musst du ja nicht zwingend ändern. Das Ziel im Zusammensein mit dem Pferd ist doch, dass beide körperlich und mental gesund und glücklich sind, nicht perfekt. Selbstoptimierung ist schon anstrengend genug, wenn es um dein übriges Leben geht, die Zeit bei deinem Pferd im Stall darf sich leicht anfühlen. Man kann auch ein sehr gutes Leben führen, ohne komplett durchgecoacht zu sein. Behandlungswürdig ist nur, was dich einschränkt und beeinträchtigt.

WORKBOOK

MINDSET – auf die innere Haltung kommt es an!

In der nächsten Reflexionsübung darfst du mal alles Positive und Schöne zusammentragen, was für dich das Zusammensein mit Pferd mit sich bringt.

- Welche Begriffe assoziierst du mit deinem Lebensglück als Pferdemensch? Trage sie in das Schaubild ein und versuche deine Horse-Life-Happiness mit möglichst vielen Begriffen zu füllen.

Du kannst für deine Notizen eine Mindmap nutzen, die du online herunterladen kannst. Einfach den nebenstehenden QR-Code scannen und ausdrucken.

MINDSET-CHECK: WIE STEHT ES UM DEINE MENTALE FITNESS?

Wer mit Pferden arbeitet, kommt regelmäßig an seine Grenzen – nicht nur bei Leistungsprüfungen im Sattel, sondern auch im täglichen Umgang. Es ist immer wieder unsere Geduld, Nachsicht und

Das schöne Leben mit Pferd beinhaltet viel mehr als nur das Reiten. Harmonie, Freundschaft, in der Natur sein – Horse Happiness sieht für jeden anders aus.

innerliche Ruhe gefragt – in der Begegnung mit dem Pferd, aber auch uns selbst gegenüber. Um mehr Balance in dein Horse-Life zu bringen, solltest du dir deiner Stärken und Defizite bewusst sein. Die Checkliste unten unterstützt dich bei der Bestandsaufnahme deiner mentalen Fertigkeiten. Bitte setze deine Kreuze spontan und sei ehrlich mit dir selbst. Mit dem Ergebnis dieser Checkliste kannst du dein Self-Empowerment starten und dir die Methode des Mentaltrainings auswählen, die am besten für dich passt. Auch diese Tabelle kannst du per QR-Code einscannen, herunterladen und ausdrucken.

DEINE STÄRKEN
MENTAL-CHECK

	NIE	SELTEN	MANCHMAL	NORMALERWEISE	MEISTENS	IMMER
Ich bin mir meiner Stärken und Schwächen bewusst.						
Ich weiß, wie ich mich selbst motivieren kann.						
Ich weiß, wie ich mein Pferd motivieren kann.						
Beim Training bin ich zielorientiert.						
Ich leite aus meinen Zielen kurz- und mittelfristige Zwischenschritte ab.						
Ich bin in der Lage, Prioritäten zu setzen.						
Ich bin ein Reiter mit einer starken Persönlichkeit.						
Ich führe positive Selbstgespräche.						
Beim Reiten empfinde ich Freude und Erfüllung.						
Ich vermeide Störungen, wenn ich mit meinem Pferd zusammen bin.						
Ich bin in der Lage, mich auf eine Sache zur Zeit zu konzentrieren.						
Ich verliere schnell mein Selbstvertrauen.						
Ich verkrampfe, wenn etwas nicht gelingt.						
Ich kann negative Gedanken in eine positive Stimmung umwandeln.						
Ich analysiere die Ursachen für meine Erfolge und Misserfolge.						
Ich nutze positive Glaubenssätze für mein Mindset.						
Unvorhersehbare Situationen bringen mich aus dem Konzept.						
Ich glaube an mich als Pferdemensch.						
Ich kann meine Emotionen beherrschen, wenn's drauf ankommt.						
To-dos rund ums Pferd erledige ich möglichst zeitnah.						
Ich achte auf genügend freie Zeit und Regeneration für mich und mein Pferd.						
Ich achte auf wohltuende Rituale mit/bei meinem Pferd.						
Auf Turnieren empfinde ich starke positive Gefühle.						
Ich werde schnell unruhig und verliere in Prüfungssituationen das Ziel aus den Augen.						
Ich kann mich unter Anspannung gut konzentrieren.						
Ich empfinde beim Reiten ein Flow-Gefühl.						
Zur Beruhigung setze ich bewusst meinen Atem ein.						
Ich kann störende Gedanken ausschalten und mich fokussieren.						
In entscheidenden Situationen nutze ich ein Ankerwort.						
Mein Trainer würde sagen, dass ich eine gute Einstellung habe.						
Ich bin in der Lage, Krisen in Chancen zu verwandeln.						

WORKBOOK

SELFEMPOWERMENT – so stärkst du dich selbst

1. BESTÄRKUNG DURCH POSITIVE GLAUBENSSÄTZE

Im Grunde ist es ganz einfach: Unsere Gedanken steuern uns. Aber wir können auch unsere Gedanken steuern. Das beginnt damit, dass wir nicht »irgendetwas« mit unserem Pferd machen oder »irgendwie« bei ihm ankommen, sondern unser Zusammensein bewusst gestalten. Bedenke dabei, dass vieles, was wir tun, von unserem Unterbewusstsein gesteuert wird. Es »glaubt«, was wir ihm oft genug einreden. Insofern beobachte dich aufmerksam bei deinen Selbstgesprächen und betrachte deine Horse-Life-Glaubenssätze, die du im ersten Kapitel identifiziert hast, noch einmal. Du darfst sie jetzt in positiver Weise umformulieren oder neue für dich verankern. Glaubenssätze haben übrigens nichts mit religiösen oder ideologischen Überzeugungen zu tun. Es handelt sich dabei um Leitsätze, mit denen du dich selbst positiv beeinflussen und dein Mindset nachhaltig verändern kannst. Formuliere drei Glaubenssätze, die dein Horse-Life spürbar verbessern würden.

> **POSITIVE GLAUBENSSÄTZE**
>
> GLAUBENSSATZ 1
> *Mein Pferd und ich sind ein gutes Team!*
>
> GLAUBENSSATZ 2
> *Beim Reiten lerne ich jeden Tag dazu*
>
> GLAUBENSSATZ 3

DAS NEGATIVE VERDÜNNEN

So optimistisch und innerlich positiv eingestellt du auch das Leben anpackst: Die Realität zu verleugnen oder alles Negative komplett auszublenden wäre naiv und weltfremd. Wie also kann man sich die innere Siegereinstellung bewahren? Ganz einfach: Wenn das Leben dir Zitronen beschert, mach Limonade daraus! Und zwar nicht, indem du in Vogel-Strauß-Manier die Augen vor Katastrophen verschließt, sondern das Negative verdünnst. Lass dich inspirieren, lies gute Bücher, höre informative Podcasts, suche die konstruktive Diskussion und das Feedback von Menschen, die dich geistig anregen. Trau dich, deine Komfortzone zu verlassen und Neues auszuprobieren. Entwickle Dankbarkeit für kleine Dinge. Betrachte dein Pferd und dich als unvollendetes Kunstwerk, an dem du jeden Tag arbeiten darfst.

2. SUPER-AFFIRMATIONEN

Eine Steigerung von positiv aufgeladenen Selbstgesprächen sind die Super-Affirmationen. Wusstest du, dass der Mensch im ständigen inneren Dialog mit sich selbst ist? Manchmal mit bis zu 300 Wörtern in der Minute! Leider neigen wir dazu, den problembehafteten Formulierungen eher den Vortritt zu geben als den glücklichen, leichten. Wenn dein innerer Dialog überwiegend negativ ist, stellt sich deine »mentale Software« leider darauf ein – die negativen Gedanken werden zur selbst erfüllenden Prophezeiung. Eine Affirmation ist eine Bejahung und Bekräftigung eines stärkenden Gedankens. Sie hilft dir, diese positive Botschaft im Unterbewusstsein zu verankern beziehungsweise negative Glaubenssätze umzuprogrammieren. Dabei ist es wichtig, dass die Affirmation positiv und in der Gegenwartsform formuliert ist. Sie sollte außerdem kurz und emotional sein, damit sie ihre Wirkung tut. Mache dir immer wieder bewusst, dass Sprache ein mächtiges Instrument ist. Bereits kleine Veränderungen in der Formulierung erzeugen ein völlig anderes verbales Bild:

Ich bin glücklich. → Ich bin außer mir vor Begeisterung.
Ich bin ruhig. → Ich bin cool wie ein Eisblock.
Ich verfolge meine Ziele. → Ich bin nicht zu bremsen.
Ich lerne noch. → Das werde ich lernen, wetten?
Ich arbeite hart daran, besser zu reiten. → So zu reiten ist jede Mühe wert.

Ergänze die Beispielliste um deine eigenen Super-Affirmationen. Du kannst dafür die Vorlagen benutzen, die du dir als PDF herunterladen kannst.

Tipp: Setze positive Affirmationen gerade in den Bereichen ein, wo du die größten Defizite verspürst: »Ich kann im Trab gut aussitzen« ist ein hervorragendes Mantra, was du dir immer wieder selbst vorsagen kannst – irgendwann wird es so sein! Bist du vor Turnieren immer sehr aufgeregt und fragst dich dann, warum du den ganzen Aufwand auf dich nimmst? Wenn du folgende Affirmationen verinnerlichst und das Bild von dir selbst und deiner Einstellung oft genug wiederholst, programmierst du zarte Verzweigungen deines Denkens im Gehirn zu einer neuronalen Autobahn. Aus einer Hoffnung werden Tatsachen: »Ich gehe gern auf Turniere. Ich bin dann ruhig und konzentriert. Ich liebe meinen Sport.«

Pferde stellen uns täglich vor neue Herausforderungen. Positive Glaubenssätze helfen, gleichmütig damit umzugehen.

SUPER POSITIVE AFFIRMATIONEN

SUPER-AFFIRMATION 1
Mein Pferd und ich sind das Ultra-Power Couple!

SUPER-AFFIRMATION 2
Es gibt nichts Schöneres als tägliche Lerngeschenke!

SUPER-AFFIRMATION 3
In Stress-Situationen bin ich der Fels in der Brandung!

SUPER-AFFIRMATION 4

SUPER-AFFIRMATION 5

3. ANKERWORTE

Wenn du die Technik der positiven Selbstgespräche verinnerlicht und ausreichend praktiziert hast, wirst du irgendwann in der Lage sein, dein Erfolgs-Mindset schon durch ein einziges Ankerwort heraufzubeschwören. Diese Schlagworte signalisieren Körper und Geist, was jetzt an Aktivität, Fokus oder auch Entspannung gefragt ist: Wenn du auf dem Abreiteplatz des Turniers nervös bist, kann das Ankerwort zum Beispiel **Konzentration** lauten. Wenn du in ein Zeitspringen gehst, heißt es vielleicht **Attacke**!. Geht es darum, ein ängstliches Pferd zu beruhigen, hilft womöglich **Atmen**. Es ist nicht entscheidend, welches Wort du für ein gewünschtes Gefühl auswählst, sondern dass du es zu **deinem** Wort machst. Das Wort soll etwas in dir bewegen, du musst es **fühlen**. Wenn du alle Intensität und Überzeugung in dieses Wort legst, ist dein gesamtes Nervensystem mit seiner Erfüllung beschäftigt.

Tipp: Auch vollkommen verrückte Fantasienamen verfehlen ihre Wirkung nicht. Wenn du deinem Springpferd den Beinamen »King of Wassergraben« gibst oder deine Dressurstute »Madame Passage« nennst, macht das etwas anderes mit euch, als wenn du von deinem »Kleinen Faulpelz« oder »Little Miss Trippeltrappel« sprichst.

4. VISUALISIERUNGEN

Sich Bilder vorzustellen von seinem glücklichen Pferd, einem schönen gemeinsamen Ritt, einer gelungenen Lektion oder auch einem Moment von Nähe und Entspannung, macht uns sofort gute Laune. Je mehr Details wir diesem Bild hinzufügen – seien es Farben, Gerüche oder Klänge –, desto lebendiger wird die Vorstellung. Die Bilder werden zu einer Art Vorschau auf kommende Attraktionen, denn sie erschaffen vor unserem inneren Auge eine eigene Wirklichkeit. Die Vielseitigkeitsreiterin Ingrid Klimke und die Dressurreiterin Jessica von Bredow-Werndl arbeiten vor ihren Prüfungen regelmäßig mit Visualisierungen. Sie gehen jedes Detail der Aufgabe minutiös durch, rufen sich jede Bewegung und den optimalen Ablauf vor Augen. Diese lebhaften Bildsequenzen sorgen dafür, dass die neuronalen Pfade, die an den physischen Aktivitäten beteiligt sind, schon im Vorweg aktiviert werden. Bevor wir also auch nur eine einzige Gewichts- oder Schenkelhilfe gegeben haben, sorgt die klare Vorstellung davon, wie wir reiten wollen, bereits dafür, dass sich unser Körper darauf einstellt. Die Bilder in unserem Kopf erzeugen Muskelaktivität, das haben Wissenschaftler nachgewiesen. Um dem Film in unserem Kopf das perfekte Drehbuch zu schreiben, ist es sinnvoll, den Zoom auf einzelne Szenen beziehungsweise Bewegungen zu setzen. Stell dir vor, wie die Beine deines Pferdes bei der Traversale kreuzen oder wo es vor dem Oxer abspringen soll. Tiere denken ebenfalls in Bildern – das weiß jeder, der seinen Hund oder sein Pferd im Traum schon mal hat laufen sehen. Sicher habt auch ihr die Erfahrung gemacht, dass euer Pferd bereits auf einen Gedanken von euch reagiert, noch bevor ihr die entsprechende Hilfe gegeben habt. Pferde nehmen uns auf feinstofflichster Ebene wahr und sind umso konzentrierter und sicherer, je mehr wir es sind.

Dein Weg zur Horse-Life-Balance

Guter Gedanke G

POWERPOSING

Eine wunderbare Ergänzung zur Visualisierung ist, dein inneres Bild oder eine Super-Affirmation in eine Performance umzusetzen. Powerposing ist gefragt! Recke die Arme in die Höhe, spanne die Muskeln an, streck den Brustkorb nach vorn und die Schultern nach hinten. Grinse, lache laut, juble dir selbst zu! Okay, das klingt peinlich, aber du kannst es ja hinter verschlossener Badezimmertür probieren. Die äußere Form hat nämlich eine starke Wirkung auf unser inneres Mindset. Das haben Harvard-Wissenschaftler in einer Studie eindeutig belegt. Wenn wir eine starke Pose einnehmen, fühlen wir uns gleich selbstbewusster. Der Hormonspiegel fährt hoch, unser Organismus stellt um in den Fight-Modus. Selbst wenn es sich zunächst unecht und gespielt anfühlt: »Fake it, till you believe it!« darf dein persönliches Mantra werden.

Tipp: 10 Minuten, in denen du eure perfekte Lektion, den idealen Sprung oder ein reibungsloses Verladen des Pferdes visualisierst, sind oft mehr wert als eine Stunde wertlosen Geackers im Sattel oder am Hänger. Am sichersten erreichst du dein Ziel, wenn du eine körperliche Praxis mit regelmäßigen mentalen Übungen verbindest.

Gedanken-Fokus: Visualisierungen helfen, deine gewünschten Ergebnisse wahr werden zu lassen.

5. DENK-STOPP BEI ANGST

Im Umgang mit den eigenen Ängsten, ganz egal, ob wir über große Unsicherheiten oder kleine Besorgnisse sprechen, darfst du dir immer wieder bewusst machen, dass unser Unterbewusstsein Emotionen nicht bewertet. Es ist ihm gleich, ob wir ihm Super-Affirmationen eintrichtern oder negative Glaubenssätze. Die Aufmerksamkeit wird wie eine Lenkrakete stets auf die dominanten Gedanken gerichtet. Wenn dein Fokus und die Sprache also auf Defiziten und Schwächen liegt (»Ich reite noch nicht gut genug«/»Auf Turnieren bin ich ein einziges Nervenbündel«), dann ist die Wahrscheinlichkeit hoch, dass diese sich bewahrheiten. Wenn du dir die Katastrophe dann noch in allen Farben und Details ausmalst, verstärkt sich deine negative Visualisierung. Lass also nicht die Angst zu deinem Ziel werden, sondern zeig ihr Grenzen auf. Eine Möglichkeit sind Denk-Stopps, die du einsetzen kannst, wenn das bedrohliche Bild vor deinem inneren Auge auftaucht und du die Katastrophe förmlich riechen kannst. Unterbreche das Muster mit einem Aktionswort – es funktioniert wie ein Ankerwort, nur mit gegenteiliger Wirkung. »**Stopp!**« kann es natürlich lauten, aber auch hier entscheidest du selbst, was für dich Sinn macht. Vielleicht ist für dich »**Ruuuuhig!**« das richtige Signal, um die Angst zu zähmen oder aber ein kurzes, knackiges »**Weg damit!**«. Wichtig ist es, nach dem Denk-Stopp den negativen Gedanken durch einen positiven zu ersetzen und damit deinen inneren Computer neu zu programmieren. Eine andere Möglichkeit ist, die Angst nicht als Signal zum Rückzug zu betrachten, sondern als grünes Licht dafür zu sehen, dass du gerade deine Komfortzone verlassen hast und wertvolle Lerngeschenke auf dich warten. In der Angst liegt auch eine Chance – nämlich aktiv zu werden und sie als Teil der persönlichen Überlebensstrategie anzunehmen. Natürlich muss jeder für sich selbst entscheiden, wo seine Grenzen liegen. Wie risikobereit du bist, wie gut es dir gelingt, für deine Sicherheit zu sorgen, und wie souverän du mit der eigenen Angst verhandeln und auch mal um »Auszeiten« bitten kannst, ist eine Frage von Erfahrung und persönlicher Disposition. Trotzdem: Niemand ist als Angsthase geboren und Mut bedeutet auch nicht, sich nie zu fürchten. Mutig ist, wer sich trotz aller Befürchtungen immer wieder Herausforderungen stellt, die ihn seinen Zielen näher bringen.

Angst darf beim Reiten niemals im Fokus stehen. Negativen Gedanken begegnet man am besten mit aktiven Denk-Stopps.

<u>Tipp:</u> Wer keine Angstantworten mehr möchte, muss bessere Fragen stellen. Auch hier gilt: Die Formulierung macht den Gedanken. Besonders Fragen, die mit »Warum« beginnen, darfst du aus deinem Wortschatz streichen, denn unser Gehirn verknüpft damit selten konstruktive Assoziationen.

SO STELLST DU BESSERE FRAGEN

Statt: Warum habe ich solche Angst?
→ Wie kann ich ruhiger, sicherer und selbstbewusster werden?
Statt: Warum passiert mir das immer?
→ Wie kann ich das Erlebte zu meinem Vorteil verwenden?
Statt: Warum kann ich das nicht?
→ Wie kann ich es schaffen?
Statt: Was ist, wenn mich alle auslachen?
→ Was macht es schon, wenn mich alle auslachen?

Dein Weg zur Horse-Life-Balance

HORSE BUCKET LIST

Die berühmte Einmal-im-Leben-Liste, auf der wir die Dinge notieren, die wir unbedingt noch machen/erleben/umsetzen möchten, bevor wir alt und grau sind, ist natürlich auch auf unser Horse-Life anwendbar. Vielleicht notierst du dir einmal, was du deinem Pferd gerne noch zeigen oder beibringen würdest. Vielleicht gibt es einen Ort, an den du unbedingt einmal mit ihm hinreisen möchtest, oder eine Qualität, die ihr gemeinsam entwickeln könntet? Auf der Horse Bucket List ist alles erlaubt, egal wie realistisch es dir gerade erscheint (also ohne S.M.A.R.T.Y-Check, s. S. 203). Vorhaben und Träume beflügeln die Fantasie und motivieren dich, deine Ziele ideenreich umzusetzen.

Gemeinsam mit Carinjo durchs Wassser galoppieren – das stand lange auf meiner persönlichen Horse Bucket List.

LEBENSZIELE
HORSE BUCKET LIST

Ich würde gern einmal mit meinem Pferd…

… an einen schönen Ort verreisen

… ohne Sattel durchs Wasser galoppieren

… an einer Quadrille teilnehmen

RITUALE – so entwickelst du gute Gewohnheiten

Der Mensch ist ein Gewohnheitstier. 95 Prozent unserer täglichen Entscheidungen fällen wir nicht bewusst, sondern aus unserem Unterbewusstsein heraus. Wir werden von Routinen und Automatismen gelenkt. Durchschnittlich 70 Prozent unserer Gedanken gleichen denen des Vortags und 40 Prozent unseres Verhaltens wiederholen wir täglich. Entsprechend schwer ist es, diesen Trott zu durchbrechen und neue Gewohnheiten zu verankern. Studien zeigen, dass es im Schnitt 66 Tage dauert, bis wir eine neue Routine verinnerlicht haben, für komplexe Verhaltensänderungen brauchen wir oft deutlich länger. Das Interessante dabei: Wir können unsere Willenskraft trainieren wie einen Muskel. Je mehr wir unseren präfrontalen Cortex aktivieren, den Teil im Gehirn, der für die Selbstkontrolle zuständig ist, desto stärker werden die entsprechenden neuronalen Verbindungen gestärkt. Was man beim Hanteltraining Muskelaufbau nennt, ist beim zentralen Nervensystem (Gehirn und Rückenmark) die sogenannte Neuroplastizität. Das entsprechende Hirnareal wird tatsächlich physisch größer. Wenn wir uns also vornehmen, künftig jeden Tag zehn Minuten Yoga- und Atemübungen zu machen, bevor wir aufs Pferd steigen, wird sich das bereits nach zwei Monaten nicht mehr fremd und komisch, sondern sehr angenehm anfühlen. Die positive Wirkung, die diese neue Gewohnheit auf dein Pferd hat, wirst du übrigens schon deutlich schneller spüren …

MEINE RITUALE MIT DEM PFERD
Auf unserer Website findest du eine Vorlage für einen sogenannten Habit Tracker. Scanne einfach den QR-Code rechts auf der Seite ein und drucke dir das hinterlegte PDF aus. Die Übersicht soll dir helfen, deinen Routinen beim Pferd auf die Spur zu kommen und dir neue hilfreiche Gewohnheiten zuzulegen. Bevor du anfängst den Wochenplan auszufüllen, beschreibe ein typisches Zusammentreffen mit deinem Pferd, notiere jedes Detail – vom Ankommen im Stall bis zum Verlassen des Hofes:

- Wie verbringt ihr die gemeinsame Zeit – von der Begrüßung über das Putzen, Reiten, Füttern bis hin zur Verabschiedung?
- Wie lange bleibst du?
- Protokolliere auch eure täglichen Trainingseinheiten und überlege dir, in welchen Situationen du mit deinem Pferd kommunizierst.
- Welche lieb gewonnenen Rituale habt ihr?
- Welche eurer Gewohnheiten möchtest du in den nächsten zwölf Monaten beibehalten, welche ausbauen und von welchen möchtest du dich lieber verabschieden?
- Finde ein bis drei neue Gewohnheiten, die dir und deinem Pferd guttun würden, und trage sie in den Habit Tracker ein. Überprüfe wöchentlich, wie gut es dir tatsächlich gelungen ist, eure neuen Rituale zu etablieren.

Dein Weg zur Horse-Life-Balance

Pferde lieben Rituale! Versuche, eure gemeinsame Zeit mit guten Gewohnheiten zu füllen.

GUTE GEWOHNHEITEN
HABIT TRACKER
für deine Pferde-Woche

HABITS	M	D	M	D	F	S	S
Mich erden und „leer machen", bevor ich zu meinem Pferd gehe							
Meinem Pferd aufmerksam zuhören							
Ein paar Minuten „absichtslose Zeit" mit ihm verbringen							
Mein Wochenziel im Auge behalten							

OHNE BEWERTUNG

Unsere Welt ist voll von Likes und Dislikes. Wir stecken gerne alle und alles in Schubladen, um uns das Leben zu vereinfachen. Doch niemand wird gern pauschal bewertet und man tut anderen damit oft unrecht. Wenn du das nächste Mal in den Stall fährst, versuche doch mal ganz bewusst, alle Dinge, Menschen und Situationen unvoreingenommen wahrzunehmen. Lass einfach alles sein, wie es ist. Versuche gar nicht erst, es als gut oder schlecht, richtig oder falsch einzuordnen. Wenn du merkst, dass du Likes und Dislikes verteilst, kehre zurück zu einer neutralen Beobachtung. Auf diesem Wege gönnst du deinem Gehirn eine Pause und trainierst eine neue Form der Achtsamkeit.

Nico's Special Tipp

FLOW – so findest du innere Balance

Beim Reiten fühlen wir uns dann besonders zufrieden, wenn sich unsere Fähigkeiten und die Herausforderungen im Gleichgewicht befinden. Fühlen wir uns überfordert, gestresst, bekommen wir womöglich Angst oder verlieren die Lust. Gibt es gar keine neuen Herausforderungen, wird es irgendwann langweilig. Das geht unserem Pferd übrigens ganz genauso. Man bezeichnet den Bereich, in dem eine optimale Balance zwischen Anforderungen und Fähigkeiten besteht, als Flow-Kanal. Außerhalb dieses Kanals empfinden wir negative Gefühle wie Stress, Angst, Frust oder Langeweile, in der Mitte befinden wir uns in unserem Element. Vielleicht hast du dich auch schon mal im Flow gefühlt, als du mit deinem Pferd absolut im Einklang warst. Es gibt diese Momente beim Reiten, wenn man gemeinsam mit ihm zu schweben scheint, aber auch am Boden, wenn es dir voll und ganz vertraut. Dabei wissen wir alle: Kein Tag mit dem Pferd ist wie der andere. Einen Flow kannst du weder erzwingen noch manifestieren, er stellt sich immer wieder neu ein (oder eben nicht). Wenn du einen Flow erleben willst, musst du ständig an deinen reiterlichen Fähigkeiten und an deiner Kommunikation mit deinem Pferd arbeiten.

Das Gute ist, dass ein Flow-Gefühl für alle erreichbar ist, es hat nichts mit Leistungsklassen zu tun. Jeder kann im Umgang mit seinem Pferd Glück und Zufriedenheit empfinden, egal ob er mit ihm Grand-Prix-Prüfungen reitet oder ohne Sattel durch den Wald. Der Weg ist (mal wieder!) das Ziel, und um deinem Pferd und dir den Spaß zu erhalten, braucht es immer neue Herausforderungen. Der Flow ist das Ziel. Indem du dich darauf konzentrierst, kannst du auch die Momente auf dem Weg dahin genießen, in denen du eine enge Verbindung zu deinem Pferd spürst. Sei nicht enttäuscht, wenn du nicht sofort in den perfekten Flow kommst, es braucht die richtigen Rahmenbedingungen und eine Menge Übung.

Voraussetzung für das Flow-Gefühl ist eine bewusste Körperwahrnehmung, aus der mit der Zeit ein präzises Körpergefühl entsteht, das wiederum in ein unbewusstes Bewegungsgefühl mündet. Die einzelnen Stufen sind in der Flow-Pyramide verdeutlicht:

In völligem Einklang mit dem Pferd: Ein Flow-Gefühl beim Reiten entsteht aus Momenten der optimalen Balance.

Dein Weg zur Horse-Life-Balance

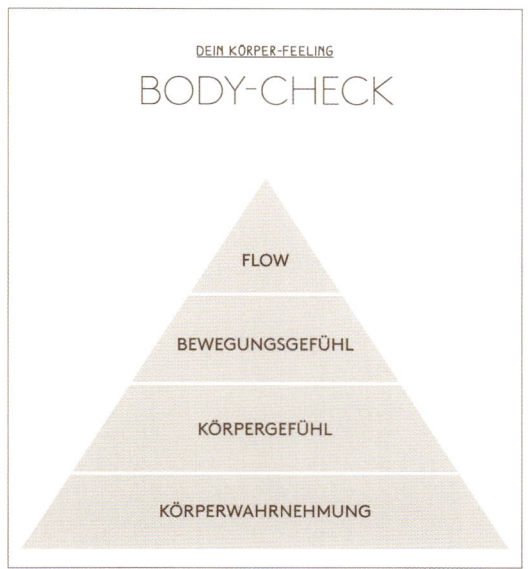
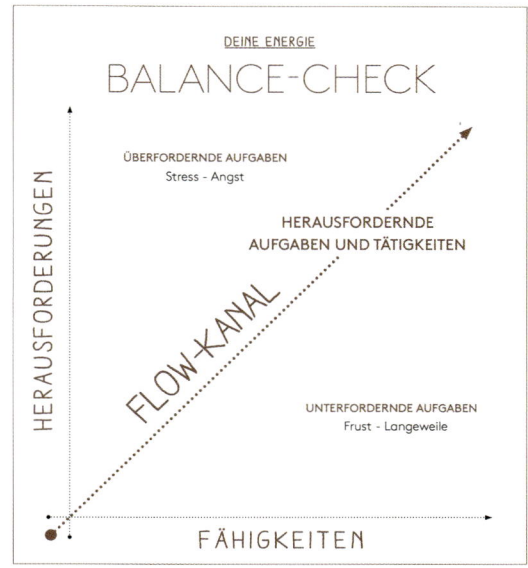

KÖRPERWAHRNEHMUNG

Sie bildet die Basis für alle darüber liegenden Stufen von Körper- und Bewegungsgefühl. Man versteht darunter das Wahrnehmen des eigenen Körpers mit allen Sinnen. Yogaübungen und Atmung können dabei helfen, den eigenen Körper bewusster zu erleben und zu spüren. Wo liegt deine Körpermitte? Spürst du, welche Muskeln gerade angespannt sind? Kannst du in einzelne Körperteile hineinatmen? Menschen, die ein gutes Körperbewusstsein haben, entwickeln daraus auch leichter Selbstbewusstsein in andere Lebensbereiche hinein.

KÖRPERGEFÜHL

Damit ist der aktuelle Zustand deines Körpers gemeint, inklusive der Fähigkeit, diesen zu steuern und zu kontrollieren. Spürst du, wenn du zu fest oder zu locker im Körper bist? Kannst du Nervosität willentlich regulieren und dich aktiv runterfahren? Mittels Entspannungs- beziehungsweise Aktivierungsmethoden kannst du lernen, dein Spannungsniveau zu kontrollieren. Beim Reiten ist das deshalb so wichtig, weil die körperliche und mentale Verfassung einen direkten Einfluss auf das Pferd hat.

BEWEGUNGSGEFÜHL

Während es sich bei den ersten beiden Stufen der Flow-Pyramide um bewusste körperliche Prozesse handelt, stellt sich ein Bewegungsgefühl eher unbewusst ein beziehungsweise entwickelt sich aus langjähriger Erfahrung. Manche Reiter besitzen es von Natur aus stärker als andere, einige wenige verfügen zudem über ein intuitives Bewegungsgefühl, das es ihnen erleichtert, in einen Flow mit ihrem Pferd zu kommen. Sie spüren, wenn ein Pferd in seinen Bewegungen eingeschränkt ist, sein Potenzial nicht abrufen kann oder mental blockiert.

FLOW

An der Spitze der Pyramide steht das optimale Bewegungsgefühl. Wer einmal in einen Flow mit seinem Pferd gekommen ist, weiß: Jetzt fühlt sich das Reiten genau richtig an. Alles läuft exakt so, wie es sein soll: Das Pferd reagiert auf feine Hilfen, ich als Reiter muss nur ganz leicht einwirken, die Bewegungen verschmelzen miteinander. Beide Seiten sind dann happy und entspannt. Natürlich kann ich auch jenseits des Sattels Flow-Momente erleben – immer dann, wenn mein Pferd mir voll und ganz vertraut.

WARM-UP – so bereitest du dich aufs Reiten vor

Gerade wer beim Arbeiten viel sitzt, sollte seinen Körper vor dem Reiten dehnen und mobilisieren.

DEHN- & STRETCHÜBUNGEN VOR DEM AUFSTEIGEN

Bevor du an der Gymnastizierung deines Pferdes arbeitest, gymnastiziere erst einmal dich selbst! Gerade wenn du einen langen Arbeitstag am Schreibtisch hinter dir hast, tust du dem Pferd und dir einen Gefallen, wenn du dich vor dem Reiten ein wenig dehnst und stretchst. Die folgenden Übungen helfen dir, deine Muskulatur zu lockern und die entscheidenden Gelenke zu mobilisieren, sodass du im Sattel besser auf die Bewegungen deines Pferdes eingehen und leicht mitschwingen kannst.

1. Vorderen Schulterbereich dehnen

Strecke deinen rechten Arm nach vorn aus und beuge ihn dann vor dem Oberkörper im 90-Grad-Winkel, die Finger zeigen gen Himmel, die Handfläche schaut zu deinem Gesicht. Lege den linken ausgestreckten Arm in die rechte Ellenbogenbeuge und dehne die linke Schulterpartie, indem du den linken Arm sanft zu dir heranziehst.

Wiederhole die Übung auf der anderen Seite.

2. Hinteren Schulterbereich und Trizeps dehnen

Strecke deinen rechten Arm gen Himmel aus, klappe den Unterarm hinter dem Rücken ab und greife mit der linken Hand dein rechtes Ellenbogengelenk. Die Finger der rechten Hand sind ausgestreckt. Zieh den Ellenbogen nach hinten zwischen deine Schulterblätter und dehne dabei deinen rechten Trizeps und die hintere Schultermuskulatur.

Wiederhole die Übung auf der anderen Seite.

3. Diagonale Arm- und Schulterdehnung

Suche dir einen Zaun oder Anbindebalken auf Brusthöhe. Strecke den rechten Arm nach vorn aus und lege ihn gerade darauf ab, die Beine sind geschlossen. Beuge dich mit dem Oberkörper zur rechten Seite und umfasse mit der linken Hand dein rechtes Knie. Der Rücken bleibt dabei möglichst gerade. Du sollst bei dieser Übung die Dehnung auf der gesamten rechten Seite und in der Schulterpartie spüren.

Wiederhole die Übung auf der anderen Seite.

4. Hinteren Oberschenkel und Wade dehnen

Strecke dein rechtes Bein lang nach vorne aus und stelle die rechte Ferse auf dem Hocker oder der Aufstiegshilfe ab. Lege die Hände an die Hüftknochen und beuge dich mit geradem Oberkörper nach vorn. Du sollst bei dieser Dehnübung sowohl deine rechte Wadenmuskulatur als auch die hintere Oberschenkelmuskulatur spüren.

Wiederhole die Übung auf der anderen Seite.

5. Hüftbeuger stretchen, Oberschenkel kräftigen

Such dir einen Hocker oder eine Aufstiegshilfe und stelle den linken Fuß darauf ab. Beuge das linke Bein in einen rechten Winkel, das rechte Bein ist lang nach hinten ausgestreckt. Deine Hände ruhen auf den Hüftknochen. Beug dich nun nach vorn und dehne den rechten Hüftbeuger, der linke Oberschenkel ist angespannt. Du kannst ein paarmal vor und zurück wippen, um noch tiefer in die Dehnung zu kommen.

Wiederhole die Übung auf der anderen Seite

6. Rücken stretchen, Schulter mobilisieren

Öffne deine Beine in eine gegrätschte Position, strecke beide Arme nach hinten aus und verschränke die Finger hinter deinem Rücken. Beuge dich dann mit ausgestreckten Armen nach vorn und ziehe die verschränkten Finger gen Himmel. Die Rückenmuskulatur ist dabei angespannt, der Kopf hängt locker herab. Zieh die Fäuste immer weiter in Richtung Boden, und wenn du deine Grenze erreicht hast, halte diese Position für fünf Atemzüge.

7. Kraft im Bauch aufbauen

Aktiviere als Nächstes deine Bauchmuskulatur, indem du dich auf den Hocker oder die Aufstiegshilfe setzt und beide Beine zum Körper ziehst. Halte die Knie geschlossen und fasse seitlich mit den Händen in die Kniebeugen, um die Balance zu halten. Die Unterschenkel sind in einem 90-Grad-Winkel nach vorn gestreckt, der Rücken bleibt gerade. Während du deine Bauchmuskulatur anspannst, atme ruhig durch die Nase ein und aus. Halte diese Position für fünf Atemzüge.

8. Beinkreisen, Hüfte mobilisieren

Diese Übung ist für Reiter besonders wertvoll, weil sie dafür sorgt, dass du im Sattel sowohl Stabilität als auch Beweglichkeit erlangst. Eine mobile Hüfte ermöglicht dir, locker mit den Bewegungen deines Pferdes mitzuschwingen und es durch deinen Sitz nicht im Rücken zu blockieren.

Verlagere dein Gewicht auf das linke Bein und hebe das rechte Bein im rechten Winkel vor dem Körper an. Deine Hände sind in die Hüften gestemmt. Beginne nun, ausgehend vom rechten Knie, aus der Hüfte heraus nach vorn über die Seite im Uhrzeigersinn Kreise zu zeichnen. Kreise dreimal in die eine, dann in die entgegengesetzte Richtung und versuche dabei immer, aufrecht stehen zu bleiben und die Balance zu halten.

Wiederhole die Übung auf der anderen Seite.

Alle Warm-up-Übungen als Handout zum Herunterladen und Ausdrucken

WORKBOOK

YOGA & REITEN –
warum das so gut zusammenpasst

Dieses Kapitel ist in Zusammenarbeit mit Daniela Kämmerer entstanden. Daniela ist Pferde-Menschen-Coach und unterrichtet Yoga für Reiter. Neben Einzel-Coachings und Präsenz-Workshops gibt sie auch regelmäßige Online-Kurse, u.a. den »Yoga Mindset Course für Reiter:innen – gut fühlen, positiv denken, besser reiten«. Mehr Info: danielakaemmerer.de

Pferde sind von Natur aus nicht dazu erschaffen, uns Menschen zu tragen. Da wir es trotzdem von ihnen verlangen, sind wir in der Verantwortung, ihnen beim Reiten mit Respekt und Vorsicht zu begegnen. Dazu gehört nicht nur, sie fair und schonend auszubilden und zu trainieren, sondern auch uns selbst fit zu halten! Eine schlechte Körperhaltung, die man im Alltag schnell entwickelt, ist für das Pferd deutlich spürbar und führt zwangsläufig zu Missverständnissen beim Reiten. Du kannst mit deinem Pferd körpersprachlich nur eindeutig kommunizieren, wenn du deinen eigenen Körper unter Kontrolle hast. Ansonsten empfängt das Pferd widersprüchliche Signale, ist irritiert und kann deinen Erwartungen nicht entsprechen. Reiten erfordert von uns ein hohes Maß an Balance und Koordination, aber auch körperliche Stabilität. Wir müssen fähig sein, unserem Pferd durch das richtige Maß an Anspannung und Entspannung feine Hilfen zu geben. Und zwar, indem wir

- unsere Körperteile unabhängig voneinander bewegen und sie bewusst an- und abschalten lernen.
- in der Lage sind, vermeintliche Gegensätze ins Gleichgewicht zu bringen: Stärke und Beweglichkeit, Stabilität und Softness.
- uns auf das anders denkende und instinktiv agierende Wesen unter uns einstellen und auch mental eine Verbindung zu ihm aufbauen.
- ruhig und ausbalanciert im Sattel sitzen, sodass sich das Pferd frei unter uns bewegen kann.
- unsere Hilfen fein koordinieren, um dem Pferd mit möglichst wenig Druck zu begegnen.
- unsere Umgebung aufmerksam wahrnehmen.

Das sind eine Menge Dinge auf einmal, die man beim Reiten beachten muss. Einfach ist das nicht! Neben einer guten Grundkondition und Muskelkraft ist vor allem auch Balancegefühl gefragt. Um innerlich und

Daniela Kämmerer hat als Pferde-Menschen-Coach und Yogalehrerin für Reiter sowohl Körper als auch Seele im Blick.

Dein Weg zur Horse-Life-Balance

äußerlich ins Gleichgewicht zu kommen, entdecken immer mehr Reiter Yoga für sich. Hast du Lust, es auch einmal auszuprobieren?

WAS MACHT EINEN GUTEN PFERDE-YOGI-MENSCHEN AUS?

Yoga beinhaltet alle Elemente, die für eine gute Kommunikation mit dem Pferd, ob beim Reiten oder am Boden, wichtig sind: körperliche Stabilität, geistige Flexibilität, Atem- und Meditationstechniken und, nicht zu vergessen, Achtsamkeit.

Für viele Menschen bilden die Asanas, also die körperlichen Übungen, den Einstieg ins Yoga. Beweglichkeit und Stabilität einerseits, aber auch Balance und Softness sind Qualitäten, die wir durch die Praxis entwickeln können. Auch die verschiedenen Atemtechniken im Yoga lassen sich beim Reiten sowohl zur Entspannung als auch zur Konzentrationssteigerung gezielt einsetzen. Wer über einen längeren Zeitraum Yoga praktiziert, der öffnet nicht nur verschiedene Bereiche seines Körpers, sondern automatisch auch seinen Geist: Der Umgang mit den Sinnen, die innere Haltung verändern sich. Welchen Reizen setze ich mich im Stall aus? Wie sehr lasse ich mich von den Stimmungen, Meinungen und Ratschlägen anderer beim Reiten beeinflussen? Gelingt es mir, mich frei zu machen von der Außenwirkung (Stichwort Posing) und mich voll auf mein Pferd zu konzentrieren? Und noch eine Stufe höher: Gelingt es mir, Abstand zu den eigenen Gedanken zu nehmen und damit eine besondere Form der inneren Freiheit zu erlangen? Wenn ich meine Emotionen kontrollieren kann, fällt auch das Zusammensein mit dem Pferd leichter. Wenn ich ein gutes Gefühl für mich selbst entwickle und aus dieser emphatisch-gelassenen und präsenten Haltung meinem Tier begegne, erweise ich mich als verlässlicher Partner. Yoga mit dem Pferd kann auch gemeinsame Konzentration ohne konkretes Ziel bedeuten. Der Kern und das Ziel einer guten Horse-Life-Balance ist die tiefe Verbindung zu unseren Tieren, und das auf der Basis von Verständnis und Vertrauen.

Warum die Yogamatte nicht mal mit auf die Weide nehmen und in Gesellschaft seines Pferdes üben?

WELCHE ÜBUNGEN EIGNEN SICH FÜR REITER?

Auf der Yogamatte lassen sich alle Qualitäten üben, die ein guter Pferdemensch braucht: Kraft und Körperbewusstsein, Balancegefühl, dazu mentale Stärken wie Geduld und Gleichmut, Offenheit und Neugier, Verlässlichkeit und Konsistenz. Deswegen haben wir dir im folgenden Teil Übungen zusammengestellt, die du zu Hause praktizieren kannst, bevor du zu deinem Pferd fährst, wie auch solche, die du als Warm-up direkt vor dem Reiten oder sogar auf dem Pferderücken ausführen kannst. Du kannst sie jederzeit um eigene Bewegungen erweitern, die dir guttun, und diese beliebig oft wiederholen. Du musst dir dabei kein festes Trainingsziel setzen – weder auf der Yogamatte noch beim Reiten hört das Lernen jemals auf. Betrachte dich als ewiger Schüler deines Pferdes.

WORKBOOK

YOGA FÜR REITER –
acht Übungen für Einsteiger

Rücken strecken, Rücken runden: Die »Katze-Kuh-Stellung« beim Yoga dient der Mobilisierung.

ÜBUNGEN FÜR MEHR KRAFT, BEWEGLICHKEIT & BALANCE

Beim Yoga werden Übungen als Asanas bezeichnet. Sie machen den Körper geschmeidiger und strecken ihn, sorgen aber auch dafür, dass er gekräftigt und gestrafft wird. Es geht dabei um den Wechsel von Anspannung und Entspannung – genau wie beim Reiten. Es gibt mehr als 200 Asanas im Hatha-Yoga.

Wir haben dir eine kleine Auswahl an Übungen zusammengestellt, die gerade für die Kondition und Koordination im Sattel hilfreich sind. Wenn du darüber hinaus tiefer in die Yogapraxis einsteigen willst, findest du auf zahlreichen Youtube-Kanälen jede Menge kostenlose Yoga-Flows.

Alle Yoga-übungen als Handout zum Herunterladen und Ausdrucken

Zwei Asanas zur Kräftigung

Der **Krieger 2** ist eine stehende Position, die Kraft und Durchhaltevermögen erfordert. Strecke die Arme auf Schulterhöhe nach vorn und hinten aus, die Handflächen zeigen nach unten. Das vordere Bein ist angewinkelt, das Knie über dem Knöchel ausgerichtet. Das zweite Bein ist lang gestreckt nach hinten aufgesetzt, der Fuß parallel zum kurzen Mattenende. Halte diese Position für fünf Atemzüge und wechsle dann die Seiten.

Die **schiefe Ebene**, auch Yoga-Liegestütz genannt: Bilde eine gerade Linie vom Kopf bis zu den Füßen, indem du dich auf deine gestreckten Arme stützt. Die Rückenmuskulatur ist angespannt, der Po fest, die Oberschenkelinnen- und -außenseiten sind gestrafft. Halte diese Position für mindestens fünf Atemzüge. Dieses Asana verbessert die Körperspannung und sorgt für einen stabilen Sitz beim Reiten.

Zwei Asanas für mehr Balance

Das Kamel ist eine Rückbeuge, die dir zu mehr Energie, innerer Stärke und Selbstbewusstsein verhilft. Diese Übung dient dazu, Balance in Vorder- und Rückseite des Oberkörpers zu bringen und dein Herz zu öffnen. Du kannst die Hände in die Hüften stemmen und den Oberkörper leicht zurückneigen, während du im Kniestand bist, oder mit beiden Händen nach hinten an deine Fersen greifen. Der Kopf bleibt möglichst in Verlängerung der Wirbelsäule.

Gegrätschte Rückbeuge mit gestreckten Armen
Stell die Füße hüftgelenksbreit auseinander und tritt mit einem Bein weit zurück. Erde das hintere Knie, leg den Fußspann auf der Matte ab und lass dich in die Dehnung des Hüftbeugers gleiten. Strecke dann beide Arme senkrecht gen Himmel aus. Wenn du die Beine gedacht aufeinander zubewegst, stabilisierst du damit deinen Unterkörper und kannst dich vorsichtig nach hinten lehnen. Diese Übung lässt dich stabiler und aufrechter im Sattel sitzen.

Zwei Asanas zur Dehnung

Schmetterling – eine weitere effektive Übung für mehr Flexibilität in Hüfte und Leisten. Beim Herunterklappen der Beine im aufrechten Sitz werden die Oberschenkelinnenseiten gedehnt, was das korrekte Treiben in den Seitengängen unterstützt. Versuche die Dehnung zu verstärken, indem du die Fußsohlen aneinanderpresst, die Zehen greifst und dich in der Wirbelsäule gerade aufrichtest.

Der herabschauende Hund – die Mutter aller Yogaübungen. Sie verschafft dir den Raum zum tiefen Durchatmen und bietet gleichzeitig die Möglichkeit, Schultern, Rücken und Beine zu dehnen. Du kannst auch einen »Walking Dog« daraus machen, indem du die Fersen abwechselnd hebst und beim Senken die Waden stretchst. Wenn du den Hund regelmäßig praktizierst, kannst du ihn als entspannende Vorübung betrachten, um deinem Pferd ohne Stress, Aggression oder Anspannung gegenüberzutreten.

Zwei Asanas zur Entspannung

Kindhaltung – sie ermöglicht eine ruhige und tiefe Atmung, der Schulter- und Nackenbereich kann entspannen. Strecke die Arme im Fersensitz vor dir am Boden aus und lege den Kopf ab oder öffne die Knie mattenweit. Der Oberkörper liegt dann entspannt zwischen deinen Beinen. Diese Stellung erdet uns und beruhigt das gesamte Nervensystem. Sie hilft dabei, dass wir unserem Pferd wach, fokussiert und mit der nötigen Ruhe begegnen.

Nadelöhr – die perfekte Übung gegen Rückenschmerzen und Blockaden im Ileosakralgelenk! Man kann die Position in einer einfachen Variante mit einem aufgestellten Bein praktizieren oder es im 90-Grad-Winkel anheben und den Fuß des anderen Beines auf dem Knie ablegen. In dieser Variante wird durch das seitlich geöffnete Bein die Oberschenkelrückseite des anderen gefasst und sanft herangezogen. Die Zehenspitzen sind dabei angezogen, die beiden Knie drücken in entgegengesetzte Richtungen.

MEDITATION –
bringt das was?

Meditation kann vieles sein – auch ein gemeinsamer Abendspaziergang mit dem Pferd.

Meditation wird auch als »Yoga für den Geist« bezeichnet und meint viel mehr als nur Stillsitzen und Nichtsdenken. Vielmehr trainieren wir, das stetige Gedankenkarussell in unserem Kopf ruhen zu lassen und die Geschehnisse um uns herum mal nur zu beobachten, statt sie unaufhörlich zu bewerten. Es geht darum, unser »Monkey Mind« zu besänftigen. Der Begriff ist aus dem Buddhismus abgeleitet und beschreibt einen ruhelosen, launenhaften, überspannten, scheinbar unkontrollierbaren Geist. Um den wilden Affen in dir zu zähmen, können Meditations- und Achtsamkeitspraktiken sehr hilfreich sein.

Wir stellen dir auf den folgenden Seiten Übungen vor, die du allein oder auch bei oder sogar gemeinsam mit deinem Pferd machen kannst. Ein Mantra, mit dem sich gut beginnen lässt, lautet: »Es darf leicht sein«. Das klingt einfacher, als es ist, denn oftmals empfinden wir unser Leben in Summe als eher anstrengend. Im Zusammensein mit dem Pferd kommt es aber gerade auf das »Weniger« an: weniger Anstrengung, weniger Verbissenheit, weniger Druck und weniger Stress bringt uns auf den richtigen Weg. Die Voraussetzung dafür ist, dass wir unser Herz öffnen und das Pferd auch mal zu Wort kommen lassen.

Drei Meditationsübungen mit Pferd

Achtsamkeit & Verbindung

Mit dieser Meditation kannst du zum Beispiel einen Ausritt beginnen: Während dein Pferd am langen Zügel im Schritt geht, nimm ein paar tiefe Atemzüge und spüre, wie die Luft deine Lungen füllt. Lass deinen Bauch weich sein und richte die Wirbelsäule auf in Richtung Himmel. Stelle deine Augen auf weit, dein Blick geht in die Ferne. Nimm wahr, was um dich herum passiert: Kannst du Vogelgezwitscher hören? Lässt der Wind die Blätter rauschen? Wie fühlt sich deine Haut an – ist dir kalt oder warm? Spürst die die Sonne oder Regentropfen? Versuche, ob du deine Augen gedanklich weiter nach hinten in den Kopf bewegen, deinen Blick noch mehr weiten kannst. Es geht darum, den Moment so bewusst wie möglich wahrzunehmen. Keine Pläne, keine Listen, keine To-dos – dieser Ausritt, die intensive Verbindung zwischen deinem Pferd und dir ist alles, was jetzt zählt.

Harmonie & Einklang

Meditation kann auch mit Bewegung einhergehen. Wenn dich jemand führen kann, schließe für ein paar Minuten die Augen und konzentriere dich nur auf die Verbindung zu deinem Pferd: Wie bewegt dein Pferd deinen Körper? Wie schwingst du im Takt der Pferdeschritte mit? Was passiert in deinem Becken? Was im Oberkörper? Fühle in jede Körperregion hinein. Stell dir vor, du lässt dein Becken in einer unendlichen Acht vom Pferd bewegen. Lass dich mitnehmen, beeinflusse nichts. Deine Wirbelsäule schwingt in seinem natürlichen Rhythmus mit, eure Bewegungen verschmelzen. Dein Körperschwerpunkt verlagert sich automatisch mehr nach unten, du bekommst das Gefühl »tief im Pferd« zu sitzen.

Dankbarkeitspraxis

In dieser Meditation geht es darum, allen Menschen zu danken, die irgendwie dazu beitragen, dass es unserem Pferd gut geht und wir eine schöne Zeit mit ihm haben können. Du kannst diese Übung gedanklich machen oder auch schriftlich, indem du dir notierst, wem du dankbar bist und wofür. Eine Dankbarkeitspraxis und damit das Erkennen und Fokussieren der positiven Dinge, die wir in unserem Leben haben, kann maßgeblich dazu beitragen, dass wir uns vertrauensvoller und sicherer fühlen. Nimm dir dazu bewusst ein paar Minuten Zeit, am besten regelmäßig. Führ dir als Erstes alle Personen vor Augen, die deine persönliche Horse-Life-Balance positiv beeinflussen – wer trägt dazu bei, dass du eine schöne Zeit mit deinem Pferd verbringen kannst? Verfasse gedanklich oder auch auf einem Blatt Papier eine Dankesnotiz an alle Dienstleister rund um dein Pferd: an das Stallpersonal, deine Reitbeteiligung, den Trainer, Reitlehrer, Sattelhersteller, Züchter, vielleicht auch an deine Familie, die dir die Zeit und das Backing gibt, ein Leben mit Pferd führen zu können. Versuche dabei, nicht zu bewerten, nicht abzuwägen, wer mehr dazu beiträgt und wer weniger, sondern wertschätze auch vermeintliche Kleinigkeiten. Spüre, ob dieses **Danke**, wenn du es bewusst aussprichst und in dir strahlen lässt, vielleicht auch negative Gefühle überschattet.

Dankbar für jeden Moment – wenn man sich das Gute immer wieder bewusst macht, werden Sorgen automatisch kleiner.

WORKBOOK

ATMUNG – so nutzt du sie beim Reiten

Alles in unserem Leben hängt am Atem – es beginnt und endet buchstäblich damit. Beim Yoga wird der Atem als »Brücke zwischen Kopf und Körper« bezeichnet. Wir reagieren mit unserer Atmung unbewusst auf alles, was uns bewegt, innerlich und äußerlich. Unsere Gefühle und Gedanken spiegeln sich darin ebenso wie unsere körperliche Verfassung. Sind wir angespannt, atmen wir flacher oder halten den Atem sogar zwischendurch an. Sind wir entspannt, atmen wir ruhig und gleichmäßig. Das passiert ganz automatisch. Das Interessante ist: Es funktioniert auch andersherum. Wir können unsere Atmung bewusst einsetzen, um eine gewünschte Wirkung zu erzielen, gerade beim Reiten und im Umgang mit dem Pferd. Wenn wir unsere Körperwahrnehmung schulen und unsere Atmung aktiv in einzelne Bereiche lenken, verändert sich unser körperliches Empfinden – wir fühlen und bewegen uns sofort ganz anders. Und damit reiten wir auch anders. Die Atmung hilft uns außerdem, uns von innen heraus aufzurichten: Wenn wir unsere Lungen mit Sauerstoff füllen, machen wir uns automatisch gerade, wir werden groß, sind wach und einsatzfähig. Nichts hilft uns so verlässlich und schnell, unseren Körper zu spüren, wie die Konzentration auf die Atmung. Deshalb bietet sie uns einen großartigen Hebel für viele Probleme, die beim Reiten auftauchen.

Kannst du hinter eine oder mehrere der folgenden Aussagen ein Häkchen machen? Dann lohnt es sich für dich, zukünftig genauer auf die Atmung zu achten:
- Du fällst leicht nach vorne oder hinten.
- Du merkst, dass du angespannt bist und »nicht richtig zum Sitzen kommst«.
- Du hast beim Reiten öfter Seitenstiche.
- Dein Rücken wird im Sattel leicht rund oder du sitzt im Hohlkreuz.
- Du ziehst deine Fersen hoch.
- Deine Schultern fallen nach vorne.
- Dein Pferd stockt oft unter dir oder wird fest.
- Dein Pferd erschreckt sich leicht.
- Eure gemeinsame Bewegung »fließt« irgendwie nicht richtig.

Ausritte in die Natur können helfen zu entspannen. Der Atem bildet dabei eine Brücke zwischen Kopf und Körper.

Dein Weg zur Horse-Life-Balance

Atem beim Reiten nutzen: drei Übungen

1. Erdung und Fokussierung

Nimm dir, bevor du das Training beginnst, einen Moment Zeit und stell dich neben dein Pferd. Verlagere dein Gewicht gleichmäßig auf beide Füße und finde einen festen Stand auf dem Boden. Atme bewusst und tief durch die Nase ein. Du kannst dazu auch beide Hände auf den Bauch legen. Wenn du vollständig eingeatmet hast, halte den Atem für einen Moment an, zähle innerlich bis drei und lasse die Luft mit einem kräftigen Stoß durch den Mund wieder heraus. Stelle dir vor, dass du sämtliche negative Energie mit dieser einen Ausatmung an den Boden abgibst. Wiederhole das für fünf Atemzüge.

2. Ankommen und Entspannung

Die Zügel hängen locker über den Hals deines Pferdes, deine Arme sind entspannt, die Hände ruhen leicht auf deinen Oberschenkeln. Schließe für einen Moment die Augen. Spanne mit der Einatmung dann die Arme und Beine an, zieh beide Fußspitzen hoch, strecke die Arme bis in die Fingerspitzen und ziehe die Schultern zu den Ohren. Halte diese Spannung für drei Sekunden, dann lass alles los und atme durch den Mund aus. Du kannst auch einen Seufzer von dir geben, während du deine Schultern, die Hand- und Fußflächen und auch die Gesichtsmuskulatur komplett entspannst. Gib alles Schwere an den Boden ab. Wiederhole diese Übung für drei Atemzüge.

3. Ruhe und Zentrierung beim Reiten

Zähle die Tritte deines Pferdes innerlich mit, während es Schritt geht. Versuche deine Atmung mit seiner Bewegung zu synchronisieren, indem du vier Tritte einatmest und acht Tritte aus. Wenn dir das zu lang erscheint, kannst du auch drei Tritte ein- und sechs Tritte ausatmen. Wichtig ist, dass du die Ausatmung auf die doppelte Zeit wie die Einatmung ausdehnst. Damit verschaffst du sowohl dir als auch deinem Pferd eine Ruhepause und ihr findet in ein gemeinsames Tempo.

Alle Atemübungen als Handout zum Herunterladen und Ausdrucken

Feel-Good-Guide für dein Pferd

Spielerische Aktivierung, Entspannung, absichtslose Zeit – das braucht dein Pferd, um sich mit dir wohlzufühlen.

In diesem Teil des Workbooks richten wir den Fokus auf unsere Pferde. Ihr körperliches und psychisches Wohlbefinden obliegt unserer Verantwortung und als gute Pferdemenschen sollten wir es über alle Trainingsziele und sonstigen Pläne stellen, die wir mit ihnen haben. Auf den folgenden Seiten geht es also weniger um spezielle Ansätze oder Hilfestellungen beim Reiten – dafür verweisen wir gern auf hervorragende Fachliteratur, die wir für euch im Anhang zusammengestellt haben (s. S. 248). Wir möchten dir an dieser Stelle vielmehr Anregungen geben, wie du eine entspannte Partnerschaft mit deinem Pferd entwickeln kannst, und zwar auf Augenhöhe.

Jede Form der Ausbildung beginnt optimalerweise am Boden, sodass ihr euch sehen und Auge in Auge begegnen könnt. Ein gutes Basistraining meint, sich zunächst kennenzulernen (zum Beispiel im Roundpen), dem Pferd zuzuhören und (körperlich) Fragen zu stellen. Als Nächstes geht es um das Führen, mit und ohne Strick. Wenn eure Beziehungsarbeit fortgeschritten ist, kannst du dein Pferd mit einem Spiel- oder Gelassenheitsparcours emotional fordern und fördern. Spätere Dressurlektionen an der Hand vertiefen den Dialog. Auch das sogenannte »Flatwork«-Training durch kleine Parcours aus Stangen oder Dualgassen ist vom Boden aus möglich. Ergänzend sind Trainingseinheiten an der Doppellonge bestens geeignet, um den Pferdekörper ganzheitlich zu stärken, ohne dass das Gewicht des Reiters seinen Rücken belastet.

Bodenarbeit stärkt aber nicht nur das Vertrauen und vertieft die Bindung zu deinem Pferd. Es verfeinert auch eure Kommunikation. Genau wie wohltuende Berührungen, sei es in Form von Dehn- und Stretchingübungen. So wie bei uns Menschen wohltuende Massagetechniken nicht nur die Muskulatur lockern, sondern auch für innere Entspannung sorgen, genießen auch Pferde das Gefühl, in deiner Gegenwart loslassen und relaxen zu können. Ein Grundbedürfnis von Pferden ist es, Energie zu sparen. Damit haben sie jahrhundertelang ihr Überleben gesichert. Wenn du es auch in dieser seiner Natur akzeptierst und unterstützt, wirst du zu dem Partner, den dein Pferd sich wünscht und dem es vertraut.

Gutes Horsemanship, also der respektvolle, artgerechte Umgang mit dem Pferd, lässt sich am Ende auf diesen einfachen Wohlfühlbegriff reduzieren: Beiden Seiten soll es gut gehen miteinander! Wie so ein Feel-Good-Programm für unsere Pferde aussehen kann, verraten dir folgende Tipps und Beispiele.

BE KIND!

Nico's Special Tipp

Sei freundlich zu deinem Pferd! Klingt selbstverständlich, oder? Kann man unter Pferdemenschen aber leider oft ganz anders beobachten. Dabei kostet es nichts, dich deinem Pferd freundlich und respektvoll gegenüber zu verhalten, auf der anderen Seite bringt es dir aber enorm viel. Wie also kann diese Freundlichkeit aussehen?

Die einfachste und zugleich wichtigste Übung ist die Begrüßung deines Pferdes: Bevor du »seinen Raum« (Box, Paddock, Weide) betrittst, mache dir bewusst, was du dort hineinträgst. Hast du noch das Tempo und die Emotionen des Tages im Gepäck? Bist du nur körperlich oder auch geistig angekommen? Begegne deinem Pferd als jemand, dessen Gegenwart du selbst auch angenehm finden würdest! Gib ihm Zeit, lass es zu dir kommen, werde nicht ungeduldig oder gar übergriffig. Lass dich von deinem Pferd »scannen«, damit es dich in deiner heutigen Konstitution wahrnehmen kann. Beginne erst mit allem anderen, wenn auch dein Pferd so weit ist.

WORKBOOK

AKTIVIERUNG
vom Boden aus

Mehr als ein bloßer Zeitvertreib: Freies Spiel ist
für Pferde wichtig, um sich zu entwickeln.

FREIE BEWEGUNG & SPIEL

Wer sein Pferd regelmäßig in der Herde oder in freier Bewegung auf dem Paddock beobachtet, weiß: Pferde spielen gern miteinander. Im Spiel wird erprobt, was geht. Manche rennen mit anderen um die Wette, manche buckeln übermütig. Die Jungs kämpfen gern mal mit den Kumpels und messen ihre Kräfte, die Stuten laufen oft nebeneinander her oder kraulen sich gegenseitig. Bereits im Alter von vier Wochen kann man beobachten, dass Stutfohlen anders spielen als Hengstfohlen, dennoch dient das Spiel beiden Geschlechtern dazu, ihre Grenzen auszutesten und soziale Bindungen einzugehen. Spielen ist für Pferde also viel mehr als ein bloßer Zeitvertreib: Es fördert ihre Entwicklung.

Feel-Good-Guide für dein Pferd

Bevor wir mit unserem Pferd spielen, sollten allerdings die Regeln des Zusammenlebens geklärt sein – es muss unseren persönlichen Raum akzeptieren. Das Spiel aller Spiele bei Pferden heißt nämlich »Wer bewegt wen«. Wenn die Führungsfrage nicht geklärt ist beziehungsweise dein Pferd dich als rangniedriger betrachtet, kann es bei einem Wettlauf oder anderen Bewegungsspielen schnell zu gefährlichen Situationen kommen. Deswegen gilt beim Spielen die gleiche Regel wie beim Reiten: Immer erst etwas Leichtes abfragen und belohnen, den Anspruch dann Schritt für Schritt steigern.

<u>ÜBUNG</u> Finde heraus, was dein Pferd spannend findet. Ist es ein Bewegungstyp, wird es vielleicht Spaß an Gegenständen wie einem Ball haben oder an Tonnen, um die man gemeinsam einen Slalom laufen kann. Gehört dein Pferd eher zur Kategorie Tüftler und Denker, kannst du es vielleicht mit einem Intelligenzspiel motivieren, bei dem es sich zum Beispiel merken muss, unter welchem Eimer eigentlich die Leckerlis versteckt sind.

Bei eher zurückhaltenden Pferden geht es beim Spielen erst einmal darum, ihre natürliche Angst in Neugierde umzuwandeln. Um Interesse zu wecken, kannst du einen Ball zunächst vom Pferd wegrollen. Wenn es möchte, darf es den Ball danach mit der Nase erkunden. Kommt im richtigen Moment das Lob, lernen Pferde schnell, dass sie den Ball auch selbst anschubsen können. Für besonders aufgeschlossene und motivierte Pferde kann auch Zirzensik – also kleine Zirkus-Lektionen mit Podesten, Wippen oder Laufstegen – eine willkommene Abwechslung im Training darstellen.

Pferde beziehen bei ihren Spielen auch gern den Menschen ein. Finde heraus, was euch beiden Spaß macht.

BE AUTHENTIC!

Wenn du deinem Pferd begegnest, versuch gar nicht erst, eine Rolle zu spielen. Sei einfach du selbst. Es durchschaut dich so oder so. Pferde spüren, was wir fühlen. Sie sehen nicht nur unsere Oberfläche, sondern nehmen auch wahr, was sich darunter abspielt. Dein Pferd weiß, wie du wirklich bist – vielleicht manchmal sogar besser als du selbst. Im Apollotempel von Delphi gibt es eine Inschrift: »Gnothi seauton - erkenne dich selbst.« Genau darum geht es. Je mehr es dir gelingt, deine eigene Wirklichkeit zu finden und zu leben, desto tiefer kann die Verbindung zu deinem Pferd werden. Je ehrlicher wir uns selbst gegenüber sind und je authentischer wir uns unserem Pferd gegenüber verhalten, desto mehr wird es unsere Nähe suchen.

Nico's Special Tipp

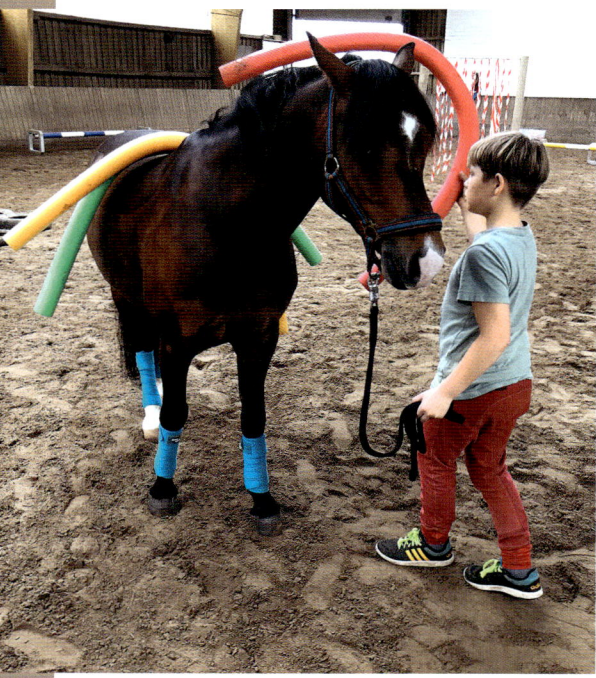

Beim Gelassenheitstraining sind deiner Fantasie keine Grenzen gesetzt. Auch Schwimmnudeln eignen sich.

GELASSENHEITSTRAINING

Ein Gelassenheitstraining mit dem Pferd setzt zunächst einmal voraus, dass du selbst so gelassen wie möglich bist. Dein Pferd kann deine Aufregung spüren, deshalb versuche mittels Atmung (s. S. 233) und aktiven Entspannungstechniken (s. S. 210) innerlich herunterzufahren. Wenn du beispielsweise üben möchtest, dass dein Pferd im Gelände oder im Straßenverkehr ruhiger wird und an unbekannten Gegenständen vorbeigeht, ohne zu scheuen, solltest du ihm als Erstes vermitteln, dass es keinen Grund zur Aufregung gibt. Wenn du dich aufregst über dein aufgeregtes Pferd, wird es diese Aufregung nicht mit seinem Verhalten in Verbindung bringen, sondern glauben, dass eine reelle Gefahr besteht. Wenn deine entspannte Körpersprache ihm hingegen »Alles in Ordnung« vermittelt, signalisierst du deinem Pferd, dass du die vermeintliche Gefahr zwar bemerkt, aber als ungefährlich eingestuft hast. Es wird vielleicht ein wenig dauern, bis es ohne Zögern auf das Schreckhindernis zugeht – gib ihm die Zeit zum Nachdenken, treib es auf keinen Fall mit Druck durch die Situation. Pferde bewegen sich in der Natur nicht auf geraden Linien, sondern in Bögen. Lass dein Pferd also ruhig ein wenig »herumeiern«, zeig ihm das furchterregende Objekt geduldig von allen Seiten.

<u>ÜBUNG</u>   Je nachdem, welche Angstthemen dein Pferd hat, kannst du in einem geschlossenen Raum wie einer Reithalle oder einem Roundpen alle möglichen Gegenstände zum Einsatz bringen: Flatterbänder, Plastiktüten oder Luftballons, eine große knisternde Plane oder einen Regenschirm. Wenn du andere Pferdemenschen zur Unterstützung hast, können diese auch plötzliche Geräusche hinter der Bande machen, mit einem Fahrrad am Eingang vorbeisausen oder flatternde Stoffe schwenken, während du dein Pferd führst. Mit jedem »Schreckgespenst«, das dein Pferd besiegt, und mit jeder unheimlichen Situation, die es überstanden hat, wird es das Grundprinzip Gelassenheit besser lernen. Allerdings solltest du diese Übungen regelmäßig wiederholen oder um neue Gegenstände und Geräusche erweitern, damit das Gelernte gefestigt wird.

Wer für zirzensische Übungen Podeste oder Wippen einsetzen möchte, sollte sich einen erfahrenen Trainer suchen.

Bodenarbeit an der Doppellonge: Erfordert ein wenig Übung, ist aber eine intensive und zugleich rückenschonende Form der Gymnastizierung.

DOPPELLONGE

Im Gegensatz zur klassischen Longe, die einseitig am Pferdemaul verschnallt wird, rahmt die Doppellonge das Pferd von beiden Seiten ein. Die Hilfen können somit über die zwei Leinen auf beiden Seiten des Gebisses (beziehungsweise des Kappzaums) gegeben werden. Ein Handwechsel ist ganz unkompliziert möglich, weil kein Umschnallen erforderlich ist. Außerdem begrenzt du die Hinterhand des Pferdes durch den äußeren Zügel (= äußere Longe) und setzt dort aktivierende Impulse. Dadurch wird vermehrt die Längsbiegung und somit das Geraderichten gefördert. Das Pferd kann sich besser ausbalancieren und wird gleichmäßiger gymnastiziert. Du kannst dein Pferd immer wieder in die Dehnungshaltung bitten, solltest ihm zwischendurch aber auch entspannte Pausen geben, denn diese Form der Bodenarbeit bedeutet intensive Muskelarbeit.
Das Gute dabei: Alle Schwierigkeiten, die unter dem Sattel auftreten, können hier ohne das Reitergewicht korrigiert werden. Außerdem übt man beim Handwechsel die zugehörigen Zügelhilfen automatisch mit. Davon profitieren Pferd und Reiter!

<u>ÜBUNG</u> Mit der Doppellonge sind sowohl zahlreiche Dressurlektionen als auch ein Cavaletti- und Springtraining möglich. Je nach Ausbildungsstand des Pferdes kann man durch unterschiedliche Verschnallungstechniken am Longiergurt oder Sattel die Stellung der Leinen verändern. Neben einem lockeren Vorwärts-Abwärts ist auch die Versammlung möglich. Es gibt Doppellongen-Übungen für den Roundpen und für die Reitbahn. Hast du etwas mehr Platz zur Verfügung, kannst du auch Dualgassen, Pylonen oder Trabstangen integrieren. Da der Umgang mit der Doppellonge gerade am Anfang nicht gerade unkompliziert ist und die Einwirkungen durch die Leinen am Pferdemaul groß sind, solltest du dir einen Trainer suchen, der dir die Basics erklärt.

Flatwork als Basistraining für alle Reitdisziplinen: Der Ausbilder und Bereiter Michael Fischer nutzt dafür unter anderem Stangen und Cavalettis.

DUALGASSEN & FLATWORK

Bei der Dualgassen-Aktivierung werden dem Pferd optische Farbreize mit gelben und blauen Schaumstoffstangen und Pylonen gesetzt. Die Trainingsmethode des Pferdetrainers Michael Geitner ist seit fast 20 Jahren in Deutschland etabliert und basiert auf der wissenschaftlichen Erkenntnis, dass die Verbindung zwischen rechter und linker Gehirnhälfte bei Pferden deutlich weniger ausgeprägt ist als beim Menschen. Es ist weiterhin bekannt, dass Pferde vor allem die Farben Gelb und Blau besonders gut erkennen können. Die Arbeit in den Dualgassen ist also eine Art Gehirnjogging für dein Tier, Gesehenes kann schneller verarbeitet, Gelerntes tiefer verankert werden. Die ständigen Rechts/Links-Wechsel, das Geraderichten durch die Dualgassen und die Biegung beim Durchqueren der Pylonen steigern die Bewegungskoordination und Balance. Dein Pferd wird beweglicher, rittiger und gelassener.

Dualgassen-Elemente, aber auch herkömmliche Trabstangen, Cavalettis, Pylonen oder kleine Hindernisse lassen sich hervorragend ins sogenannte »Flatwork« einbauen. Michael Fischer, international erfolgreicher Ausbilder und Buchautor (s. Interview, S. 150), legt mit diesem Basistraining eine solide Grundlage für die Gymnastizierung, die der langfristigen Gesunderhaltung dient. Egal ob du im Springsport, in der Dressur, in der Vielseitigkeit oder überwiegend im Wald mit deinem Pferd unterwegs bist, ein ausgewogenes Flatwork-Programm fördert Konzentration, Balance und die ganzheitliche Fitness. Die gerittene Dual-Aktivierung erfordert dabei die besondere Aufmerksamkeit des Pferdes, da es seine Vorhand und Hinterhand in den Gassen geschickt koordinieren muss. Zahlreiche Videos mit Übungs-Beispielen zum Flatwork von Michael Fischer findest du auf YouTube und in seinem Buch (s. S. 249).

ENTSPANNUNG
für dein Pferd

MASTERSON

Die Masterson-Methode ist eine Form der manuellen Therapie, bei der das Pferd aktiv am Behandlungsprozess teilnimmt. Es wird animiert, Verspannungen selbst loszulassen. Zu Beginn einer Behandlung untersucht ein Masterson-Therapeut das Pferd auf akute Schmerzpunkte hin und drückt bestimmte Lösungspunkte, um das Pferd zu entspannen. Anschließend werden die Gelenke in gelockertem Zustand mobilisiert und der Bewegungsspielraum erweitert. Dabei bleibt der Therapeut immer unter der Widerstandsgrenze des Pferdes. So werden auch tief sitzende Verspannungen in der Muskulatur, den Faszien sowie dem benachbarten Bindegewebe gelöst. Auf diese Weise lässt sich das Wohlbefinden, die Gesundheit und die sportliche Leistung des Pferdes dauerhaft verbessern.

ÜBUNG Man findet im Internet zahlreiche Videos, in denen die Grundlagen der Masterson-Methode für jedermann verständlich erklärt werden. Man kann mit dieser Art von Massage nichts kaputt machen, deswegen ist es unbedenklich, die Masterson-Griffe einfach mal auszuprobieren. Die Grundlage ist recht simpel: Auf menschliche Berührung erfolgt eine neurologische Reaktion beim Pferd. Es wird zwischen verschiedenen Berührungsstärken unterschieden, die je nach Körperpartie und Reaktion des Pferdes entsprechend variiert werden. Grundsätzlich lautet die Devise: »Weniger ist mehr!« Es soll jeweils nur so viel Druck ausgeübt werden, dass das Pferd eine Entspannungsreaktion zeigt, aber keinen Widerstand leistet. Masterson verdeutlicht das an fünf unterschiedlichen Oberflächen:

- **Air Gap:** Soll sich anfühlen wie ein ganz leichtes Streichen über die Härchen auf dem Arm.
- **Eigelb:** Stell dir vor, dass du ein rohes Eigelb mit der Fingerspitze berührst. Es soll nicht zerplatzen.
- **Weintraube:** Du solltest eine Weintraube eindrücken können, ohne dabei die Schale zu zerstören.
- **Weiche Zitrone:** Hier darf der Druck schon spürbarer werden – so, als würdest du eine reife Zitrone eindrücken, aber nicht zerquetschen.
- **Harte Limone:** Die höchste Intensitätsstufe – stell dir vor, du drückst eine harte, unreife Limone zusammen. Diese Stufe soll nur selten und möglichst nur unter Anleitung ausgeübt werden.

Innovative Form der Körperarbeit: Masterson-Therapeut Walter Saxe animiert Carinjo zum aktiven Entspannen.

EMPATHIE-TRAINING

Beobachte dein Pferd, so oft es geht, in seiner Herde. Um es besser kennenzulernen und sich in sein Denken und Handeln einzufühlen, hilft es, genau hinzusehen, wie es in seiner sozialen Gemeinschaft agiert: Was geht in der Herde vor? Welche Rollen nehmen die einzelnen Pferde ein? Wo steht dein Pferd in der Rangordnung? Mit wem kommt es gut aus, mit wem weniger? Gibt es erkennbare Freundschaften in der Gruppe? Kannst du die einzelnen Persönlichkeiten der Herdenmitglieder erkennen? Was lässt sich im Verhalten einzelner Pferde in bestimmten Situationen ablesen? Wie viel Energie wendet dein Pferd für die Kommunikation mit seinen Artgenossen auf?

WICHTIG Es geht bei dieser Übung nicht darum, Pferdeverhalten zu interpretieren oder zu bewerten, sondern möglichst viele Details und diese vor allem vorurteilsfrei wahrzunehmen. Manche Frage, die du dir zu deinem Pferd in eurem Umgang oder unter dem Sattel gestellt hast, wird es beantworten, wenn du es aufmerksam beobachtest.

Du kannst diese Übung auch auf Mensch-Pferd-Paare übertragen. Versuche einmal, ganz vorurteilsfrei und ohne Wertung hinzuschauen: Wie kommunizieren Menschen üblicherweise mit ihren Tieren? Gibt es Unterschiede zwischen Kindern und Erwachsenen? Welche Emotionen spielen jeweils eine Rolle? Wie reagiert das Pferd auf seinen Menschen am Boden, wie, wenn er in den Sattel steigt? Und umgekehrt – wie verändert der Mensch seine Körpersprache, wenn er aufs Pferd steigt? Wovon ist die Beziehung der beiden geprägt? Wirkt der Mensch angespannt? Wie antwortet das Pferd körpersprachlich? Wer zeigt dem anderen wie seine Bedürfnisse? Vielleicht entdeckst du Verhaltensweisen, die du von dir selbst kennst. Mach dir Notizen zu den Erfahrungen und Erkenntnissen, die du im Nachgang dieser Übung hast. Es geht dabei vor allem um Achtsamkeit und Empathie.

Sich auf die Weide legen und dem Pferd beim Fressen zuschauen – eine schöne Form der Alltagsmeditation.

HEUKAU-MEDITATION

Leg doch mal eine Pause in der Box, auf der Weide oder an der Heuraufe deines Pferdes ein, schließ die Augen und lausche seinem zufriedenen Kauen. Seit einigen Jahren schauen Wissenschaftler darauf, wie sich die Fütterung von Pferden auf deren mentale Gesundheit auswirkt. Eine spannende Erkenntnis: Das Kauen von Heu und Stroh wirkt als Anti-Stress-Programm fürs Gehirn und fürs Gemüt. Das stundenlange Schredder-und-Speichel-Programm dient also nicht nur dazu, die Verdauung optimal vorzubereiten, sondern macht Pferde schlichtweg glücklich. Und nicht nur die – das gleichmäßige Rupfen und Malmen der Halme ist auch eines der beruhigendsten Geräusche, die wir im Zusammensein mit Pferden genießen können. Vielleicht magst du ja selbst mal ein paar Halme herauszupfen und mitkauen?

Darf dein Pferd auch mal der Bestimmer sein? Absichtslos Zeit miteinander zu verbringen verbindet.

ABSICHTSLOSE ZEIT

Der amerikanische Horseman und Pferdetrainer Mark Rashid empfiehlt jedem Pferdemenschen die 50:50-Balance: »Verbringe mindestens so viel Stunden mit deinem Pferd, in denen du nichts Bestimmtes von ihm verlangst, wie Zeit, in der du etwas von ihm möchtest.« Wirklich absichtslos Zeit zu verbringen fällt gerade durchgetakteten Leistungsmenschen schwer, nicht nur im Umgang mit ihrem Pferd. Frage dich, wann du das letzte Mal bei deinem Pferd auf der Weide gesessen oder ihm beim Heufressen in der Box zugeschaut hast. Wie viel Zeit nimmst du dir fürs Putzen, Kraulen und Kuscheln? Gibt es Tage, an denen du komplett dein Pferd entscheiden lässt, was ihr tut? Wenn du »nur« spazieren gehen willst, dein Pferd aber lieber eine halbe Stunde am Wegesrand stehen bleiben möchte, um zu grasen, ziehst du es dann weiter? Oder darf dein Pferd auch mal Bestimmer sein? Pferde definieren ihre Beziehung untereinander über Nähe und Distanz. Wer sich mag, rückt enger zusammen. Versuch das doch auch einmal: Quality-Time nach Pferde-Art. Zusammensein ohne Ziel und Zweck.

BE THERE!

Hat dein Pferd wichtige Termine? Kommt der Tierarzt, Schmied oder Physiotherapeut? Muss es geröntgt werden oder braucht eine Sedierung für den Zahnarzt? Dann begleite es, sei bei ihm. Ein Pferd kann nicht »Danke« sagen und tut es doch: Es schenkt uns immer wieder sein Vertrauen, es verzeiht uns unsere Fehler und ist nie nachtragend, wenn wir mal schlechte Laune haben. Wir können uns im Gegenzug revanchieren, indem wir ein verlässlicher Partner sind, gerade in Zeiten, wo es krank, verletzt oder schutzbedürftig ist. Wir können zu seinem Leuchtturm und Ruhepol werden – und dabei geht es weniger ums Machen, sondern in erster Linie ums Da-Sein.

Nico's Special Tipp

RELAX & RELEASE – mobilisieren, dehnen, massieren

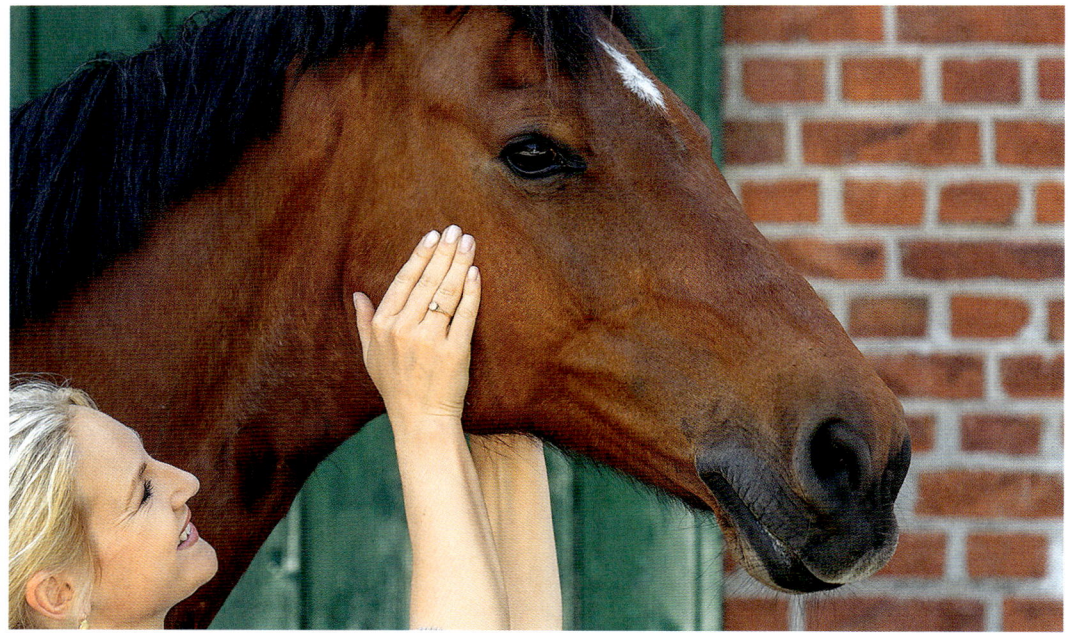

Wohlfühlprogramm von Kopf bis Fuß: Eine sanfte Massage der Kaumuskulatur gefällt jedem Pferd.

WOHLFÜHLMASSAGE

Es gibt kaum etwas, was dein Pferd mehr wertschätzt als angenehme Berührungen. Um ein (gesundes) Tier flexibel und beweglich zu halten, musst du nicht immer gleich einen Physiotherapeuten oder Osteopathen kommen lassen. Es gibt einfache Übungen, die du je nach Bedarf und Möglichkeiten in deine tägliche Pflege integrieren kannst. Dabei gilt immer: Mach nur das und so viel, was sich für dich gut und sicher anfühlt. Wenn dein Pferd Anzeichen von Unwohlsein oder Abwehr zeigt, beende die Übungen sofort und suche dir professionelle Unterstützung. Du wirst schnell merken, auf welche Handgriffe dein Pferd positiv reagiert – ihr könnt gemeinsam seine Wohlfühlstellen entdecken! Die folgenden acht Übungen stammen von der Osteopathin und Pferde-Physiotherapeutin Sophie Graf.

Alle Relax-Übungen als Handout zum Herunterladen und Ausdrucken

Feel-Good-Guide für dein Pferd

1. Obere Halsmuskulatur lockern

Greife mit beiden Händen in den Mähnenkamm und bewege deine Hände in unterschiedliche Richtungen vor und zurück. Durch leichtes Schütteln und Kneten lässt sich die gesamte obere Halsmuskulatur deines Pferdes lockern. Voraussetzung ist aber, dass seine Muskulatur nicht angespannt ist und sich die untere Partie des Halses locker mitbewegt. Diese Übung eignet sich sowohl als Warm-up vor dem Reiten, als auch zur Entspannung nach dem Training.

2. Schulterringmuskulatur lockern

Lege deine beiden Hände über das Schulterblatt deines Pferdes und beginne, mit kreisenden Bewegungen um den großen Schultergürtel herum zu massieren. Dabei kannst du sowohl hinter das Schulterblatt greifen und die Muskulatur in die Tiefe ausstreichen, als auch den Oberarm-Kopf-Muskel (*Musculus brachiocephalicus*) lockern. Dieser hat eine zentrale Bedeutung für den Bewegungsablauf, da er die Vorderbeine des Pferdes nach vorne führt. Läuft dein Pferd mit aktiver Hinterhand in der Dehnungshaltung, ermöglicht er einen weiten Raumgriff. Bei vielen Pferden ist der Brachiocephalicus jedoch verspannt, was dazu führen kann, dass es sich beim Reiten nicht locker vorwärts-abwärts bewegen lässt. Wiederhole die Übung auch auf der anderen Seite.

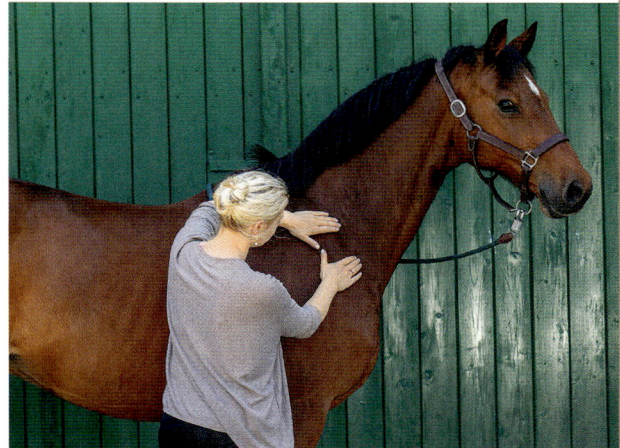

3. Vorderbeindehnung

Greife mit beiden Händen ein Vorderbein und strecke es mit leichtem Zug nach vorn. Wenn dein Pferd diese Übung bereits kennt, kannst du oberhalb des Hufes in die Fesselbeuge greifen, am Anfang solltest du zur Unterstützung eine Hand unterhalb des Karpalgelenks platzieren. Es geht nicht darum, das Bein maximal hoch oder in die Länge zu stretchen, sondern eine Position (ungefähr auf Höhe des Karpalgelenkes) zu finden, in der dein Pferd sich vollständig in die Haltung hineinstreckt. Am Anfang ist es vielleicht zögerlich, aber wenn du regelmäßig mit ihm übst, wird es diese Übung als entspannend empfinden!

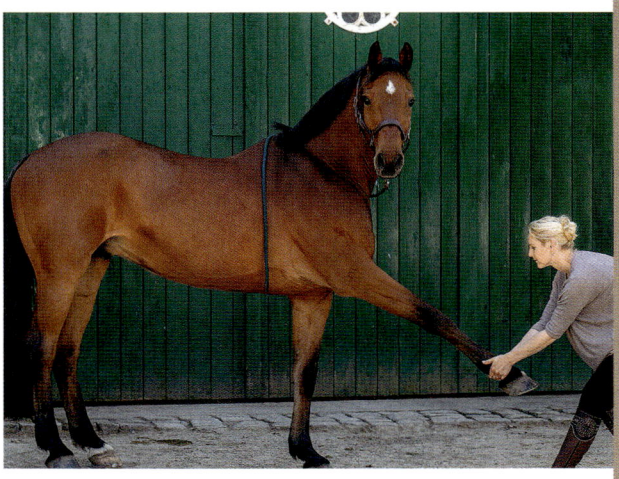

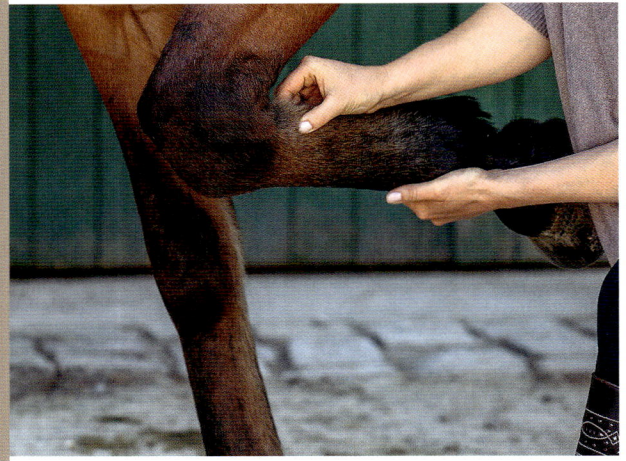

4. Ausstreichen der Beugesehne

Beuge das linke Vorderbein deines Pferdes und stütze sein Hufgelenk mit deiner linken Hand. Greife nun mit dem Mittelfinger und Daumen deiner rechten Hand zwischen die oberflächliche und tiefe Beugesehne und beginne, die beiden Sehnen sanft voneinander zu trennen, indem du mit S-förmigen Bewegungen entlang des Fesselbeins hinabstreichst. Beginne am Karpalgelenk und arbeite dich bis hinunter zum Fesselgelenk. Diese Übung hilft, leichte Verklebungen der Sehnen zu lösen und die Bewegungen deines Pferdes fließender zu machen.
Wiederhole die Übung auch auf der anderen Seite.

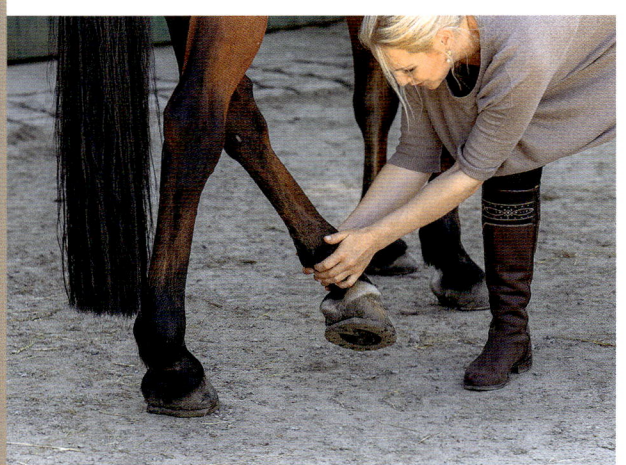

5. Diagonale Hinterbeindehnung

Dehne beide Hinterbeine deines Pferdes, indem du dir jeweils den gegenüberliegenden Huf am Fesselgelenk greifst und das Bein mit sanftem Druck diagonal unter dem Bauch zu dir heranziehst. Der Huf kann zunächst nur mit der Außenkante aufliegen, je öfter du die Übung wiederholst, desto gelenkiger wird dein Pferd. Wichtig ist, dass du die Position mindestens 40 Sekunden hältst. Du sorgst damit für eine intensive Dehnung des Kreuzdarmbeinbereiches, der gemeinsam mit der hinteren Lendenwirbelsäule den »Motor« deines Pferdes bildet. Mit dieser Übung unterstützt du die Mobilität der Hinterhand.

6. Kruppenmassage

Für diese Übung brauchst du je nach Größe deines Pferdes möglicherweise einen Hocker, um mit deinem Ellenbogen von oben den großen Kruppenmuskel massieren zu können. Der *Musculus glutaeus medius* gehört zur Hinterhandmuskulatur des Pferdes und zieht von der Lendenwirbelsäule über die Kruppe bis zum Oberschenkel. Dieser Muskel ist dafür verantwortlich, das Hüftgelenk zu strecken und das Hinterbein nach außen zu führen. Platziere deinen Ellenbogen seitlich des Iliosakralgelenks und beginne, mit leichtem Druck von oben nach unten Kreise auf dem Muskel zu ziehen.
Wiederhole die Übung auch von der anderen Seite.

Feel-Good-Guide für dein Pferd

7. Faszientechnik am Rücken

Stelle dich in einem leichten Ausfallschritt an die Seite deines Pferdes und lege beide Hände auf seinem Rücken circa zehn Zentimeter unterhalb der Wirbelsäule ab. Beginne nun, die Haut sanft nach oben zu schieben. Durch dieses Stretching werden die Bindegewebsschichten voneinander getrennt und verklebtes Fasziengewebe löst sich. Beginne in Höhe der Lendenwirbel und arbeite dich langsam bis zum Widerrist vor. Halte in jeder Position die Hautspannung so lange, bis du oberhalb deiner Fingerkuppen ein leichtes Muskelzucken erkennen kannst.

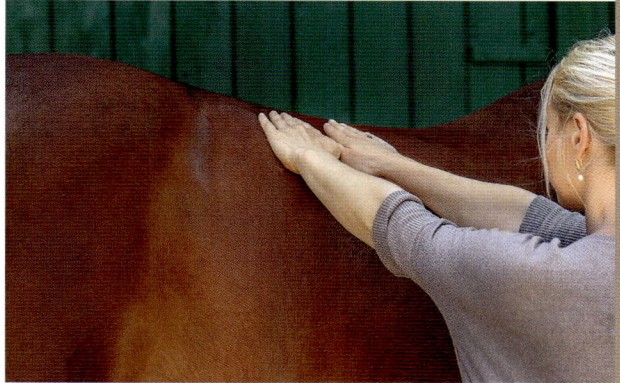

8. Entspannung für den Kiefer

Ist die Kaumuskulatur verspannt oder der Kiefer blockiert, können Pferde Funktionsstörungen und Verspannungen bis in den Hals hinein entwickeln. Regelmäßiges Lockern des großen Kaumuskels hilft, den Kiefer beweglich zu halten. Massiere mit kreisenden Bewegungen links und rechts an den Ganaschen deines Pferdes nach vorn in Richtung Maul. Arbeite nur mit so viel Druck, wie dein Pferd es zulässt, dann machst du mit dieser Übung nichts falsch.

Guter Gedanke

VORAUSEILENDE BELOHNUNG

Es ist eine weit verbreitete Einstellung, sich erst nach getaner Arbeit zu belohnen. Die Massage gönnst du dir erst, wenn du von den Reitlektionen Muskelkater hast, den entspannten Ausritt nur, wenn das anspruchsvolle Trainingsziel erreicht ist. In dieser klaren Trennung von Leistung und Belohnung steckt eine reaktive Grundhaltung. Wie wäre es, stattdessen die schönen Dinge eures Horse-Life ohne Gegenleistung in den Alltag zu integrieren? Verabschiede dich von dem Gedanken, dass ihr euch Wohlbefinden erst verdienen müsst. Das führt keineswegs zu weniger Leistung, im Gegenteil. Je wohler du und dein Pferd euch fühlt, je respektvoller du mit seinen Bedürfnissen umgehst, desto freudiger und produktiver wird es sein. Sieh also jede Investition in Wellness, egal ob eine Dusche samt anschließendem Sandbad im Sommer oder Massage und Solarium im Winter, als Investition in seinen Energiehaushalt. Vor allem, wenn ihr mitten in einer anstrengenden Trainingsphase steckt.

ANHANG

Quellenhinweise

Kapitel »Schatz, wir müssen reden«, S. 43–55

Schultz von Thun, Friedemann
Miteinander reden 1: Störungen und Klärungen. Allgemeine Psychologie der Kommunikation. 48. Aufl., Reinbek: Rowohlt; 2010

Watzlawick, Paul/Beavin Janet/Jackson Don D.
Menschliche Kommunikation – Formen, Störungen, Paradoxien. 12. Aufl., Bern: Huber; 1969. Im Internet: Watzlawick, Paul. Axiome der Kommunikation. www.paulwatzlawick.de/axiome.html

Kapitel »Arschlochpferd«, S. 57–67

Generaldirektion interne Politikbereiche. Fachabteilung C: Bürgerrechtliche und konstitutionelle Angelegenheiten
Das Wohlergehen von Tieren in der Europäischen Union. Im Internet: www.europarl.europa.eu/RegData/etudes/STUD/2017/583114/IPOL_STU(2017)583114_DE.pdf

von Bismarck, Julie
Zusammenhänge im Pferd. Teil I und II. Books on Demand; 2019

Kapitel »Was Pferde brauchen«, S. 69–77

Maslow, Abraham
A Theory of Human Motivation. Psychological Review 1943; 50:4: 370–396. Im Internet: www.excelcentre.net/TheoryHumanMotivation.pdf

Pferde in Privatbesitz in Deutschland
Im Internet: https://de.statista.com/statistik/daten/studie/265024/umfrage/umfrage-in-deutschland-zum-persoenlichen-besitz-eines-pferdes

Kapitel »Wie Pferde lernen«, S. 99–117

Bardwick, Judith M.
Danger in the Comfort Zone: From Boardroom to Mailroom – how to Break the Entitlement Habit That's Killing American Business. American Management Association; 1995

Seligman, Martin E. P.
Helplessness. On Depression, Development and Death. San Francisco: Freeman and Comp; 1975

Yerkes RM, Dodson JD.
The relation of strength of stimulus to rapidity of habit-formation. Journal of Comparative Neurology and Psychology 1908; 18: 459–482

Kapitel »Was uns die Pferde flüstern«, S. 119–137

Aguilar, Alfonso
Wie Pferde lernen wollen – Bodenarbeit, Erziehung und Reiten. Stuttgart: Franckh-Kosmos; 2012

Brannaman, Buck
Faraway Horses – The Adventures and Wisdom of One of Americas Most Renowned Horsemen. Washington DC, USA: Lyons Press; 2019

Connected Horsemanship
Im Internet: www.connectedhorsemanship.com

Dietz, Paul
Im Internet: http://pauldietzhorsemanship.com/about.htm; Stand Januar 2022

Dorrance, Tom
True Unity. Willing Communication Between Horse and Human. Word Dancer Press; 1994

Dysli, Jean Claude
His way of Life. Ein Appell an das Gewissen der Reiter. Waal: Wu Wei Welt e.K.; 2012

Evans, Nicholas
Der Pferdeflüsterer. München: Goldmann; 2004

Hackl, Bernd
Basistraining für Pferde: Richtig ausbilden, Problemen vorbeugen. München: BLV; 2018

Hunt, Ray
Harmonie mit Pferden — Eine tiefgreifende Studie des Verhältnisses von Pferd und Mensch. Köln: Kierdorf Verlag; 2011

Kreinberg, Peter
The Gentle Touch – Die Methode für anspruchsvolles Freizeitreiten. Stuttgart: Franck-Kosmos; 2007

Kutsch, Andrea
Aus vollem Herzen – Wie ich erst die Pferde verstand und dann das Leben. Köln: Bastei Lübbe; 2018

Kutsch, Andrea
Aus dem Blickwinkel des Pferdes. Stuttgart: Franckh-Kosmos; 2019

Parelli, Pat/Kadash, Kashy
Natural Horsemanship. Köln: Kierdorf; 1995

Rashid, Mark
Nature in Horsemanship: Discovering Harmony Through Principles of Aikido; New York, USA: Skyhorse Publishing; 2011

Roberts, Monty
Die Sprache der Pferde. Die Monty-Roberts-Methode des JOIN-UP. Köln: Bastei Lübbe; 2005

Tellington, Linda
Basis-Touches für Pferde: Kurzanleitung & Anwendung. Stuttgart: Franckh-Kosmos; 2019

Weinzierl, Uwe
Der Pferdeversteher – Wie ich zum Horseman wurde und was Sie daraus lernen können. München: BLV; 2021

Wilsie, Sharon/Vogel, Gretchen
Sprachkurs Pferd. Pferdesprache lernen in 12 Schritten. Stuttgart: Franckh-Kosmos; 2018

Kapitel »Gemeinsam wachsen«, S. 139–157

von Bredow-Werndl, Jessica
Das Glück der Erde – Was ich täglich von meinen wunderbaren Pferden lernen darf. München: Droemer Knaur; 2020

Fischer, Michael
Reiten – leicht und logisch. So wirst du der bessere Reiter für dein Pferd. Münster: Landwirtschaftsverlag; 2020

Kapitel »Das Beste zum Schluss: Balance«, S. 169–185

Schöffmann, Britta
Die Skala der Ausbildung: FN-Richtlinien in der Praxis. Stuttgart: Franckh-Kosmos; 2006

Masterson, Jim/Rashid, Mark/Silver, Dylan
A Mind Like Still Water. Horse Training Documentary. DVD; 2020

Kapitel »Epilog«, S. 187–191

Juliane Barth, #wirfuerdenpferdesport
https://julis-eventer.de

ANHANG

Literaturempfehlungen und Service

von Bismarck, Julie
Mit dem Pferd statt auf dem Pferd. Kommunizieren statt kontrollieren – ein Leitfaden für feines Reiten
BoD, Books on Demand; 2019

von Bismarck, Julie
Zusammenhänge im Pferd. Teil I und II.
BoD, Books on Demand; 2019

von Bredow-Werndl, Jessica
Das Glück der Erde – Was ich täglich von meinen wunderbaren Pferden lernen darf.
München: Droemer Knaur; 2020

Fischer, Michael
Reiten – leicht und logisch. So wirst du der bessere Reiter für dein Pferd.
Münster: Landwirtschaftsverlag; 2020

Friedrich-Freksa, Jenny
Pferde. Berlin: Hanser Berlin; 2019

Heimsoeth, Antje
Mental-Training für Reiter.
Stuttgart: Müller Rüschlikon; 2020

Kreuer, Susanne
Pferde verstehen. Mit Achtung und Respekt Vertrauen herstellen.
Stuttgart: Ibidem Verlag; 2013

Kutsch, Andrea
Aus vollem Herzen – Wie ich erst die Pferde verstand und dann das Leben.
Köln: Bastei Lübbe; 2018

Kutsch, Andrea
Aus dem Blickwinkel des Pferdes.
Stuttgart: Franckh-Kosmos; 2019

Mamerow, Andrea
Das Pferd ist dein Spiegel. Besser reiten mit mentalem Training.
Leipzig: Draksal; 2010

Masterson, Jim
Körperarbeit für Pferde: Locker, entspannt, gelöst mit der Masterson-Methode.
Stuttgart: Franckh-Kosmos; 2015

Rashid, Mark
Denn Pferde lügen nicht. Neue Wege zu einer vertrauten Mensch-Pferd-Beziehung.
Stuttgart: Franckh-Kosmos; 2012

Savoie, Jane
Positiv denken – besser reiten.
Stuttgart: Franckh-Kosmos; 2020

Staupendahl, Kerstin/Schröder, Anabel
Coaching mit Pferden – Viel mehr als heiße Luft.
Hamburg: Edition Windmühle; 2020

Staupendahl, Kerstin/Schröder, Anabel
Die Kraft pferdegestützter Coachings – 22 horsesense Erfolgsgeschichten
BoD, Books on Demand; 2019

Schwahlen, Christiane
Natural Horsemanship und klassische Dressur.
Stuttgart: Müller Rüschlikon; 2013

Zeh, Julie
Socke und Sophie – Pferdesprache leicht gemacht.
München: dtv; 2021

Juli Zeh
Gebrauchsanweisung für Pferde
München: Piper; 2019

PFERDE-BLOGS

https://www.danielakaemmerer.de
https://herzenspferd.de
https://horsediaries.de
https://pferde-freundschaften.de
https://www.pferdefluesterei.de/home/
https://www.wehorse.com/de/blog/

WEITERFÜHRENDE LINKS UND ARTIKEL

https://blogs.faz.net/tierleben/2014/10/13/wer-sind-die-reiter-und-pferdebesitzer-dieses-landes-579/

https://www.swp.de/suedwesten/staedte/bietigheim-bissingen/das-pferd-als-wirtschaftsfaktor-23638941.html

https://www.tierschutzbund.de/fileadmin/user_upload/Downloads/Broschueren/Artgerechte_Pferdehaltung_11_04.pdf

DANKSAGUNG

Ich bedanke mich bei allen lieben Menschen, die daran geglaubt und mich dabei unterstützt haben, dass dieses Buch entstehen konnte. Danke an Uli für die Initialzündung in Sachen Horse-Life-Balance und danke an das Team bei Gräfe und Unzer, dass Ihr den Funken aufgenommen und mit uns dieses ungewöhnliche Konzept umgesetzt habt. Meine Lektorin, Dr. Stefanie Gronau, möchte ich dabei ganz besonders hervorheben – Dein Engagement, Dein Einfühlungsvermögen und Deine Nervenstärke haben ganz maßgeblich zum guten Gelingen beigetragen!

Ein großes DANKE geht natürlich auch an meine Stallmädels und Soulsisters Leni, Kai, Fabi, Petra (und Olli!) für herrlich inspirierende Ausritte, unzählige Pferdemenschen-Gespräche und Eure Model-Performances für das Buch (special thänx goes to Caro for Horserider's Asanas!). Danke auch an Dich, Anja, für Deine endlose Geduld und immer neue Ansätze in der Kommunikation zwischen Carinjo und mir, im Sattel und am Boden. Linda, Walter, Sophie, Daniela, Kerstin und alle anderen Wegbegleiter, die meinen achtsamen Umgang mit Pferden über die Jahre geschult haben – Euch sei ebenfalls gedankt. Genau wie Euch, Caro und Alex: Ihr habt den Reitstall Ramcke nicht nur für die Pferde, sondern auch für uns Pferdemenschen zu einem wunderbaren Zuhause gemacht.

Jacques, Dir möchte ich sagen: Hurra und Hallelujah! Es ist ein großes Geschenk, dass wir uns unter etwas unglücklichen Umständen kennengelernt haben, im Folgenden aber so eine tolle Zeit miteinander verbringen durften. Deine Bilder haben das Buch zu etwas ganz Besonderem gemacht: unserem gemeinsamen »Happy Baby«!

Zuletzt möchte ich meinen allerliebsten Menschen danken: meinen beiden tollen Töchtern Mia und Lou, die immer an meiner Seite und sowieso in meinem Herzen sind, und meinem Mann Alexander, der meine Liebe seit Jahren mit einem 600-Kilo-Kerl teilt. Danke, dass Ihr es so tapfer ertragt, dass ich oft »mal eben« im Stall bin, dauernd nach Pferd rieche und unser Kühlschrank durchaus mal leer ist – niemals aber das Pferdefutter. Und last but not least danke ich Dir, Nico, meinem Partner in Crime & horsepowered Coaching. Als Lee & Brown haben wir unsere gemeinsame Leidenschaft mit viel PS auf die Straße gebracht und ich freue mich darauf, weiterhin mit Dir Konfetti zu streuen – let's rock 'n' roll, man!

Register

A

Achtsamkeitsübung 231
Affirmation 207, 211
Aktivstall 72
Akzeptanz 142
Anbindepanik 82
Angstbewältigung 164
Ankerworte 212
Anzeichen für Schmerz 67
Atemübungen 233
Atmung 232
Autoritätsprobleme 81

B

Balance, innere 218
Belohnung, vorauseilende 247
Bewegung, freie 236
Bewegungsgefühl 219
Beziehungsarbeit 84, 90
Beziehungsaufbau 160
Bodenarbeit 235, 236, 239
Brannaman, Buck 124

C

Connected Horsemanship 125

D

Dankbarkeitspraxis 231
Defizitärbedürfnisse 69
Denk-Stopp 214
Diez, Paul 124
Distanzprobleme 81
Doppellonge 239
Dorrance, Tom und Bill 124
Drei-Zonen-Modell 104
Dualgassen-Aktivierung 240
Dysli, Jean-Claude 124

E

Einbahnstraßen-Kommunikation 50
Einstellung, innere 207, 208
Empathie-Training 242
Energie 198
Erziehung 107
Evidence-Based Equine Communication (EBEC) 127

F

Facial Coding Units 58
Fischer, Michael 144, 240
Fitness, mentale 208
Flatwork 240
Flatwork-Training 235
Flow 218, 219
Flow-Kanal 218
Flow-Pyramide 219
Führprobleme 81
Führungsrolle 84, 86, 88, 90
Futterschleuse, automatische 73
Fütterung 71

G

Gelassenheit 207
Gelassenheitstraining 163, 238
Geschmackssinn 54
Gewohnheiten, gute 216
Glaubenssätze 198, 207, 210
Graf, Sophie 244
Grenzen setzen 80, 90
Grundbedürfnisse, Pferd 69

H

Habit Tracker 216, 217
Haltungsbedingungen 70
Harmonie, innere 231
Herde, künstliche 74
Herdenstruktur 73
Heukau-Meditation 242
Hilflosigkeit, erlernte 88, 102
Hilfsmittel, unerlaubte 61
Horse Bucket List 215
Horse grimace scale 58
Horsemanship 121, 124, 235
Hörsinn 54
Hunt, Ray 124

I

Instinktverhalten 100, 113

K

Kämmerer, Daniela 170, 171, 224
Komfortzone 104
Kommunikation mit Pferden 43 ff.
Kommunikation unter Pferden 46
Kommunikation, menschliche 44
Kommunikationsquadrat 44
Kompensationsmechanismen 66
Konditionierung, operante 100, 106
Körpergefühl 219
Körpersprache 45, 46
Körperwahrnehmung 219
Kreinberg, Peter 125
Kutsch, Andrea 127

L

Lautäußerungen von Pferden 46
LDR-Methode 61
Lernen durch Erfolg 105
Lernen, altersgerechtes 108
Lernen, Beobachtungs- 109
Lernen, latentes 109
Lernverhalten 99, 112

Lernzone 104
Lösungsorientierung 143

M
Maslow'sche Bedürfnis-Pyramide 69
Massagegriffe 244
Maßnahmen 204
Masterson-Methode 241
Meditation 230
Meditationsübungen 231
Meilensteine 204
Mental-Check 209
Mentaltraining 208
Mentaltraining, Techniken 205
Mindset 207, 208
Monkey Mind 230
Motivation 198

N
Nachrichtenquadrat 44
Naeve, Linda 160
Nähe-Distanz-Dilemma 243
Natural Horsemanship 124
Negatives verdünnen 210
Nervensystem, vegetatives 75
Netzwerke aufbauen 143
Neuroplastizität 216

O
Offenstallhaltung 72
Opferrolle verlassen 143
Optimismus 142

P
Panikzone 104
Parasympathikus 75
Parelli, Pat 122, 125
Planung 143

Platzangst 82
Powerposing 213
Problemverhalten 81
Prophezeiung, selbsterfüllende 211

Q
Quantum Savy 125

R
Rangordnung 73, 81, 84
Rashid, Mark 125, 243
Reframing 83
Reframing, positives 205
Resilienz 139
Resilienz, 7 Säulen 142
Ressourcen 200
Riechsinn 53
Rituale 216
Roberts, Monty 122, 125
Rollkur 61, 62, 102

S
Salamitaktik 205
Schmerzgesicht 58
Schwachstellen Pferdekörper 60
Sehsinn 52
Selbstreflexion 197, 208
Selfempowerment 210
Signale, körpersprachliche 46, 47
Sinnesorgane, Pferd 52 ff.
S.M.A.R.T.Y-Methode 203
Sozialkontakte 69
Sozialverhalten 113
Spiel 236, 237
Staupendahl, Kerstin 173
Super-Affirmation 211
Sympathikus 75

T
Tastsinn 54
Teunissen, Luuk 80
The Gentle Touch 125

U
Überraschungsangriff 205
Umdeutung 83
Umgangsformen 235

V
Verantwortung übernehmen 143
Verhalten, erlerntes 100
Verhalten, innovatives 115
Verladeproblematik 79
Vier-Ohren-Modell 44
Visualisierung 212
von Bredow-Werndl, Jessica 147

W
Wachstumsbedürfnisse 70
Wilsie, Sharon 123

Y
Yoga für Reiter 224
Yogaübungen 226, 227, 228

Z
Zeit, absichtslose 243
Zeitmanagement 204
Zielsetzung 202
Zwei-Wege-Kommunikation 50

DIE AUTOREN

Mareile Braun ist nach zwanzig Jahren in leitenden Positionen bei Zeitschriftenverlagen seit 2014 Chefredakteurin des Mindstyle-Magazin »Slow« und gibt als Business Coach, Speakerin und Content Creator ihr Wissen zu den Themen Storytelling, Teambuilding, Resilienz und Führungskräfteentwicklung weiter. Sie lebt mit ihrem Mann, zwei Töchtern, einem Hund und Pferd Carinjo im Hamburger Westen.

Nico Lee Gogol hat die Fotoproduktion des Buches als Creative Director unterstützt und sein Pferdewissen ins Selbstcoaching-Workbook einfließen lassen. Er arbeitet als Berater und Coach in der strategischen Unternehmensentwicklung und im Bereich Human Ressources. Nico lebt mit seiner Frau und Pferd Christello in der Lüneburger Heide.

Als **»Lee & Brown«** entwickeln Mareile Braun und Nico Lee Gogol Workshops, Events und Seminarreihen, in denen Pferde die entscheidende Rolle spielen. Weitere Infos unter www.leebrown-coaching.com.

DER FOTOGRAF

Jacques Toffi hat als Kapitän die Weltmeere bereist, bevor er in den 80er-Jahren auf dem Poloplatz in den Hamburger Elbvororten »aus Spaß« Pferde zu fotografieren begann – und zwar auf seine ganz eigene, besondere Weise. Sein Blick für das spannendste Detail, den besten Moment, das schönste Licht hat Toffi seit fast 40 Jahren zum Haus- und Hoffotografen der ältesten deutschen Pferdezeitschrift »St. Georg« gemacht. Im Zuge einer Reportage lernte er Mareile Braun, ihre Tochter Mia und deren gemeinsames Pferd Carinjo kennen. Die drei waren ihm so sympathisch, dass er einwilligte, die Bilder für dieses Buch zu fotografieren.

Mit Pferden vorankommen
durch individuelles Reitcoaching.

Als Übernachtungs- oder Tagesgast werden Sie individuell betreut. Sie reiten ausgebildete Qualitätspferde. Ausgewählte Pferde können geliehen und für einen festgelegten Zeitraum geleast werden. Fühlen Sie sich mit Ihrem Lieblingspferd wohl, ist auch ein Kauf möglich.

...mfort

...alle, die nicht nur Outdoor lieben:
...ienwohnungen ausgestattet mit allem
...us für Ihren sportlichen Aufenthalt.

...eitunterricht

...ining und Ausritte individuell auf Ihre
...dürfnisse abgestimmt. Auf ausgebildeten
...nier- und geländegängigen Pferden.

Sahrendorf · Naturpark
Lüneburger Heide
04175 808 46-18
info@heinshof.com
www.heinshof.de
instagram.com/heinshof

LINDA NAEVE
TRAINER

Buchen Sie Reiten - online

- Erstklassiger Unterricht · Ausgebildete Pferde
- Traumhaft ausgestattete Ferienwohnungen
- Qualitätspferde zum Leihen · Leasing · Kauf

...assen Sie Träume
...ahr werden
Pferde · Urlaub

...w.heinshof.de

Angebot freibleibend · Es gelten die jeweils aktuellen Heinshof-Preise und -AGB.

Impressum

© 2022 GRÄFE UND UNZER VERLAG GmbH,
Postfach 860366, 81630 München

BLV ist eine eingetragene Marke der GRÄFE UND UNZER VERLAG GmbH, www.blv.de

ISBN 978-3-96747-057-4

1. Auflage 2022

Alle Rechte vorbehalten. Nachdruck, auch auszugsweise, sowie Verbreitung durch Film, Funk, Fernsehen und Internet, durch fotomechanische Wiedergabe, Tonträger und Datenverarbeitungssysteme jeglicher Art nur mit schriftlicher Genehmigung des Verlags.

Projektleitung: Susanne Kronester-Ritter
Lektorat: Dr. Stefanie Gronau
Bildredaktion: Mareile Braun, Petra Ender, Natascha Klebl (Cover)
Korrektorat: Andrea Lazarovici
Umschlaggestaltung: kral & kral design, Dießen am Ammersee
Herstellung: Petra Roth
Layout: kral & kral design, Dießen am Ammersee
Satz: Anton Walter, Gundelfingen
Repro: Longo AG, Bozen
Druck und Bindung: Firmengruppe APPL, aprinta druck, Wemding

Umwelthinweis:
Nachhaltigkeit ist uns sehr wichtig. Der Rohstoff Papier ist in der Buchproduktion hierfür von entscheidender Bedeutung. Daher ist dieses Buch auf PEFC-zertifiziertem Papier gedruckt. PEFC garantiert, dass ökologische, soziale und ökonomische Aspekte in der Verarbeitungskette unabhängig überwacht werden und lückenlos nachvollziehbar sind.

Bildnachweis

Cover: Jacques Toffi

Alle Fotos in diesem Buch stammen von **Jacques Toffi**, mit Ausnahme von: **Xenia Bluhm:** 171, 172, 224, 225, 229, 230, 231; **Getty Images:** 124, 188; **Andrea Horn:** 150; **Imago:** 125-1; **Christine Jürgensen:** 92, 93; **julis-eventer:** 189; **Clara Leni Kämpf:** 90, 95; **Thorsten Köhler:** 174, 175; **Stefan Lafrentz:** 152, 153, 155; **privat:** 10, 16, 17, 30, 33, 34, 36, 37, 38, 39, 41, 53-2, 54-2, 98, 112, 115, 134, 135, 137, 147, 149, 176, 186, 232, 237, 238-1, 241, 242, 254-2; **Vivien Maria Rolbiecki:** 13, 15; **Mia Takahara:** 106; **Jean Toffi:** 103-2; **Tim Voller:** 132.

Illustrationen

Marion Boehm/L&B Coaching: 200-219
Mat Kovacic: 45, 52, 105

Wichtiger Hinweis

Das vorliegende Buch wurde sorgfältig erarbeitet. Dennoch erfolgen alle Angaben ohne Gewähr. Weder Autor noch Verlag können für eventuelle Nachteile oder Schäden, die aus den im Buch vorgestellten Informationen resultieren, eine Haftung übernehmen.

Liebe Leserin und lieber Leser,
wir freuen uns, dass Sie sich für ein BLV-Buch entschieden haben. Mit Ihrem Kauf setzen Sie auf die Qualität, Kompetenz und Aktualität unserer Bücher. Dafür sagen wir Danke! Ihre Meinung ist uns wichtig, daher senden Sie uns bitte Ihre Anregungen, Kritik oder Lob zu unseren Büchern. Haben Sie Fragen oder benötigen Sie weiteren Rat zum Thema?
Wir freuen uns auf Ihre Nachricht!

GRÄFE UND UNZER Verlag
Grillparzerstraße 12
81675 München
www.graefe-und-unzer.de